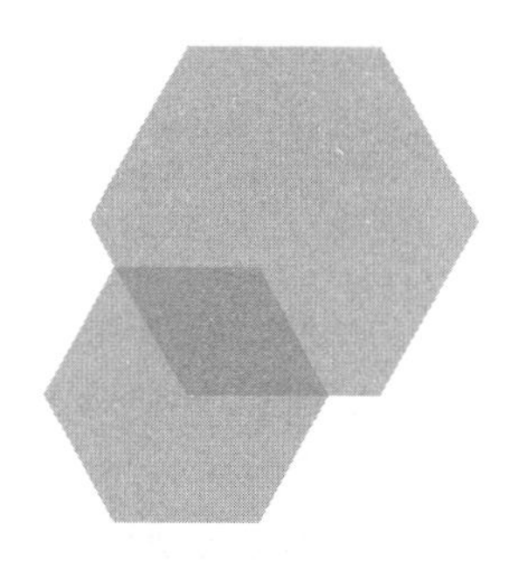

建筑工程管理与施工技术研究

魏海涛　高志成　著

吉林科学技术出版社

图书在版编目（CIP）数据

建筑工程管理与施工技术研究 / 魏海涛, 高志成著. -- 长春 : 吉林科学技术出版社, 2023.10

ISBN 978-7-5744-0962-0

Ⅰ. ①建… Ⅱ. ①魏… ②高… Ⅲ. ①建筑工程－工程管理②建筑工程－工程施工 Ⅳ. ①TU7

中国国家版本馆 CIP 数据核字(2023)第 200692 号

建筑工程管理与施工技术研究

著 魏海涛 高志成
出版人 宛 霞
责任编辑 刘 畅
封面设计 南昌德昭文化传媒有限公司
制 版 南昌德昭文化传媒有限公司
幅面尺寸 185mm×260mm
开 本 16
字 数 335 千字
印 张 15.5
印 数 1－1500 册
版 次 2023年10月第1版
印 次 2024年2月第1次印刷

出 版 吉林科学技术出版社
发 行 吉林科学技术出版社
地 址 长春市福祉大路5788号
邮 编 130118
发行部电话/传真 0431-81629529 81629530 81629531
81629532 81629533 81629534
储运部电话 0431-86059116
编辑部电话 0431-81629518
印 刷 三河市嵩川印刷有限公司

书 号 ISBN 978-7-5744-0962-0
定 价 66.00元

前　言

建筑施工技术主要指的是贯穿于整个施工项目的硬软件支持。它决定着建筑工程的质量标准、企业效益及硬核技术水平。较好的施工技术可以为建筑工程带来较高的质量标准，质量标准又是衡量建筑施工的重要条件，两者是相辅相成的。多样化的建筑施工技术可以提升整个项目的施工质量，并且能大大缩短项目的完成时间。

当今的建筑工程施工，建筑产品的技术含量不断提高，没有一定的技术条件和技术装备难以实现产品的现实希望，而这技术条件和技术装备则需要企业的技术力量、技术管理水平来支撑和实施。技术管理工作水平的高低，很大程度上决定了企业的经济效益、企业信誉乃至企业存亡的问题。技术管理是企业管理的重要组成部分。施工过程中，自始至终都渗透着技术管理工作，从工程合同的签订到竣工验收决算过程无不与技术管理工作相联系。通过技术管理，才能保证施工过程的正常进行，才能使施工技术不断进步，从而保证工程质量。

本书是建筑工程方向的书籍，主要研究建筑工程管理与施工技术，本书从建筑工程管理概述入手，针对建筑工程招投标与合同管理、建筑工程施工质量管理、建筑工程施工进度管理、建筑工程项目资源管理进行了分析研究；另外对 BIM 技术与工程管理做了一定的介绍；还对地基与基础工程施工、砌体结构工程施工、钢筋混凝土工程施工提出了一些建议；旨在摸索出一条适合现代建筑工程管理与施工工作的科学道路，帮助其工作者在应用中少走弯路，运用科学方法，提高效率。

由于时间、水平有限，书中难免有疏漏之处，恳请广大读者批评指正。

目 录

第一章 建筑工程管理概述

第一节 项目与建筑工程项目

一、项目

（一）项目的概念

项目是指在一定约束条件（资源、时间、质量）下，具有特定目标的一次性活动。

项目可以是建造一栋大楼、一个工厂、一个体育馆，开发一个油田，或者建设一座水坝，像国家大剧院的建设、三峡工程建设都是项目；项目也可以是一项新产品的开发、一项科研课题的研究，或者一项科学试验，像新药的研制、转基因作物的实验研究等。

项目可以是一个组织的任务或努力，也可以是多个组织的共同努力，它们可以小到只涉及几个人，也可以大到涉及几百人，甚至可以大到涉及成千上万的人员。项目的时间长短也不同，有的在很短时间内就可以完成，有的需要很长时间，甚至很多年才能够完成。实际上，现代项目管理所定义的项目包括各种组织所开展的一次性、独特性的任务或活动。

（二）项目的特征

尽管项目的定义多种多样，但都具有一些共同的特征。

1. 项目具有一次性

任何项目都有确定的起点和终点，而不是持续不断地工作。从这个意义来讲，项目都是一次性的。因此，项目的一次性可以理解为：每一个项目都有自己明确的时间起点和终点，都是有始有终的；项目的起点是项目开始的时间，项目的终点是项目目标已经实现，或者项目目标已经无法实现，从而中止项目的时间；项目的一次性与项目持续时间的长短无关，不管项目持续多长时间，一个项目都是有始有终的。

2. 项目具有目标性

项目目标性是指任何一个项目都是为实现特定的组织目标服务的。因此，任何一个项目都必须根据组织目标确定出项目的目标。这些项目目标主要分两个方面：一是有关项目工作本身的目标，二是有关项目可交付成果的目标。例如，就一栋建筑物的建设项目而言，项目工作的目标包括项目工期、造价和质量等，项目可交付成果的目标包括建筑物的功能、特性、使用寿命和使用安全性等。

3. 项目具有独特性

项目独特性是指项目所生成的产品或服务与其他产品或服务相比都具有一定的独特之处。每个项目都有不同于其他项目的特点，项目可交付成果、项目所处地理位置、项目实施时间、项目内部和外部环境、项目所在地的自然条件和社会条件等都会存在或多或少的差异。

4. 项目具有特定的约束条件

每个项目都有自己特定的约束条件，可以是资金、时间、质量等，也可以是项目所具有的有限的人工、材料和设备等资源。

5. 项目的实施过程具有渐进性

渐进性（也称“复杂性”）意味着分步实施、连续积累。由于项目的复杂性，项目的实施过程是一个阶段性过程，不可能在短时间内完成，其实施过程要经过不断的修正、调整和完善。项目的实施需要持续的资源投入，逐步积累才可以交付成果。

6. 项目的其他特性

项目除了上述特性以外还有其他一些特性，如项目的生命周期性、多活动性，项目组织的临时性等。从根本上讲，项目包含着一系列相互独立、相互联系、相互依赖的活动，包括从项目的开始到结束整个过程所涉及的各项活动。另外，项目组织的临时性也主要是由于项目的一次性造成的。项目组织是为特定项目而临时组建的，一次性的项目活动结束以后，项目组织就会解散，项目组织的成员需要重新安排。

（三）项目生命周期

项目作为一种创造独特产品与服务的一次性活动是有始有终的，项目从始至终的整个过程构成了一个项目的生命周期。对于项目生命周期也有一些不同的定义，其中，美国项目管理协会（PMI）对项目生命周期的定义表述为：“项目是分阶段完成的一项独特性的任务，一个组织在完成一个项目时会将项目划分成一系列的项目阶段，以便更好地管理和控制项目，更好地将组织的日常运作与项目管理结合在一起。项目的各个阶段放在一起就构成了一个项目的生命周期。”

这一定义从项目管理的角度，强调了项目过程的阶段性和由项目阶段所构成的项目生命周期，这对于开展项目管理是非常有利的。

项目生命周期的定义还有许多种，但是基本上大同小异。然而，在对项目生命周期的定义和理解中，必须区分两个完全不同的概念，即项目生命周期和项目全生命周期的概念。

项目全生命周期的概念可以具体表述为：“项目全生命周期是包括整个项目的建造、使用（运营）以及最终清理的全过程。项目的全生命周期一般可划分成项目的建造阶段、使用（运营）阶段和清理阶段。项目的建造、使用（运营）和清理阶段还可以进一步划分为更详细的阶段，这些阶段构成了一个项目的全生命周期。”由这个定义可以看出，项目全生命周期包括项目生命周期（建造周期）和项目可交付成果的生命周期［从使用（或运营）到清理的周期］两个部分，而项目生命周期（建造周期）只是项目全生命周期中的项目建造阶段。

二、建筑工程项目

（一）建筑工程项目的界定

建筑工程项目是一项固定资产投资，它是最为常见的，也是最为典型的项目类型，属于投资项目中最为重要的一类，是投资行为和建设行为相结合的投资项目。本书所定义的工程项目主要是由建筑工程及安装工程（以建筑物为代表）和土木工程（以公路、铁路、桥梁等为代表）共同构成，因此也可称为“建设工程项目”。

建筑工程项目一般经过前期策划、设计、施工等一系列程序，在一定的资源约束条件下，形成特定的生产能力或使用效能并形成固定资产。

（二）建筑工程项目的分类

建筑工程项目种类繁多，可以从不同的角度进行分类。

①按投资来源，可分为政府投资项目、企业投资项目、利用外资项目及其他投资项目。

②按建设性质，可分为新建项目、扩建项目、改建项目、迁建项目和技术改造项目。

③按项目用途，可分为生产性项目和非生产性项目。

④按项目建设规模，可分为大型、中型和小型项目。

⑤按产业领域，可分为工业项目、交通运输项目、农林水利项目、基础设施项目和社会公益项目等。

不同类别的工程项目，在管理上既有共性要求，又存在一些差别。

（三）建筑工程项目的构成

建筑工程项目一般可以分为单项工程、单位工程、分部工程和分项工程。

①单项工程是指具有独立的设计文件，建成后能够独立发挥生产能力并获得效益的一组配套齐全的工程项目。

②单位工程是指具有独立的设计文件，独立的施工条件并能形成独立使用功能的工程项目。它是单项工程的组成部分。

③分部工程是单位工程的组成部分。一般按专业性质、工程部位或特点、功能和工程量确定。工业与民用建筑工程的分部工程通常包括地基与基础、主体结构、建筑装饰装修、屋面工程、建筑给水排水及采暖、通风与空调、建筑电气、建筑智能化、建筑节能和电梯分部工程。

④分项工程是分部工程的组成部分。一般按主要工种、材料、施工工艺和设备类别等进行划分。如混凝土结构工程中按主要工种分为模板工程、钢筋工程、混凝土工程等分项工程。

（四）建筑工程项目的特点

建筑工程项目除具有一般项目的基本特征外，还具有如下特征：

1. 工程项目投资大

一个工程项目的资金投入少则几百万元，多则上千万元、数亿元。例如香港机场项目总投资为200亿港币；我国三峡工程项目，其建设期间的静态投资达900亿元。

2. 建设周期长

由于工程项目规模大，技术复杂，涉及的专业面广，投资回收期长，因此，从项目决策、设计、建设到投入使用，少则几年，多则十几年。

3. 不确定因素多，风险大

工程项目由于建设周期长，露天作业多，受外部环境影响大，因此，不确定因素多，风险大。如20世纪90年代发生的亚洲金融风暴，使货币大幅度贬值，许多国外工程项目的投资者受到了极大的经济损失。

4. 项目参与人员多

工程项目是一项复杂的系统工程，参与的人员众多。这些人员来自不同的参与方，他们往往涉及不同的专业，并在不同的层次上进行工作，其主要的人员包括建设单位人员、建筑师、结构工程师、机电工程师、项目管理人员、监理工程师、其他咨询人员等。此外，还涉及行使工程项目监督管理的政府建设行政主管部门以及其他相关部门的人员。

（五）建筑工程项目建设生命周期

将建筑工程项目实施的各个不同阶段集合在一起就构成了一个工程项目建设的生命周期。即从工程项目建设意图产生到项目启用的全过程，它包括项目的决策阶段和项目的实施阶段。

建筑工程项目全生命周期是指从工程项目建设意图产生到工程项目拆除清理的全过程，它包括项目的决策阶段、项目的实施阶段、项目使用（运营）和清理阶段。

决策阶段工作是确定项目的目标，包括投资、质量和工期等。实施阶段工作是完成建设任务并使项目建设的目标尽可能实现。使用（运营）阶段工作是确保项目的使用（运营），使项目能够保值和增值。清理阶段工作是工程项目的拆除和清理。

第二节　建设工程管理类型与任务

一、工程管理类型

在建设工程项目策划决策与实施过程中，由于各阶段的任务和实施主体不同，也就构成了建设工程项目管理的不同类型。从系统的角度分析，每一类型的项目管理都是在特定条件下，为实现整个建设工程项目总目标的一个管理子系统。

（一）业主方项目管理

业主方的项目管理是全过程的，包括项目策划决策与建设实施阶段的各个环节。由于建设工程项目属于一次性任务，业主或建设单位自行进行项目管理往往存在很大的局限性。首先，在技术和管理方面，业主或建设单位缺乏配套的专业化力量；其次，即使业主或建设单位配备完善的管理机构，没有连续的工程任务也是不经济的。在计划经济体制下，每个建设单位都建立一个筹建处或基建处来管理工程建设，这样无法做到资源的优化配置和动态管理，而且也不利于建设经验的积累和应用。在市场经济体制下，业主或建设单位完全可以依靠专业化、社会化的工程项目管理单位，为其提供全过程或若干阶段的项目管理服务。当然，在我国工程建设管理体制下，工程监理单位接受工程建设单位委托实施监理，也属于一种专业化的工程项目管理服务。值得指出的是，与一般的工程项目管理咨询服务不同，我国的法律法规赋予工程监理单位、监理工程师更多的社会责任，特别是建设工程质量管理、安全生产管理方面的责任。事实上，业主方项目管理，既包括业主或建设单位自身的项目管理，也包括受其委托的工程监理单位、工程项目管理单位的项目管理。

（二）工程总承包方项目管理

在工程总承包（如设计—建造 D&B、设计—采购—施工 EPC）模式下，工程总承包单位将全面负责建设工程项目的实施过程，直至最终交付使用功能和质量标准符合合同文件规定的工程项目。因此，工程总承包方项目管理是贯穿于项目实施全过程的全面管理，既包括设计阶段，也包括施工安装阶段。工程总承包单位为取得预期经营效益，必须在合同条件的约束下，依靠自身的技术和管理优势或实力，通过优化设计及施工方案，在规定的时间内，按质按量地全面完成建设工程项目，全面履行工程总承包合同。建设工程实施工程总承包，对工程总承包单位的项目管理水平提出了更高要求。

（三）设计方项目管理

工程设计单位承揽到建设工程项目设计任务后，需要根据建设工程设计合同所界定的工作目标及义务，对建设工程设计工作进行自我管理。设计单位通过项目管理，对建设工程项目的实施在技术和经济上进行全面而详尽的安排，引进先进技术和科研成果，形成设计图纸和说明书，并在工程施工过程中配合施工和参与验收。由此可见，设计项目管理不仅仅局限于工程设计阶段，而是延伸到工程施工和竣工验收阶段。

（四）施工方项目管理

工程施工单位通过竞争承揽到建设工程项目施工任务后，需要根据建设工程施工合同所界定的工程范围，依靠企业技术和管理的综合实力，对工程施工全过程进行系统管理。从一般意义上讲，施工项目应该是指施工总承包的完整工程项目，既包括土建工程施工，又包括机电设备安装，最终成功地形成具有独立使用功能的建筑产品。然而，由于分部工程、子单位工程、单位工程、单项工程等是构成建设工程项目的子系统，按子系统定义项目，既有其特定的约束条件和目标要求，而且也是一次性任务。因此，建设工程项目按专业、按部位分解发包时，施工单位仍然可将承包合同界定的局部施工任务作为项目管理对象，这就是广义的施工项目管理。

（五）物资供应方项目管理

从建设工程项目管理的系统角度看，建筑材料、设备供应工作也是建设工程项目实施的一个子系统，有其明确的任务和目标、明确的制约条件以及与项目实施子系统的内在联系。因此，制造商、供应商同样可以将加工生产制造和供应合同所界定的任务，作为项目进行管理，以适应建设工程项目总目标控制的要求。

二、工程管理任务

工程项目管理是工程项目从规划拟定、项目规模确定、工程设计、工程施工，到建成投产为止的全部过程，涉及建设单位、咨询单位、设计单位、施工单位、行政主管部门、材料设备供应单位等，其主要内容有：

（一）项目组织协调

组织协调是工程项目管理的职能之一，是实现工程项目目标必不可少的方法和手段。工程项目的实施过程中，组织协调的主要内容有：

1. 外部环境协调

与政府部门之间的协调，如规划、城建、市政、消防、人防、环保、城管等部门的协调；资源供应方面的协调，如供水、供电、供热、通信、运输和排水等方面的协调；生产要素方面的协调，如材料、设备、劳动力和资金等方面的协调；社区环境方面的协调。

2. 项目参与单位之间的协调

主要有业主、监理单位、设计单位、施工单位、供货单位、加工单位等。

3. 项目参与单位内部的协调

即项目参与单位内部各部门、各层次之间及个人之间的协调。

（二）合同管理

包括合同签订和合同管理两项任务。合同签订包括合同准备、谈判、修改和签订等工作；合同管理包括合同文件的执行、合同纠纷的处理和索赔事宜的处理工作。在执行合同管理任务时，要重视合同签订的合法性和合同执行的严肃性，为实现管理目标服务。

（三）进度管理

包括方案的科学决策、计划的优化编制和实施有效控制三方面的任务。方案的科学决策是实现进度控制的先决条件，它包括方案的可行性论证、综合评估和优化决策。只有决策出优化的方案，才能编制出优化的计划。计划的优化编制，包括科学确定项目的工序及其衔接关系、持续时间、优化编制网络计划和实施措施，是实现进度控制的重要基础。实施有效控制包括同步跟踪、信息反馈、动态调整和优化控制，是实现进度控制的根本保证。

（四）投资（费用）控制

投资控制包括编制投资计划、审核投资支出、分析投资变化情况、研究投资减少途径和采取投资控制措施五项任务。前两项属于投资的静态控制，后三项属于投资的动态控制。

（五）质量控制

质量控制包括制定各项工作的质量要求及质量事故预防措施，各方面的质量监督与验收制度，以及各个阶段的质量处理和控制措施三方面的任务。制订的质量要求要具有科学性，质量事故预防措施要具备有效性。质量监督和验收包括对设计质量、施工质量及材料设备质量的监督和验收，要严格检查制度和加强分析。质量事故处理与控制要对每一个阶段均严格管理和控制，采取细致而有效的质量事故预防和处理措施，以确保质量目标的实现。

三、工程管理模式

工程项目管理模式，是指将工程项目作为一个系统，通过一定的组织和管理方式，使系统能够正常运行，并确保其目标得以实现。选择合适的工程项目管理模式对工程项目的成功实施至关重要。工程项目管理模式的选择，不仅要考虑工程项目管理模式本身的优劣，更要依据建设单位特点、项目自身特性、建设环境、项目规模、技术难易程度、设计文件完善程度、进度和工期控制要求、计价方式、项目管理风险以及项目的不确定性等诸多方面进行综合考虑和选择。

（一）常见的工程项目管理模式

各国专业协会、行业组织和企业已经对工程项目管理模式进行了充分的研究，归纳出了多种成熟的工程项目管理模式，为我国日益活跃的工程项目建设市场提供了可以借鉴的经验，也极大地丰富了我国工程项目管理模式。尤其是我国加入世界贸易组织（WTO）后，“国内市场国际化”的趋势使得我国与国外工程项目建设市场环境日趋接轨，管理模式也日益趋同。

以下介绍几种在国际上常用、在国内逐步推广的工程项目管理模式：

1. 设计一招标一建造 DBB 模式

DBB（Design Bid Build）模式，是一种比较通用的传统模式。这种模式最突出的特点是要求工程项目的实施必须按设计—招标—建造的顺序进行，只有一个阶段结束后另一个阶段才能进行。在这种模式中，项目的主要参与方包括建设单位、设计单位和施工承包单位。建设单位分别与设计单位和施工承包单位签订合同，形成正式的合同关系。建设单位首先选择工程咨询单位进行可行性研究等工作，待项目立项后，再选择设计单位进行项目设计，设计完成后通过招标选择施工承包单位，然后与施工承包单位签订施工承包合同。目前我国大部分工程项目均采用这种模式。

这种模式的优点是：参与方即建设单位、设计单位、施工承包单位在各自合同的约束下，各自行使自己的权利和义务。工作界面清晰，特别适用于各个阶段需要严格逐步审批的情况。如政府投资的公共工程项目多采用这种模式。缺点是管理和协调工作较复杂，建设单位管理费较高，前期投入较高，不易控制工程总投资，特别是在设计过程中对“可施工性”考虑不够时，易产生变更，引起索赔，经常会由于图纸问题产生争端等，工期较长，出现质量事故时，不利于工程事故的责任划分。

由于国外多基于扩大初步设计深度的招标图进行施工招标并由施工承包单位在驻地工程师指导下进行施工图设计，而施工承包单位在安排各专业施工图设计时，可根据计划进度的要求分轻重缓急依次进行，这就在一定程度上缩短了项目建造周期，弱化了该模式的缺陷。

2. 代理型管理 CM 模式

代理型管理 CM（Constructionmanager）模式是建设单位委托一名 CM 经理（建设单位聘请的职业经理人）来为建设单位提供某一阶段或全过程的工程项目管理服务，包括可行性研究、设计、采购、施工、竣工验收、试运行等工作，建设单位与 CM 经理是咨询合同关系。采用代理型管理 CM 模式进行项目管理，关键在于选择 CM 经理。CM 经理负责协调设计单位和施工承包单位，以及不同承包单位之间的关系。

这种模式的最大优点是：发包前就可确定完整的工作范围和项目原则：拥有完善的管理与技术支持：可缩短工期，节省投资等。缺点是：合同方式多为平行发包，管理协调困难，对 CM 经理的管理协调能力有很高的要求，CM 经理不对进度和成本做出保证；索赔与变更的费用可能较高，建设单位风险大。

3. 风险型管理 CM 模式

风险型管理 CM（Constructionmanager）模式中，CM 经理担任类似施工总承包单位的角色，但又不是总承包单位，往往将施工任务分包出去。施工承包单位的选择过程需经建设单位确认，建设单位一般不与施工承包单位签订工程施工合同，但对某些专业性很强的工程内容和工程专用材料、设备，建设单位可直接与其专业施工承包单位和材料、设备供应单位签订合同。建设单位与 CM 经理单位签订的合同既包括 CM 服务内容，也包括工程施工承包内容。

一般情况下，建设单位要求CM经理提出保证最大工程费用GMP（Guaranteedmax1mum Price）以保证建设单位的投资控制。如工程结算超过 GMP，由 CM 经理所在单位赔偿；如果低于 GMP，节约的投资归建设单位，但可按合同约定给予 CM 经理所在单位一定比例的奖励。GMP 包括工程的预算总成本和 CM 经理的酬金。CM 经理不直接从事设计和施工，主要从事项目管理工作。

该模式的优点是：可提前开工提前竣工，建设单位任务较轻，风险较小。缺点是：由于 CM 经理介入工程时间较早（一般在设计阶段介入）且不承担设计任务，在工程的预算总成本中包含有设计和投标的不确定因素；风险型 CM 经理不易选择。

4. 设计管理 DM 模式

设计管理 DM（Designmanagement）模式类似于 CM 模式，但比 CM 模式更为复杂，也有两种形式。

一种形式是建设单位与设计单位和施工承包单位分别签订合同，由设计单位负责设计并对项目的实施进行管理。另一种形式是建设单位只与设计单位签订合同，由该设计单位分别与各个单独的施工承包单位和材料供应单位签订分包合同。要管理好众多的分包单位和材料供应单位，这对设计单位的项目管理能力提出了更高的要求。

5. 设计一采购一施工 EPC 模式

设计—采购—施工 EPC（Engineering Procurement Construction）模式是建设单位将工程项目的设计、采购、施工等工作全部委托给工程总承包单位负责组织实施，使建设单位获得一个现成的工程项目，由建设单位“转动钥匙”就可以运行。这种模式，在招标与订立合同时以总价合同为基础，即为总价包干合同。EPC 工程管理模式代表了现代西方工程项目管理的主流。

该模式的主要特点是：建设单位把工程项目的设计、采购、施工等工作全部委托给工程总承包单位，建设单位只负责整体性、原则性的目标管理和控制，减少了设计与施工在合同上的工作界面，从而解除了施工承包单位因招标图纸出现错误而进行索赔的权力，同时排除了施工承包单位在进度管理上与建设单位可能产生的纠纷，有利于实现设计、采购、施工的深度交叉，在确保各阶段合理周期的前提下加快进度，缩短建设总工期；能够较好地实现对工程造价的控制，降低全过程建设费用；由于实行总承包，建设单位对工程项目的参与较少，对工程项目的控制能力降低，变更能力较弱；风险主要由工程总承包单位承担。

6. 施工总承包管理 MC 模式

施工总承包管理 MC（Managing Contractor）模式是指建设单位委托一个施工承包单位或由多个施工承包单位组成施工联合体或施工合作体作为施工总承包管理单位，建设单位另委托其他施工承包单位作为分包商进行施工。一般情况下，施工总承包管理单位不参与具体工程项目的施工，但如果想承担部分工程的施工，也可以参加该部分工程的投标，通过竞争取得施工任务。施工总承包管理模式的合同关系有两种可能：一是建设单位与分包商直接签订合同，但必须经过施工总承包管理单位的认可；二是由施工总承包管理单位与分包商签订合同。

（二）工程项目管理模式的选择

各种工程项目管理模式是在国内外长期实践中形成并得到普遍认可的，并且还在不断地得到创新和完善。每一种模式都有其优势和局限性，适用于不同种类的工程项目管理。项目建设单位可根据工程项目的特点综合考虑选择合适的工程项目管理模式。建设单位在选择项目管理模式时，应考虑的主要因素包括：

①项目的复杂性和对项目的进度、质量、投资等方面的要求。

②投资、融资有关各方对项目的特殊要求。

③法律、法规、部门规章以及项目所在地政府的要求。

④项目管理者和参与者对该管理模式认知和熟悉的程度。

⑤项目的风险分担，即项目各方承担风险的能力和管理风险的水平。

⑥项目实施所在地建设市场的适应性，在市场上能否找到合格的实施单位（施工承包单位、管理单位等）。

一个项目也可以选择多种项目管理模式。当建设单位的项目管理能力比较强时，也可将一个工程项目划分为几个部分，分别采用不同的项目管理模式。通常，工程项目管理模式由项目建设单位选定，但总承包单位也可选用一些其需要的项目管理模式。

第三节　建筑工程项目经理

一、项目经理的设置

项目经理是指工程项目的总负责人。项目经理包括建设单位的项目经理、咨询监理单位的项目经理、设计单位的项目经理和施工单位的项目经理。

由于工程项目的承发包方式不同，项目经理的设置方式也不同。如果工程项目是分阶段发包，则建设单位、咨询监理单位、设计单位和施工单位应分别设置项目经理，各方项目经理代表各单位的利益，承担着各自单位的项目管理责任。如果工程项目实行设计、施工、材料设备采购一体化承发包方式，则工程总承包单位应设置统一的项目经理，对工程项目建设实施全过程总负责。随着工程项目管理的集成化发展趋势，应提倡设置全过程负责的项目经理。

（一）建设单位的项目经理

建设单位的项目经理是由建设单位（或项目法人）委派的领导和组织一个完整工程项目建设的总负责人。对于一些小型工程项目，项目经理可由一人担任。而对于一些规模大、工期长、技术复杂的工程项目，建设单位也可委派分阶段项目经理，如准备阶段项目经理、设计阶段项目经理和施工阶段项目经理等。

（二）咨询、监理单位的项目经理

当工程项目比较复杂而建设单位又没有足够的人员组建一个能够胜任项目管理任务的项目管理机构时，就需要委托咨询单位为其提供项目管理服务。咨询单位需要委派项目经理并组建项目管理机构按项目管理合同履行其义务。对于实施监理的工程项目，工程监理单位也需要委派项目经理——总监理工程师并组建项目监理机构履行监理义务。当然，如果咨询、监理单位为建设单位提供工程监理与项目管理一体化服务，则只需设置一个项目经理，对工程监理与项目管理服务总负责。

对建设单位而言，即使委托咨询监理单位，仍需要建立一个以自己的项目经理为首的项目管理机构。因为在工程项目建设过程中，有许多重大问题仍需由建设单位进行决策，咨询监理机构不能完全代替建设单位行使其职权。

（三）设计单位的项目经理

设计单位的项目经理是指设计单位领导和组织一个工程项目设计的总负责人，其职责是负责一个工程项目设计工作的全部计划、监督和联系工作。设计单位的项目经理从设计角度控制工程项目总目标。

（四）施工单位的项目经理

施工单位的项目经理是指施工单位领导和组织一个工程项目施工的总负责人，是施工单位在施工现场的最高责任者和组织者。施工单位的项目经理在工程项目施工阶段控制质量、成本、进度目标，并负责安全生产管理和环境保护。

二、项目经理的任务与责任

（一）项目经理的任务

1. 施工方项目经理的职责

项目经理在承担工程项目施工管理过程中，履行下列职责：

①贯彻执行国家和工程所在地政府的有关法律、法规和政策，执行企业的各项管理制度；

②严格财务制度，加强财经管理，正确处理国家、企业与个人的利益关系；

③执行项目承包合同中由项目经理负责履行的各项条款;

④对工程项目施工进行有效控制，执行有关技术规范和标准，积极推广应用新技术，确保工程质量和工期，实现安全、文明生产，努力提高经济效益。

2. 施工项目经理应具有的权限

项目经理在承担工程项目施工的管理过程中，应当按照建筑施工企业与建设单位签订的工程承包合同，与企业法定代表人签订“项目管理目标责任书”，并在企业法定代表人授权范围内，负责工程项目施工的组织管理。施工项目经理应具有下列权限:

①参与企业进行的施工项目投标和签订施工合同。

②经授权组建项目经理部，确定项目经理部的组织结构，选择、聘任管理人员，确定管理人员的职责，并定期进行考核、评价和奖惩。

③在企业财务制度规定的范围内，根据企业法定代表人授权和施工项目管理的需要，决定资金的投入和使用，决定项目经理部的计酬办法。

④在授权范围内，按物资采购程序性文件的规定行使采购权。

⑤根据企业法定代表人授权或按照企业的规定选择、使用作业队伍。

⑥主持项目经理部工作，组织制定施工项目的各项管理制度。

⑦根据企业法定代表人授权，协调和处理与施工项目管理有关的内部与外部事项。

3. 施工项目经理的任务

施工项目经理的任务包括项目的行政管理和项目管理两个方面，其在项目管理方面的主要任务：施工安全管理、施工成本控制、施工进度控制、施工质量控制、工程合同管理、工程信息管理和与工程施工有关的组织与协调等。

（二）项目经理的责任

第一，施工企业项目经理的责任应在“项目管理目标责任书”中加以体现，经考核和审定，对未完成“项目管理目标责任书”确定的项目管理责任目标或造成亏损的，应按其中有关条款承担责任，并接受经济或行政处罚。“项目管理目标责任书”应包括下列内容:

①企业各业务部门与项目经理部之间的关系;

②项目经理部使用作业队伍的方式，项目所需材料供应方式和机械设备供应方式;

③应达到的项目进度目标、项目质量目标、项目安全目标和项目成本目标;

④在企业制度规定以外的、由法定代表人向项目经理委托的事项;

⑤企业对项目经理部人员进行奖惩的依据、标准、办法及应承担的风险;

⑥项目经理解职和项目经理部解体的条件及方法。

第二，在国际上，由于项目经理是施工企业内的一个工作岗位，项目经理的责任则由企业领导根据企业管理的体制和机制，以及根据项目的具体情况而定。企业针对每个项目有十分明确的管理职能分工表，该表明确项目经理对哪些任务承担策划、决策、执行、检查等职能，其将承担的则是相应责任。

第三，项目经理对施工项目管理应承担的责任。工程项目施工应建立以项目经理为首的生产经营管理系统，实行项目经理负责制。项目经理在工程项目施工中处于中心地位，对工程项目施工负有全面管理的责任。

第四，项目经理对施工安全和质量应承担的责任。要加强对建筑业企业项目经理市场行为的监督管理，对发生重大工程质量安全事故或市场违法违规行为的项目经理，必须依法予以严肃处理。

第五，项目经理对施工项目应承担的法律责任。项目经理由于主观原因或由于工作失误，有可能承担法律责任和经济责任。政府主管部门将追究的主要是其法律责任，企业将追究的主要是其经济责任，但是，如果由于项目经理的违法行为而导致企业的损失，企业也有可能追究其法律责任。

三、项目经理的素质与能力

（一）项目经理应具备的素质

项目经理的素质主要表现在品格与知识两个方面，具体为：

1. 品格素质

项目经理的品格素质是指项目经理从行为作风中表现出来的思想、认识、品行等方面的特征，如遵纪守法、爱岗敬业、高尚的职业道德、团队的协作精神、诚信尽责等。

项目经理是在一定时期和范围内掌握一定权力的职业，这种权力的行使将会对工程项目的成败产生关键性影响。工程项目所涉及的资金少则几十万，多则几亿，甚至几十亿。因此，要求项目经理必须正直、诚实，敢于负责，心胸坦荡，言而有信，言行一致，有较强的敬业精神。

2. 知识素质

项目经理应具有项目管理所需要的专业技术、管理、经济、法律法规知识，并懂得在实践中不断深化和完善自己的知识结构。同时，项目经理还应具有一定的实践经验，即具有项目管理经验和业绩，这样才能得心应手地处理各种可能遇到的实际问题。

3. 性格素质

项目经理的工作中，做人的工作占相当大的部分。所以要求项目经理在性格上要豁达、开朗，易于与各种各样的人相处；既要自信有主见，又不能刚愎自用；要坚强，能经得住失败和挫折。

4. 学习的素质

项目经理不可能对于工程项目所涉及的所有知识都有比较好的储备，相当一部分知识需要在工程项目管理工作中学习掌握。因此，项目经理必须善于学习，包括从书本中学习，更要向团队成员学习。

5. 身体素质

身体健康，精力充沛。

（二）项目经理应具备的能力

项目经理应具备的能力包括核心能力、必要能力和增效能力三个层次。其中，核心能力是创新能力；必要能力是决策能力、组织能力和指挥能力；增效能力是控制能力和协调能力。这些能力是项目经理有效地行使其职责、充分发挥领导作用所应具备的主观条件。

1. 创新能力

由于科学技术的迅速发展，新技术、新工艺、新材料、新设备等的不断涌现，人们对建筑产品不断提出新的要求。同时，建筑市场改革的深入发展，大量新的问题需要探讨和解决。面临新形势、新任务，项目经理只有解放思想，以创新的精神、创新的思维方法和工作方法来开展工作，才能实现工程项目总目标。因此，创新能力是项目经理业务能力的核心，关系到项目管理的成败和项目投资效益的好坏。

创新能力是项目经理在项目管理活动中，善于敏锐地察觉旧事物的缺陷，准确地捕捉新事物的萌芽，提出大胆、新颖的推测和设想，继而进行科学周密的论证，提出可行解决方案的能力。

2. 决策能力

项目经理是项目管理组织的当家人，统一指挥、全权负责项目管理工作，要求项目经理必须具备较强的决策能力。同时，项目经理的决策能力是保证项目管理组织生命机制旺盛的重要因素，也是检验项目经理领导水平的一个重要标志，因此，决策能力是项目经理必要能力的关键。

决策能力是指项目经理根据外部经营条件和内部经营实力，从多种方案中确定工程项目建设方向、目标和战略的能力。

3. 组织能力

项目经理的组织能力关系到项目管理工作的效率，因此，有人将项目经理的组织能力比喻为效率的设计师。

组织能力是指项目经理为了有效地实现项目目标，运用组织理论，将工程项目建设活动的各个要素、各个环节，从纵横交错的相互关系上，从时间和空间的相互关系上，有效、合理地组织起来的能力。如果项目经理有高度的组织能力，并能充分发挥，就能使整个工程项目的建设活动形成一个有机整体，保证其高效率地运转。

组织能力主要包括：组织分析能力、组织设计能力和组织变革能力。

（1）组织分析能力

是指项目经理依据组织理论和原则，对工程项目建设的现有组织进行系统分析的能力。主要是分析现有组织的效能，对利弊进行正确评价，并找出存在的主要问题。

（2）组织设计能力

是指项目经理从项目管理的实际出发，以提高组织管理效能为目标，对工程项目管理组织机构进行基本框架的设计，提出建立哪些系统，分几个层次，明确各主要部门的上下左右关系等。

（3）组织变革能力

是指项目经理执行组织变革方案的能力和评价组织变革方案实施成效的能力。执行组织变革方案的能力，就是在贯彻组织变革设计方案时，引导有关人员自觉行动的能力。评价组织变革方案实施成效的能力，是指项目经理对组织变革方案实施后的利弊，具有做出正确评价的能力，以利于组织日趋完善，使组织的效能不断提高。

4. 指挥能力

项目经理是工程项目建设活动的最高指挥者，担负着有效地指挥工程项目建设活动的职责，因此，项目经理必须具有高度的指挥能力。

项目经理的指挥能力，表现在正确下达命令的能力和正确指导下级的能力两个方面。项目经理正确下达命令的能力，是强调其指挥能力中的单一性作用；而项目经理正确指导下级的能力，则是强调其指挥能力中的多样性作用。项目经理面对的是不同类型的下级，他们的年龄不同，学历不同，修养不同，性格、习惯也不同，有各自的特点，因此，必须采取因人而异的方式和方法，从而使每一个下级对同一命令有统一的认识和行动。

坚持命令单一性和指导多样性的统一，是项目经理指挥能力的基本内容。而要使项目经理的指挥能力有效地发挥，还必须制定一系列有关的规章制度，做到赏罚分明，令行禁止。

5. 控制能力

工程项目的建设如果缺乏有效控制，其管理效果一定不佳。而对工程项目实行全面而有效的控制，则决定于项目经理的控制能力。

控制能力是指项目经理运用各种手段（包括经济、行政、法律、教育等手段），来保证工程项目实施的正常进行、实现项目总目标的能力。

项目经理的控制能力，体现在自我控制能力、差异发现能力和目标设定能力等方面。自我控制能力是指本人通过检查自己的工作，进行自我调整的能力。差异发现能力是对执行结果与预期目标之间产生的差异，能及时测定和评议的能力。如果没有差异发现能力，就无法控制局面。目标设定能力是指项目经理应善于规定以数量表示出来的接近客观实际的明确的工作目标。这样才便于与实际结果进行比较，找出差异，以利于采取措施进行控制。由于工程项目风险管理的日趋重要，项目经理基于风险管理的目标设定能力和差异发现能力也越来越成为关键能力。

6. 协调能力

项目经理对协调能力掌握和运用得当，就可以对外赢得良好的项目管理环境，对内充分调动职工的积极性、主动性和创造性，取得良好的工作效果，以至超过设定的工作目标。

协调能力是指项目经理处理人际关系，解决各方面矛盾，使各单位、各部门乃至全体职工为实现工程项目目标密切配合、统一行动的能力。

现代大型工程项目，牵涉到很多单位、部门和众多的劳动者。要使各单位、各部门、各环节、各类人员的活动能在时间、数量、质量上达到和谐统一，除了依靠科学的管理方法、严密的管理制度之外，在很大程度上要靠项目经理的协调能力。协调主要是协调人与人之间的关系。协调能力具体表现在以下几个方面：

（1）善于解决矛盾的能力

由于人与人之间在职责分工、工作衔接、收益分配差异和认识水平等方面的不同，不可避免地会出现各种矛盾。如果处理不当，还会激化。项目经理应善于分析产生矛盾的根源，掌握矛盾的主要方面，妥善解决矛盾。

（2）善于沟通情况的能力

在项目管理中出现不协调的现象，往往是由于信息闭塞，情况没有沟通，为此，项目经理应具有及时沟通情况、善于交流思想的能力。

（3）善于鼓动和说服的能力

项目经理应有谈话技巧，既要在理论上和实践上讲清道理，又要以真挚的激情打动人心，给人以激励和鼓舞，催人向上。

四、项目经理的选择与培养

（一）项目经理的选择

在选择项目经理时，应注意以下几点：

1. 要有一定类似项目的经验

项目经理的职责是要将计划中的项目变成现实。所以，对项目经理的选择，有无类似项目的工作经验是第一位的。那种只能动口不能动手的“口头先生”是无法胜任项目经理工作的。选择项目经理时，判断其是否具有相应的能力可以通过了解其以往的工作经历和结合一些测试来进行。

2. 有较扎实的基础知识

在项目实施过程中，由于各种原因，有些项目经理的基础知识比较弱，难以应对遇到的各种问题。这样的项目经理所负责的项目工作质量与工作效率不可能很好，所以选择项目经理时要注意其是否有较扎实的基础知识。对基础知识掌握程度的分析可以通过对其所受教育程度和相关知识的测试来进行。

3. 要把握重点，不可求全责备

对项目经理的要求的确比较宽泛，但并不意味着非全才不可。事实上对不同项目的项目经理有不同的要求，且侧重点不同。我们不应该、也不可能要求所有项目经理都有一模一样的能力与水平。同时也正是由于不同的项目经理能力的差异，才可能使其适应

不同项目的要求，保证不同的项目在不同的环境中顺利开展。因此，对项目经理的要求要把握重点，不可求全责备。

（二）项目经理的培养

1. 在项目实践中培养

项目经理的工作是要通过其所负责团队的努力，把计划中的项目变成现实。项目经理的能力与水平将在实践中接受检验。所以，在培养项目经理时，首先要注重的就是在实践中培养与锻炼。在实践中培养出的项目经理将能很快适应项目经理工作的要求。

2. 放手与帮带结合

项目经理的成长不是一朝一夕的事，是在实践中逐步成长起来的，更是伴着成功与失败成长起来的，但项目本身是容不得失败的。因此，要让项目经理尽快成长起来，就必须在放手锻炼的同时，注意帮带结合。

3. 知识更新

项目经理要随着科技进步及项目的具体情况，不断进行知识更新。项目经理的单位领导要注意为项目经理的知识更新创造条件。同时，项目经理自己也要注意平时的知识更新与积累。

第二章　建筑工程招投标与合同管理

第一节　建筑工程招标与投标

一、建筑工程项目施工招标

建设工程项目施工招标应该具备的条件包括以下几方面：招标人已经依法成立；初步设计及概算应当履行审批手续的，已经批准；招标范围、招标方式和招标组织形式等应当履行核准手续的，已经核准；有相应资金或资金来源已经落实；有招标所需的设计图纸及技术资料。这些条件一方面从法律上保证了项目和项目法人的合法化，另一方面从技术和经济上为项目的顺利实施提供了支持和保障。

（一）招投标项目的确定

从理论上讲，在市场经济条件下，建设工程项目是否采用招投标的方式确定承包人，业主有完全的决定权；采用何种方式进行招标，业主也有完全的决定权。为了保证公共利益，各国的法律都规定了有政府资金投资的公共项目（包括部分投资的项目或全部投资的项目）和涉及公共利益的其他资金投资项目，投资额在一定额度之上时，要采用招投标方式确定承包人。

以下项目宜采用招标的方式确定承包人。

①大型基础设施、公用事业等关系社会公共利益、公众安全的项目。

②全部或者部分使用国有资金投资或者国家融资的项目。

③使用国际组织或者外国政府投资贷款、援助资金的项目。

（二）招标方式的确定

世界银行贷款项目中的工程和货物的采购，可以采用国际竞争性招标、有限国际招标、国内竞争性招标、询价采购、直接签订合同、自营工程等采购方式，其中国际竞争性招标和国内竞争性招标都属于公开招标，而有限国际招标相当于邀请招标。

招标有公开招标和邀请招标两种方式。

1. 公开招标

公开招标也称无限竞争性招标，招标人在公共媒体上发布招标公告，提出招标项目和要求，符合条件的一切法人或者组织都可以参加投标竞争，都有同等竞争的机会。按规定应该招标的建设工程项目，一般应采用公开招标方式。

公开招标的优点是招标人有较大的选择范围，可在众多的投标人中选择报价合理、工期较短、技术可靠、资信良好的中标人，但是，公开招标的资格审查和评标的工作量比较大、耗时长、费用高，且有可能因资格预审把关不严导致鱼目混珠的现象发生。

如果采用公开招标方式，招标人就不得以不合理的条件限制或排斥潜在的投标人。例如，不得限制本地区以外或本系统以外的法人或组织参加投标等。

2. 邀请招标

邀请招标也称有限竞争性招标，招标人事先经过考察和筛选，将投标邀请书发给某些特定的法人或者组织，邀请其参加投标。

为了保护公共利益，避免邀请招标方式被滥用，各个国家和世界银行等金融组织都有相关规定。按规定应该招标的建设工程项目，一般应采用公开招标方式，如果要采用邀请招标方式须经过批准。

对于有些特殊项目，采用邀请招标方式确实更加有利。国有资金占控股或者主导地位的依法必须进行招标的项目应当公开招标；但有下列情形之一的可以邀请招标。

①项目技术复杂、有特殊要求或者受自然环境限制，只有少量潜在投标人可供选择。

②采用公开招标方式的费用占项目合同金额的比例过大。

招标人采用邀请招标方式应当向两个以上具备承担招标项目的能力、资信良好的特定的法人或者其他组织发出投标邀请书。

（三）自行招标与委托招标

招标人可自行办理招标事宜也可以委托招标代理机构代为办理招标事宜。

招标人自行办理招标事宜应当具有编制招标文件和组织评标的能力；招标人不具备自行招标能力的必须委托具备相应资质的招标代理机构代为办理招标事宜。

招标代理机构资格分为甲、乙两级，其中乙级招标代理机构只能承担工程投资额（不含征地费、大市政配套费与拆迁补偿费）3000 万元以下的招标代理业务。

招标代理机构可以跨省、自治区、直辖市承担招标代理业务。

（四）招标信息的发布与修正

1. 招标信息的发布

工程招标是一种公开的经济活动，因此，要采用公开的方式发布信息。

招标公告应在国家指定的媒介（报刊和信息网络）上发表，以保证信息发布到必要的范围以及发布及时与准确，招标公告应该尽可能地发布翔实的项目信息，以保证招标工作的顺利进行。

招标公告应当载明招标人的名称和地址，招标项目的性质、数量、实施地点和时间，投标截止日期以及获取招标文件的办法等事项。招标人或其委托的招标代理机构应当保证招标公告内容的真实、准确和完整。

拟发布的招标公告文本应当由招标人或其委托的招标代理机构的主要负责人签名并加盖公章。招标人或其委托的招标代理机构发布招标公告应当向指定媒介提供营业执照（或法人证书）、项目批准文件的复印件等证明文件。

招标人或其委托的招标代理机构应至少在一个指定的媒介发布招标公告。指定报刊在发布招标公告的同时，应将招标公告如实抄送指定网络。招标人或其委托的招标代理机构在两个以上媒介发布的同一招标项目的招标公告的内容应当相同。

招标人应当按招标公告或者投标邀请书规定的时间、地点出售招标文件或资格预审文件。自招标文件或者资格预审文件出售之日起至停止出售之日，最短不得少于 5 个工作日。

投标人必须自费购买相关招标文件或资格预审文件，但招标人对招标文件或者资格预审文件的收费应当合理，不得以营利为目的。对于所附的设计文件，招标人可以向投标人酌收押金；对于开标后投标人退还设计文件的，招标人应当向投标人退还押金。招标文件或者资格预审文件售出后，不予退还。招标人在发布招标公告、发出投标邀请书后或者售出招标文件或资格预审文件后不得擅自终止招标。

2. 招标信息的修正

如果招标人在招标文件已经发布之后，发现有问题需要进一步地澄清或修改，必须根据以下原则进行。

（1）时限

招标人对已发出的招标文件进行必要的澄清或者修改，应当在招标文件要求提交投标文件截止时间至少 15 日前发出。

（2）形式

所有澄清或修改必须以书面形式进行。

（3）全面

所有澄清或修改必须直接通知所有招标文件收受人。

由于修正与澄清文件是对于原招标文件的进一步补充或说明，因此，澄清或者修改的内容应为招标文件的有效组成部分。

（五）资格预审

招标人可以根据招标项目本身的特点和要求，要求投标申请人提供有关资质、业绩和能力等的证明，并对投标申请人进行资格审查。资格审查分为资格预审和资格后审。

资格预审是指招标人在招标开始之前或者开始初期，对申请参加投标的潜在投标人进行资质条件、业绩、信誉、技术、资金等的资格审查；经认定合格的潜在投标人才可以参加投标。

通过资格预审，招标人可以了解潜在投标人的资信情况，包括财务状况、技术能力以及以往从事类似工程项目的施工经验，从而选择优秀的潜在投标人参加投标，降低将项目授予不合格的投保人的风险。通过资格预审，招标人可以淘汰不合格的投标人，从而有效地控制投标人的数量，减少多余的投标，进而减少评审阶段的工作时间，减少评审费用，也为不合格的投标人节约投标的无效成本。通过资格预审，招标人可以了解潜在投标人对项目投标的兴趣。如果潜在投标人的兴趣大大低于招标人的预料，招标人可以修改招标条款，以吸引更多的投标人参加竞争。

（六）标前会议

标前会议也称为投标预备会或招标文件交底会，是招标人按投标人须知规定的时间和地点召开的会议。标前会议上，招标人除了介绍工程项目概况以外，还可以对招标文件中的某些内容加以修改或补充说明，以及对投标人书面提出的问题和会议上即席提出的问题给予解答，会议结束后，招标人应将会议纪要以书面形式发给每一个投标人。

无论是会议纪要还是对个别投标人的问题的解答都应以书面形式发给每一个获得投标文件的投标人，以保证招标的公平和公正，但对问题的答复不需要说明问题来源。会议纪要和答复函件形成招标文件的补充文件都是招标文件的有效组成部分，与招标文件具有同等法律效力。当补充文件与招标文件内容不一致时，应以补充文件为准。

为了使投标人在编写投标文件时有充分的时间考虑招标人对招标文件的补充或修改内容，招标人可以根据实际情况在标前会议上确定延长投标截止时间。

（七）评标

评标分为评标的准备、初步评审、详细评审、编写评标报告等过程。

初步评审主要是进行符合性审查，即重点审查投标文件是否实质上响应了招标文件的要求。审查内容包括投标资格、投标文件的完整性、投标担保的有效性、与招标文件是否有显著的差异和保件等。如果投标文件实质上不响应招标文件的要求，将做无效标处理，不必进行下一阶段的评审。另外，还要对报价计算的正确性进行审查，如果计算有误，通常的处理方法是：大小写不一致的以大写为准，单价与数量的乘积之和与所报的总价不一致的以单价为准；投标文件正本和副本不一致的以正本为准。这些修改一般应由投标人代表签字确认。

详细评审是评标的核心，是对投标文件进行实质性审查，包括技术评审和商务评审。

技术评审主要是对投标文件的技术方案、技术措施、技术手段、技术装备、人员配备、组织结构、进度计划等的先进性、合理性、可靠性、安全性、经济性等进行分析评价。商务评审主要是对投标文件的报价高低、报价构成、计价方式、计算方法、支付条件、取费标准、价格调整、税费、保险及优惠条件等进行评审。

评标可以采用评议法、综合评分法或评标价法等，可根据不同的招标内容选择确定相应的方法。

评标结束应该推荐中标候选人。评标委员会推荐的中标候选人应当限定为 1 ~ 3 人，并标明排列顺序。

二、建设工程项目投标

（一）研究招标文件

投标人取得投标资格，获得投标文件之后的首要工作就是认真仔细地研究招标文件，充分了解其内容和要求，以便有针对性地安排投标工作。

研究招标文件重点应放在投标人须知、专用条款、设计图纸、工程范围以及工程量表上，还要研究技术规范要求，看是否有特殊的要求。

1. 投标人须知

投标人须知是招标人向投标人传递基础信息的文件，包括工程概况、招标内容、招标文件的组成、投标文件的组成、报价的原则、招投标时间安排等关键的信息。

首先，投标人需要注意招标项目的详细内容和范围，避免遗漏或多报。其次，投标人还要特别注意投标文件的组成，避免因提供的资料不全而被作为废标处理。最后，投标人还要注意招标答疑时间、投标截止时间等重要的时间安排，避免因遗忘或迟到等原因而失去竞争机会。

2. 投标书附录与合同条件

这是招标文件的重要组成部分，其中可能标明了对招标人的特殊要求，即投标人在中标后应享有的权利、所要承担的义务和责任等，投标人在报价时需要考虑这些因素。

3. 技术说明

投标人要研究招标文件中的施工技术说明，熟悉所采用的技术规范，了解技术说明中有无特殊施工技术要求和有无特殊材料设备要求以及有关选择代用材料、设备的规定，以便根据相应的定额和市场确定价格，计算有特殊要求项目的报价。

4. 永久性工程之外的报价补充文件

永久性工程是指合同的标的物 —— 建设工程项目及其附属设施。为了保证工程项目建设的顺利进行，不同的业主还会对承包商提出额外的要求，如对旧有建筑物和设施的拆除，工程师的现场办公室及其各项开支、模型、广告、工程照片和会议费用等。如果有额外的要求，则需要将其列入工程总价，弄清一切费用纳入工程总报价的方式，以免产生遗漏从而导致损失。

（二）进行各项调查研究

1. 市场宏观经济环境调查

投标人应调查工程项目所在地的经济形势和经济状况，包括与投标工程项目实施有关的法律法规、劳动力与材料的供应状况、设备市场的租赁状况、专业施工，公司的经营状况与价格水平等。

2. 工程项目现场考察和工程项目所在地区的环境考察

投标人要认真地考察施工现场，认真调查具体工程项目所在地区的环境，包括一般自然条件、施工条件及环境，如地质地貌、气候、交通、水电等的供应和其他资源情况等。

3. 工程项目业主方和竞争对手公司的调查

投标人要认真调查业主、咨询工程师的情况，尤其是业主的项目资金落实情况，参加竞争的其他公司与工程项目所在地工程公司的情况，以及与其他承包商或分包商的关系。另外，投标人还要参加现场踏勘与标前会议，以获得更充分的信息。

（三）复核工程量

对于单价合同，尽管是以实测工程量结算工程款，但投标人仍应根据图纸仔细核算工程量，当发现相差较大时，投标人应要求招标人澄清。

对于总价合同更要特别引起重视，工程量估算的错误可能带来无法弥补的经济损失，因为总价合同是以总报价为基础进行结算的，如果工程量出现差异，可能对施工方极为不利。对于总价合同，如果业主在投标前对争议工程量不予更正，而且是对投标者不利的情况，投标人在投标时要附上声明：工程量表中某项工程量有错误，施工结算应按实际完成量计算。

承包商在核算工程量时，还要结合招标文件中的技术规范弄清工程量中每一细目的具体内容，避免出现计算单位、工程所或价格方面的错误与遗漏。

（四）选择施工方案

施工方案应由投标人的技术负责人主持制定，主要应考虑施工方法、主要施工机具的配置、各工种劳动力的安排和现场施工人员的平衡、施工进度和分批竣工的安排、安全措施等。施工方案的制定应在技术、工期和质量保证等方面对招标人有吸引力，同时又有利于降低施工成本。

①要根据分类汇总的工程数量和工程进度计划中该类工程的施工周期、合同技术规范要求以及施工条件和其他情况选择和确定每项工程的施工方法，应根据实际情况和自身的施工能力来确定各类工程的施工方法。对各种不同施工方法应当从保证完成计划目标、保证工程质量、节约设备费用、降低劳务成本等多方面综合比较，选定最适用的、经济的施工方案。

②要根据各类工程的施工方法选择相应的机具设备并计算所需数量和使用周期，研

究确定是采购新设备，是租赁当地设备，还是调动企业现有设备。

③要研究确定工程分包计划。根据概略指标估算劳务数量，考虑其来源及进场时间安排，并注意当地是否有限制外籍劳务的规定。另外，根据所需劳务的数量，估算所需管理人员和生活性临时设施的数量和标准等。

④要用概算指标估算主要的和大宗的建筑材料的需用量，考虑其来源和分批进场的时间安排，从而估算现场用于存储、加工的临时设施（如仓库、露天堆放场、加工场地或工棚等）。

⑤根据现场设备、高峰人数及一切生产和生活方面的需要，估算现场用水、用电量，确定临时供电和排水设施；考虑外部和内部材料供应的运输方式，估计运输和交通车辆的需要量和来源；考虑对其他临时工程的需求和建设方案；提出某些特殊条件下保证正常施工的措施，如排除或降低地下水以保证地面以下工程施工的措施；冬季、雨季施工措施以及其他必需的临时设施安排，如现场安全保卫设施，包括临时围墙、警卫设施、夜间照明设施以及现场临时通信联络设施等。

（五）投标计算

投标计算是投标人对招标项目施工所要发生的各种费用的计算。在进行投标计算时，投标人必须首先根据招标文件复核或计算工程量。施工方案和施工进度是进行投标计算的必要条件，投标人应预先确定施工方案和施工进度。此外，投标计算还必须与采用的合同计价形式相协调。

（六）确定投标策略

正确的投标策略对提高中标率并获得较高的利润有重要作用。常用的投标策略有以信誉取胜、以低价取胜、以缩短工期取胜、以改进设计取胜或者以先进或特殊的施工方案取胜等。不同的投标策略要在不同投标阶段的工作（如制定施工方案、投标计算等）中体现和贯彻。

（七）正式投标

1. 注意投标的截止日期

招标人所规定的投标截止日就是提交投标文件最后的期限。投标人在招标截止日之前所提交的投标文件是有效的，超过该日期之后提交的投标文件就会被视为无效投标文件。在招标文件要求提交投标文件的截止时间后送达的投标文件，招标人可以拒收。

2. 投标文件的完备性

投标人应当按照招标文件的要求编制投标文件。投标文件应当对招标文件提出的实质性要求和条件做出响应。投标文件不完备或投标文件没有达到招标人的要求，在招标范围以外提出新的要求均被视为对招标文件的否定，不会被招标人接受。投标人必须为自己所投出的标负责，如果中标，必须按照投标文件中所阐述的方案来完成工程，其中包括质量标准、工期与进度计划、报价限额等基本指标以及招标人所提出的其他要求。

3. 注意投标文件的标准

投标文件的提交有固定的要求，基本内容是签章、密封。如果不密封或密封不满足要求，投标文件是无效的。投标文件还需要按照要求签章，投标文件需要盖有投标企业公章以及企业法人的名章（或签字）。如果工程项目所在地与企业距离较远，由当地项目经理部组织投标，需要提交企业法人对项目经理的授权委托书。

三、合同的谈判与签订

（一）合同订立的程序

与其他合同的订立程序相同，建设工程项目合同的订立也要采取要约和承诺方式。招标、投标、中标的过程实质就是要约、承诺的一种具体方式。招标人通过媒体发布招标公告，或向符合条件的投标人发出招标文件，为要约邀请；投标人根据招标文件内容在约定的期限内向招标人提交投标文件为要约；招标人通过评标确定中标人，发出中标通知书为承诺；招标人和中标人按照中标通知书、招标文件和中标人的投标文件等订立书面合同时，合同成立并生效。

建设工程施工合同的订立往往要经历一个较长的过程。在明确中标人并发出中标通知书后，双方即可就建设工程施工合同的具体内容和有关条款展开谈判，直到最终签订合同。

（二）建设工程施工合同谈判的主要内容

1. 关于工程内容和范围的确认

招标人和中标人可就招标文件中的某些具体工作内容进行讨论、修改、明确或细化，从而确定工程承包的具体内容和范围。对于为监理工程师提供的建筑物、家具、车辆以及其他各项服务也应逐项详细地予以明确。

2. 关于技术要求、技术规范和施工方案

双方尚可对技术要求、技术规范和施工方案等进行进一步讨论和确认，必要的情况下甚至可以变更技术要求和施工方案。

3. 关于合同价格条款

依据计价方式的不同，建设工程施工合同可以分为总价合同、单价合同和成本加酬金合同。一般在招标文件中就会明确规定合同将采用何种计价方式，在合同谈判阶段往往没有讨论的余地。但在可能的情况下，中标人在谈判过程中仍然可以提出降低风险的改进方案。

4. 关于价格调整条款

对于工期较长的建设工程项目，容易遭受市场经济货币贬值或通货膨胀等因素的影响，可能给承包人造成较大的损失。价格调整条款可以比较公正地解决这一承包人无法控制的风险损失。

无论是单价合同还是总价合同都可以确定价格调整条款，即是否调整以及如何调整等。可以说，合同计价方式及价格调整方式共同确定了工程项目承包合同的实际价格，直接影响承包人的经济利益。在建设工程项目实践中，由于各种原因导致费用增加的概率远远大于费用减少的概率，有时最终的合同价格调整金额会很大，远远超过原定的合同总价，因此，承包人在投标过程中，尤其是在合同谈判阶段务必对合同价格调整条款予以充分的重视。

5. 关于合同款支付方式的条款

建设工程施工合同的付款分四个阶段进行，即工程预付款支付、工程进度款支付、最终付款和退还质量保证金。关于支付时间、支付方式、支付条件和支付审批程序等有很多可能的选择，并且可能对承包人的成本、进度等产生较大的影响，因此，合同款支付的有关条款是谈判的重要方面。

6. 关于工期和维修期

对于具有较多的单项工程的建设工程项目，承包人可在合同中明确允许分部位或分批提交业主验收并从该批验收时起开始计算该部分的维修期，以缩短责任期限，最大限度地保障自己的利益。

承包人应通过谈判使发包人接受并在合同中明确承包人保留由于工程变更、恶劣气候的影响，以及种种“作为一个有经验的承包人也无法预料的工程施工条件的变化”等原因对工期产生不利影响时要求合理地延长工期的权利。

承包人应该只承担由于材料和施工方法及操作工艺等不符合合同规定而产生的缺陷。承包人应力争以维修保函来代替被业主扣留的质量保证金。与质量保证金相比，维修保函对承包人有利，主要是因为业主可提前取回被扣留的质量保证金；而维修保函是有时效的，期满将自动作废。同时，它对业主并无风险，真正发生维修费用，业主可凭维修保函向银行索回款项。因此，这一做法是比较公平的。维修期满后，承包人应及时从业主处撤回维修保函。

（三）建筑工程施工合同最后文本的确定和合同签订

1. 合同风险评估

在签订合同之前，承包人应对合同的合法性、完备性、合同双方的责任、权益以及合同风险进行评审、认定和评价。

2. 合同文件内容

建筑工程施工合同文件由以下内容构成：合同协议书；工程量及价格；合同条件，包括合同一般条件和合同特殊条件；投标文件；合同技术条件（合同纸）；中标通知书；双方代表共同签署的合同补遗（有时也采用合同谈判会议纪要的形式）；招标文件；其他双方认为应该作为合同组成部分的文件。

对所有在招标投标及谈判前后各方发出的文件、文字说明、解释性资料进行清理。对凡是与上述合同构成内容有矛盾的文件应宣布作废。可以在双方签署的合同补遗中，对此做出排除性质的声明。

3. 关于合同协议的补遗

在合同谈判阶段双方谈判的结果一般以合同补遗的形式形成书面文件，有时也可以以合同谈判会议纪要的形式形成书面文件。

同时应该注意的是，建设工程施工合同必须遵守法律。若违反了法律的条款，即使合同双方达成协议并签了字也不受法律保障。

4. 签订合同

双方在合同谈判结束后，应按上述内容和形式形成一个完整的合同文本草案，经双方代表认可后形成正式文件。双方核对无误后，由双方代表草签，至此合同谈判阶段即告结束。此时，承包人应及时准备和递交履约保函，准备正式签署建设工程施工合同。

第二节　建筑工程施工合同

建筑工程施工合同有施工总承包合同和施工分包合同之分。施工总承包合同的发包人是建设工程项目的建设单位或取得建设工程项目总承包资格的项目总承包单位，在合同中一般称为业主或发包人。施工分包合同又有专业工程分包合同和劳务作业分包合同之分。施工分包合同的发包人一般是取得施工总承包合同的承包单位，在分包合同中一般仍沿用施工总承包合同中的名称，即仍称为承包人；而施工分包合同的承包人一般是专业化的专业工程施工单位或劳务作业单位，在施工分包合同中一般称为分包人或劳务分包人。

一、建筑工程施工合同的含义和特征

（一）建筑工程施工合同的含义

建筑工程施工合同，是指发包方（建设单位）和承包方（施工单位）为完成商定的施工工程，明确相互权利、义务的协议。施工合同的当事人是发包人和承包人，双方是平等的民事主体。承发包双方签订施工合同，必须具备相应资质条件和履行施工合同的能力。依照施工合同，施工单位应完成建设单位交给的施工任务，建设单位应按照规定提供必要条件并支付工程价款。

施工合同是建筑工程合同的一种，它与其他建筑工程合同一样是双务有偿合同，在订立时应遵循自愿、公平、诚实信用等原则。

（二）建筑工程施工合同的作用

建筑工程施工合同是承包人进行工程建设施工，发包人支付价款的合同，是工程建设质量控制、进度控制、投资控制的主要依据，具有以下主要作用：

第一，合同确定了工程实施和工程管理的主要目标，是控制工程质量、进度和造价的重要依据。合同在工程实施前签订，确定了工程所要达到的目标以及和目标相关的所有主要和细节的问题。合同确定的工程目标主要有 3 个方面：

①工期。包括工程开始、工程持续时间、工程结束的日期，由双方一致同意的详细的进度计划等决定。

②工程质量、工程规模和范围。详细而具体的质量、技术和功能等方面的要求，如建筑面积，项目要达到的生产能力、建筑材料、设计、施工等质量标准和技术规范等。它们由合同条件、图纸、规范、工程量表、供应单等定义。

③工程造价。包括工程总造价，各分项工程的单价和总造价等，由工程报价单、中标函或合同协议等确定。这是承包人按合同要求完成工程责任所应取得的费用（包括承包人的应得利润）。

第二，合同是协调双方经济关系的重要依据。

合同一经签订，合同双方便结成了一定的经济关系。合同规定了双方在合同实施过程中的经济责任，利益和权利，促使双方加强经营管理。承包人只有认真做好施工准备工作，合理组织人力、财力、物力，按照合同分工完成自己应承担的义务，才能取得较好的经济效果；发包人只有充分做好建设前期工作，严格施工中的检查与监督，才能促使工程顺利进行。

第三，合同是工程过程中双方的最高行为准则。

工程施工过程中的一切活动都是为了履行合同，必须按合同办事。双方的行为主要靠合同来约束，所以，工程管理的核心就是合同管理。

合同一经签订，只要合同合法，双方必须全面地完成合同规定的责任和义务。如果不能认真履行自己的责任和义务，甚至单方撕毁合同，则必须接受经济甚至法律的处罚。除了遇到特殊情况（如不可抗力因素等）使合同不能实施外，合同当事人即使亏本，甚至破产也不能摆脱这种法律约束力。

第四，合同是协调工程各参加者行为的重要依据。

合同将工程所涉及的生产、材料和设备供应、运输、各专业设计和施工的分工协作关系联系起来，协调并统一工程各参加者的行为。一个参加单位在工程中承担的角色，它的任务和责任，就是由与它相关的合同所限定的。

（三）建筑工程施工合同的特征

建筑工程施工合同是建筑工程的主要合同之一，其订立目的是将设计图纸变为满足功能，质量、进度、投资等发包人投资预期目的的建筑产品。建筑工程施工合同具有以下基本特征：

1. 合同标的的特殊性

施工合同的标的并非一般的加工定作成果，而是基本建筑工程，是各类建筑产品。建筑产品是不动产，建造过程中往往受到自然条件、地质水文条件、社会条件、人为条件等因素的影响。这就决定了每个施工合同的标的物不同于工厂批量生产的产品，具有单件性的特点。所谓“单件性”，指不同地点建造的相同类型和级别的建筑，施工过程中所遇到的情况不尽相同，在甲工程施工中遇到的困难在乙工程不一定发生，而在乙工程施工中可能出现甲工程没有发生过的问题，相互间具有不可替代性。

2. 合同的主体资格的严格性

合同标的的特殊性，决定了不是任何一个单位或个人能够完成建筑工程施工的。为了保证建筑工程的质量和施工安全，法律对承包人的资质作了严格的要求，明确了工程施工承包人必须具备相应的工程施工承包资质。

3. 合同履行期限的长期性

由于建筑物结构复杂、体积大，且施工时所用建筑材料类型多，工作量大，建筑物的施工工期都较长（与一般工业产品的生产相比）。在较长的合同期内，双方履行义务往往会受到不可抗力、履行过程中法律法规政策的变化、市场价格的浮动等因素的影响，必然导致合同的内容约定、履行管理相当复杂。所以，合同履行，需要合同当事人双方较长时期的通力协作。

4. 合同内容的复杂性

虽然施工合同的当事人只有两方，但履行过程中涉及的主体却有许多种，内容的约定还需与其他相关合同相协调，如设计合同、供货合同、本工程的其他施工合同等。

二、建筑工程施工合同的订立

（一）订立施工合同应具备的条件

①初步设计已经批准。

②工程项目已经列入年度建设计划，并正式批准报建。

③有能够满足施工需要的设计文件和有关技术资料。

④建设资金和主要建筑材料设备来源已经落实。

⑤实行招标投标的工程，中标通知书已经下发。

（二）订立施工合同的约定注意事项

订立施工合同，应注意下列约定事项：

①工程发包与承包范围，工程质量标准，安全生产、文明施工目标要求，工期目标及工期调整的要求。

②工程计量和计价依据，合同价款及其支付结算，调整要求及方法。

③工程分包的内容、范围、工程及要求。

④材料和设备的供应方式与标准。

⑤工程洽商、变更的方式和要求。

⑥中间交工工程的范围和竣工时间。

⑦竣工结算与竣工验收。

⑧其他应在合同中明确约定的内容。

建筑工程施工合同标的物特殊，合同执行期长，关于专利技术使用，发现地下障碍和文物，不可抗拒力、工程有无保险、工程停建或缓建等问题，都是建筑工程施工合同约定的注意事项。

三、建筑工程施工合同当事人

合同当事人是指发包人和承包人，双方按合同约定在合同中享有权利和履行合同义务。熟悉合同当事人是下一步进行建筑工程施工管理的基础。

（一）发包人

发包人是指与承包人签订合同协议书的当事人及取得该当事人资格的合法继承人。

（二）承包人

承包人是指与发包人签订合同协议书，具有相应工程施工承包资质的当事人及取得该当事人资格的合法继承人。

（三）对项目经理

项目经理是指由承包人任命并派驻施工现场，在承包人授权范围内负责合同履行，且按照法律规定具有相应资格的项目负责人。

（四）监理人

监理人是指在专用合同条款中指明的，受发包人委托按照法律规定进行工程监督管理的法人或其他组织。监理人不是合同当事人，是发包人的委托代理人，其权力来源于发包人授权和法律规定的职责与义务。

四、建筑施工合同包含的内容

建设工程施工合同是控制工程质量、进度和造价的重要依据；是协调双方经济关系的重要依据；是工程过程中双方的最高行为准则；是协调工程各参加者行为的重要依据；是工程过程中双方争执解决的依据。

（一）施工合同双方的一般责任和义务

1. 发包人的责任与义务

①提供具备施工条件的施工现场和施工用地。

②提供其他施工条件，包括将施工所需水、电、电信线路从施工场地外部接至专用条款的约定地点，并保证施工期间的需要，开通施工场地与城乡公共道路的通道以及专用条款约定的施工场地内的主要道路，满足施工运输的需要，保证施工期间的畅通。

③提供水文地质勘探资料和地下管线资料，提供现场测量基准点、基准线和水准点及有关资料，以书面形式交给承包人，并进行现场交验，提供图纸等其他与合同工程有

关的资料。

④办理施工许可证和其他施工所需证件、批件，以及临时用地、停水、停电、中断道路交通、爆破作业等的申请批准手续（证明承包人自身资质的证件除外）。

⑤协调处理施工场地周围地下管线和邻近建筑物、构筑物（包括文物保护建筑）、古树名木的保护工作，承担有关费用。

⑥组织承包人和设计单位进行图纸会审和设计交底。

⑦按合同规定支付合同价款。

⑧按合同规定及时向承包人提供所需指令、批准等。

⑨按合同规定主持和组织工程的验收。

2. 承包人的责任与义务

①根据发包人委托，在其设计资质等级和业务允许的范围内，完成施工图设计或与工程配套的设计，经工程师确认后使用，发包人承担由此发生的费用。

②按合同要求的质量完成施工任务。

③按合同要求的工期完成并交付工程。

④按专用条款约定的数量和要求，向发包人提供施工场地办公和生活的房屋及设施，发包人承担由此发生的费用。

⑤遵守政府有关主管部门对施工场地交通、施工噪声以及环境保护和安全生产等的管理规定，按规定办理有关手续，并以书面形式通知发包人，发包人承担由此发生的费用，因承包人责任造成的罚款除外。

⑥负责保修期内的工程维修。

⑦接受发包人、工程师或其代表的指令。

⑧负责工地安全，看管进场材料、设备和未交工工程。

⑨负责对分包的管理，并对分包方的行为负责。

⑩按专用条款约定做好施工场地地下管线和邻近建筑物、构筑物（包括文物保护建筑）、古树名木的保护工作。

⑪安全施工保证施工人员的安全和健康。

⑫保持现场整洁。

⑬按时参加各种检查和验收。

（二）施工进度计划和工期延误

1. 施工进度计划

承包人应按照施工组织设计约定提交详细的施工进度计划，施工进度计划的编制应当符合国家法律规定和一般工程实践惯例，施工进度计划经发包人批准后实施。施工进度计划是控制工程进度的依据，发包人和监理人有权按照施工进度计划检查工程进度情况。

承包人应按照施工组织设计约定的期限，向监理人提交工程开工，报审表，经监理人报发包人批准后执行。监理人应在计划开工日期7天前向承包人发出开工通知，工期自开工通知中载明的开工日期起算。除专用合同条款另有约定外，因发包人原因造成监理人未能在计划开工日期之日起90天内发出开工通知的，承包人有权提出价格调整要求，或者解除合同。发包人应当承担由此增加的费用和（或）延误的工期，并向承包人支付合理利润。

2. 工期延误

在合同履行过程中，因下列情况导致工期延误和（或）费用增加的，由发包人承担由此延误的工期和（或）增加的费用，且发包人应支付承包人合理的利润。

①发包人未能按合同约定提供图纸或所提供图纸不符合合同约定的。

②发包人未能按合同约定提供施工现场、施工条件、基础资料、许可、批准等开工条件的。

③发包人提供的测量基准点、基准线和水准点及其书面资料存在错误或疏漏的。

④发包人未能在计划开工日期之日起7天内同意下达开工通知的。

⑤发包人未能按合同约定日期支付工程预付款、工程进度款或竣工结算款的。

⑥监理人未按合同约定发出指示、批准等文件的。

⑦专用合同条款中约定的其他情形。

（三）施工质量和检验

1. 承包人的质量管理

承包人按照施工组织设计约定向发包人和监理人提交工程质量保证体系及措施文件，建立完善的质量检查制度，并提交相应的工程质量文件。对于发包人和监理人违反法律规定和合同约定的错误指示，承包人有权拒绝实施。

承包人应按照法律规定和发包人的要求，对材料、工程设备以及工程的所有部位及其施工工艺进行全过程的质量检查和检验，并做详细记录，编制工程质量报表，报送监理人审查。此外，承包人还应按照法律规定和发包人的要求进行施工现场取样试验、工程复核测量和设备性能检测，提供试验样品、提交试验报告和测量成果以及其他工作。

2. 隐蔽工程检查

除专用合同条款另有约定外，工程隐蔽部位经承包人自检确认具备覆盖条件的，承包人应在共同检查前48小时书面通知监理人检查；除专用合同条款另有约定外，监理人不能按时进行检查的，应在检查前24小时向承包人提交书面延期要求，但延期不能超过48小时，由此导致工期延误的，工期应予以顺延。监理人未按时进行检查，也未提出延期要求的视为隐蔽工程检查合格，承包人可自行完成覆盖工作，并做相应记录报送监理人，监理人应签字确认。监理人事后对检查记录有疑问的可按专用合同条款的约定重新检查。

3. 不合格工程的处理

因承包人原因造成工程不合格的，发包人有权随时要求承包人采取补救措施，直至达到合同要求的质量标准，由此增加的费用和（或）延误的工期由承包人承担。无法补救的按拒绝接收全部或部分工程执行。

因发包人原因造成工程不合格的，由此增加的费用和（或）延误的工期由发包人承担，并支付承包人合理的利润。

（四）合同价款与支付

1. 工程预付款的支付

工程预付款的支付按照专用合同条款约定执行，但最迟应在开工通知载明的开工日期7天前支付。工程预付款应当用于材料、工程设备、施工设备的采购及修建临时工程、组织施工队进场等。发包人逾期支付工程预付款超过7天的，承包人有权向发包人发出要求预付的催告通知，发包人收到通知后7天内仍未支付的，承包人有权暂停施工，并按发包人违约的情形执行。

发包人要求承包人提供工程预付款担保的，承包人应在发包人支付工程预付款7天前提供工程预付款担保，专用合同条款另有约定除外。

2. 工程量的确认

承包人应于每月25日向监理人报送上月20日至当月19日2完成的工程量报告；监理人应在收到承包人提交的工程量报告后7天内完成对承包人提交的工程量报表的审核并报送发包人，以确定当月实际完成的工程量。监理人对工程量有异议的，有权要求承包人进行共同复核或抽样复测。承包人应协助监理人进行复核或抽样复测，并按监理人要求提供补充计量资料。

承包人未按监理人要求参加复核或抽样复测的，监理人复核或修正的工程量视为承包人实际完成的工程量。

3. 工程进度款的支付

承包人按照合同约定的时间按月向监理人提交进度付款申请单，监理人应在收到后7天内完成审查并报送发包人，发包人应在收到后7天内完成审批并签发工程进度款支付证书。发包人逾期未完成审批且未提出异议的视为已签发工程进度款支付证书。

除专用合同条款另有约定外，发包人应在工程进度款支付证书或临时工程进度款支付证书签发后14天内完成支付，发包人逾期支付工程进度款的，应按照中国人民银行发布的同期同类贷款基准利率支付违约金。

（五）竣工验收与结算

1. 竣工验收

工程具备以下条件的，承包人可以申请竣工验收。

①除发包人同意的甩项缺陷修补工作外，合同范围内的全部工程以及所有工作，包括合同要求的试验、试运行以及检验均已完成，并符合合同要求。

②已按合同约定编制了甩项工作和缺陷修补工作清单以及相应的施工计划。

③已按合同约定的内容和份数备齐竣工资料。

承包人向监理人报送竣工验收申请报告，监理人应在收到竣工验收申请报告后 14 天内完成审查并报送发包人。监理人审查后认为已具备竣工验收条件的，应将竣工验收申请报告提交给发包人，发包人应在收到经监理人审核的竣工验收申请报告后 28 天内审批完毕并组织监理人、承包人、设计人等相关单位完成竣工验收。

竣工验收合格的，发包人应在验收合格后 14 天内向承包人签发工程接收证书。发包人无正当理由逾期不颁发工程接收证书的，自验收合格后第 15 天起视为已颁发工程接收证书。竣工验收不合格的，监理人应按照验收意见发出指示，要求承包人对不合格工程返工、修复或采取其他补救措施，由此增加的费用和(或)延误的工期由承包人承担。

工程经竣工验收合格的，以承包人提交竣工验收申请报告之日为实际竣工日期，并在工程接收证书中载明；因发包人原因，未在监理人收到承包人提交的竣工验收申请报告 42 天内完成竣工验收，或完成竣工验收不予签发工程接收证书的，以提交竣工验收申请报告的日期为实际竣工日期；工程未经竣工验收，发包人擅自使用的，以转移占有工程之日为实际竣工日期。

2. 竣工结算

承包人应在工程竣工验收合格后 28 天内向发包人和监理人提交竣工结算申请单；监理人应在收到竣工结算申请单后 14 天内完成核查并报送发包人；发包人应在收到监理人提交的经审核的竣工结算申请单后 14 天内完成审批，并由监理人向承包人签发经发包人签认的竣工付款证书。发包人在收到承包人提交竣工结算申请单 28 天内未完成审批且未提出异议的，视为发包人认可承包人提交的竣工结算申请单，并自发包人收到承包人提交的竣工结算申请单后第 29 天起视为已签发竣工付款证书。

除专用合同条款另有约定外，发包人应在签发竣工付款证书后的 14 天内完成对承包人的竣工付款。发包人逾期支付的，按照中国人民银行发布的同期同类贷款基准利率支付违约金；逾期支付超过 56 天的按照中国人民银行发布的同期同类贷款基准利率的 2 倍支付违约金。

（六）缺陷责任与保修

1. 缺陷责任

在工程移交给发包人后，因承包人原因产生的质量缺陷，承包人应承担质量缺陷责任和保修义务。缺陷责任期届满，承包人仍应按合同约定的工程各部位保修年限承担保修义务。

经合同当事人协商一致扣留质量保证金的应在专用合同条款中予以明确。质量保证金的扣留原则上采用在支付工程进度款时逐次扣留；发包人累计扣留的质量保证金不得超过结算合同价格的 5%，如承包人在发包人签发竣工付款证书后 28 天内提交质量保证金保函，发包人应同时退还扣留的作为质量保证金的工程价款。

2. 保修

工程保修期从工程竣工验收合格之日起算，具体分部分项工程的保修期由合同当事人在专用合同条款中约定，但不得低于法定最低保修年限。在工程保修期内，承包人应当根据有关法律规定以及合同约定承担保修责任。

发包人未经竣工验收擅自使用工程的，保修期自转移占有之日起算。

（七）施工合同的违约责任

1. 发包人违约责任

在合同履行过程中发生的下列情形属于发包人违约。

①因发包人原因未能在计划开工日期前 7 天内下达开工通知的。

②因发包人原因未能按合同约定支付合同价款的。

③发包人违反变更的范围约定，自行实施被取消的工作或转由他人实施的。

④发包人提供的材料、工程设备的规格、数量或质量不符合合同约定，或因发包人原因导致交货日期延误或交货地点变更等情况的。

⑤因发包人违反合同约定造成暂停施工的。

⑥发包人无正当理由没有在约定期限内发出复工指示，导致承包人无法复工的。

⑦发包人明确表示或者以其行为表明不履行合同主要义务的。

⑧发包人未能按照合同约定履行其他义务的。

发包人应承担因其违约而给承包人增加的费用和（或）延误的工期，并向承包人支付合理的利润。

2. 承包人违约责任

在合同履行过程中发生的下列情形属于承包人违约。

①承包人违反合同约定进行转包或违法分包的。

②承包人违反合同约定采购和使用不合格的材料和工程设备的。

③因承包人原因导致工程质量不符合合同要求的。

④承包人违反材料与设备专用要求的约定，未经批准，私自将已按照合同约定进入施工现场的材料或设备撤离施工现场的。

⑤承包人未能按施工进度计划及时完成合同约定的工作，造成工期延误的。

⑥承包人在缺陷责任期及保修期内，未能在合理期限对工程缺陷进行修复，或拒绝按发包人要求进行修复的。

⑦承包人明确表示或者以其行为表明不履行合同主要义务的。

⑧承包人未能按照合同约定履行其他义务的。

承包人应承担因其违约行为而增加的费用和（或）延误的工期。

第三节　建筑工程施工承包合同按计价方式分类及担保

建筑工程施工承包合同按计价方式主要有三种，即总价合同、单价合同和成本补偿合同。

一、单价合同的运用

当施工发包的工程内容和工程量不能十分明确、具体时，则可以采用单价合同形式，即根据计划工程内容和估算工程量，在合同中明确每项工程内容的单位价格（如每米、每平方米或者每立方米的价格），实际支付时则根据每一个子项的实际完成工程量乘以该子项的合同单价计算该项工作的应付工程款。

单价合同的特点是单价优先，例如，FIDIC 土木工程施工合同中，业主给出的工程量清单表中的数字是参考数字，而实际工程款则按实际完成的工程量和合同中确定的单价计算。

虽然在投标报价、评标以及签订合同中，人们常常注重总价格，但在工程款结算中单价优先，对于投标书中明显的数字计算错误，业主有权力先做修改再评标，当总价和单价的计算结果不一致时，以单价为准调整总价。

根据投标人的投标单价，钢筋混凝土的合价应该是 300000 元，而实际只写了 30000 元，在评标时应根据单价优先原则对总报价进行修正，所以，正确的报价应该是 8100000 +（300000 − 30000）= 8370000 元。

在实际施工时，如果实际工程量是 1500m^3 时，则钢筋混凝土工程的价款金额应该是 300 × 1500 = 450000 元

由于单价合同允许随工程量变化而调整工程总价，业主和承包商都不存在工程量方面的风险，因此，对合同双方都比较公平。在招标前，发包单位无须对工程范围做出完整的、详尽的规定，从而可以缩短招标准备时间，投标人也只需对所列工程内容报出自己的单价，从而缩短投标时间。采用单价合同对业主的不足之处是业主需要安排专门力量来核实已经完成的工程量，需要在施工过程中花费不少精力，协调工作巨大。用于计算应付工程款的实际工程量可能超过预测的工程量，即实际投资容易超过计划投资，对投资控制不利。单价合同又分为固定单价合同和变动单价合同。在固定单价合同条件下，无论发生哪些影响价格的因素都不对单价进行调整，因而对承包商而言就存在一定的风险。当采用变动单价合同时，合同双方可以约定一个估计的工程量，当实际工程量发生

较大变化时可以对单价进行调整，同时还应该约定如何对单价进行调整；当然，也可以约定，当通货膨胀达到一定水平或者国家政策发生变化时，可以对哪些工程内容的单价进行调整以及如何调整等。因此，承包商的风险就相对较小。固定单价合同适用于工期较短、工程量变化幅度不会太大的项目。

在工程实践中，采用单价合同有时也会根据估算的工程量计算一个初步的合同总价，作为投标报价和签订合同之用。当上述初步的合同总价与各项单价乘以实际完成的工程量之和发生矛盾时，则肯定以后者为准，即单价优先。实际工程款的支付也将以实际完成工程量乘以合同单价进行计算。

二、总价合同的运用

（一）总价合同的含义

所谓总价合同是指根据合同规定的工程施工内容和有关条件，业主应付给承包商的款额是一个规定的金额，即明确的总价。总价合同也称作总价包干合同，即根据施工招标时的要求和条件，当施工内容和有关条件不发生变化时，业主付给承包商的价款总额就不发生变化。总价合同又分固定总价合同和变动总价合同两种。

（二）固定总价合同

固定总价合同的价格计算是以图纸及规定、规范为基础，工程任务和内容明确，业主的要求和条件清楚，合同总价一次包全，固定不变，即不再因为环境的变化和工程量的增减而变化。在这类合同中，承包商承担了全部的工作量和价格的风险。因此，承包商在报价时应对一切费用的价格变动因素以及不可预见因素都做充分的估计，并将其包含在合同价格之中。在国际上，这种合同被广泛接受和采用，因为有比较成熟的法规和先前的经验。对业主而言，在合同签订时就可以基本确定项目的总投资额，对投资控制有利。在双方都无法预测的风险条件下和可能有工程变更的情况下，承包商承担了较大的风险，业主的风险较小。但是，工程变更和不可预见的困难也常常引起合同双方的纠纷或者诉讼，最终导致其他费用的增加。

当然，在固定总价合同中还可以约定，在发生重大工程变更、累计工程变更超过一定幅度或者其他特殊条件下可以对合同价格进行调整。因此，需要定义重大工程变更的含义、累计工程变更的幅度以及什么样的特殊条件才能调整合同价格以及如何调整合同价格等。

采用固定总价合同，双方结算比较简单，但由于承包商承担了较大的风险，因此，报价中不可避免地要增加一笔较高的不可预见的风险费。承包商的风险主要有两个方面：一是价格风险，二是工作量风险。价格风险有报价计算错误、漏报项目、物价和人工费上涨等；工作量风险有工程量计算错误、工程范围不确定、工程变更或者由于设计深度不够所造成的误差等。固定总价合同适用于以下情况。

①工程量小、工期短，估计在施工过程中环境因素变化小，工程条件稳定并合理。

②工程设计详细，图纸完整、清楚，工程任务和范围明确。

③工程结构和技术简单，风险小。

④投标期相对宽裕，承包商可以有充足的时间详细考察现场、复核工程量，分析招标文件，拟订施工计划。

（三）变动总价合同

变动总价合同又称为可调总价合同，合同价格是以图纸及规定、规范为基础，按照时价进行计算，得到包括全部工程任务和内容的暂定合同价格。它是一种相对固定的价格，在合同执行过程中，由于通货膨胀等原因而使所使用的工、料成本增加时，可以按照合同约定对合同总价进行相应的调整。当然，一般由于设计变更、工程最变化和其他工程条件变化所引起的费用变化也可以进行调整。因此，通货膨胀等不可预见因素的风险由业主承担，对承包商而言，其风险相对较小，但对业主而言，却不利于其进行投资控制，突破投资的风险就增大。合同双方可约定，在以下条件下可对合同价款进行调整。

①法律、行政法规和国家有关政策变化影响合同价款。

②工程造价管理部门公布的价格调整。

③一周内非承包人原因停水、停电、停气造成的停工累计超过 8h。

④双方约定的其他因素。

在工程施工承包招标时，施工期限一年左右的项目一般实行固定总价合同，通常不考虑价格调整问题，以签订合同时的单价和总价为准，物价上涨的风险全部由承包商承担，但对建设周期一年半以上的工程项目则应考虑下列因素引起的价格变化问题。

①劳务工资以及材料费用的上涨。

②其他影响工程造价的因素，如运输费、燃料费、电力等价格的变化。

③外汇汇率的不稳定。

④国家或者省、市立法的改变引起的工程费用的上涨。

（四）总价合同的特点和应用

采用总价合同时，对承发包工程的内容及其各种条件都应基本清楚、明确，否则，承发包双方都有蒙受损失的风险。一般是在施工图设计完成，施工任务和范围比较明确，业主的目标、要求和条件都清楚的情况下才采用总价合同。对业主来说，由于设计花费时间长，因而开工时间较晚，开工后的变更容易带来索赔，而且在设计过程中也难以吸收承包商的建议。总价合同的特点有以下几个方面。

①发包单位可以在报价竞争状态下确定项目的总造价，可以较早确定或者预测工程成本。

②业主的风险较小，承包人将承担较多的风险。

③评标时易于迅速确定最低报价的投标人。

④在施工进度上能极大地调动承包人的积极性。

⑤发包单位能更容易、更有把握地对项目进行控制。

⑥必须完整而明确地规定承包人的工作。

⑦必须将设计和施工方面的变化控制在最低限度内。

总价合同和单价合同有时在形式上很相似，例如，在有的总价合同的招标文件中也有工程量表，也要求承包商提出各分项工程的报价，与单价合同在形式上很相似，但两者在性质上是完全不同的。总价合同是总价优先，承包商报总价，双方商讨并确定合同总价，最终也按总价结算。

三、成本加酬金合同的运用

（一）成本加酬金合同的含义

成本加酬金合同也称为成本补偿合同，这是与固定总价合同正好相反的合同，工程施工的最终合同价格将按照工程的实际成本再加上一定的酬金进行计算。在合同签订时，工程实际成本往往不能确定，只能确定酬金的取值比例或者计算原则。采用这种合同，承包商不承担任何价格变化或工程量变化的风险，这些风险主要由业主承担，对业主的投资控制很不利，而承包商则往往缺乏控制成本的积极性，常常不仅不愿意控制成本，甚至还会期望提高成本以提高自己的经济效益，因此，这种合同容易被那些不道德或不称职的承包商滥用，从而损害工程的整体效益，所以，应该尽量避免采用这种合同。

（二）成本加酬金合同的特点和适用条件

①工程特别复杂，工程技术、结构方案不能预先确定，或者尽管可以确定工程技术和结构方案，但不可能进行竞争性的招标活动并以总价合同或单价合同的形式确定承包商，如研究开发性质的工程项目。

②时间特别紧迫，如抢险、救灾工程来不及进行详细的计划和商谈。对业主而言，这种合同形式也有一定的优点。如：可以通过分段施工缩短工期，而不必等待所有施工图完成才开始招标和施工；可以减少承包商的对立情绪，承包商对工程变更和不可预见条件的反应会比较积极和快捷；可以利用承包商的施工技术专家帮助改进或弥补设计中的不足；业主可以根据自身力量和需要，较深入地介入和控制工程施工和管理；也可以通过确定最大保证价格约束工程成本不超过某一限值，从而转移一部分风险。

对承包商来说，这种合同比固定总价的风险低，利润比较有保证，因而比较有积极性。其缺点是合同的不确定性，由于设计未完成，无法准确确定合同的工程内容、工程量以及合同的终止时间，有时难以对工程计划进行合理安排。

（三）成本加酬金合同的形式

1. 成本加固定费用合同

根据双方讨论同意的工程规模、估计工期、技术要求、工作性质及复杂性、所涉及的风险等来考虑确定一笔固定数目的报酬金额作为管理费及利润，对人工、材料、机械台班等直接成本则实报实销。如果设计变更或增加新项目，当直接费用超过原估算成本的一定比例（如10%）时，固定的报酬也要增加。在工程总成本初期估计不准，但可能变化不大的情况下，可采用此合同形式，有时可分几个阶段谈判付给固定报酬。这种方式虽然不能鼓励承包商降低成本，但为了尽快得到酬金，承包商会尽力缩短工期。有时也可在固定费用之外根据工程质量、工期和节约成本等因素给承包商另加奖金，以鼓励承包商积极工作。

2. 成本加固定比例费用合同

工程成本中直接费用加一定比例的报酬费，报酬部分的比例在签订合同时由双方确定。这种方式的报酬费用总额随成本加大而增加，不利于缩短工期和降低成本。一般在工程初期很难描述工作范围和性质，或工期紧迫，无法按常规编制招标文件招标时采用。

3. 成本加奖金合同

奖金是根据报价书中的成本估算指标制定的，在合同中对这个估算指标规定一个底点和顶点，分别为工程成本估算的60%～75%和110%～135%。承包商在估算指标的顶点以下完成工程则可得到奖金，超过顶点则要对超出部分支付罚款。如果成本在底点之下，则可加大酬金值或酬金百分比。采用这种方式通常规定，当实际成本超过顶点对承包商罚款时，最大罚款限额不超过原先商定的最高酬金值。在招标时，当图纸、规范等准备不充分，不能据以确定合同价格，而仅能制定一个估算指标时可采用这种形式。

4. 最大成本加费用合同

在工程成本总价合同基础上加固定酬金费用的方式，即当设计深度达到可以报总价的深度，投标人报一个工程成本总价和一个固定的酬金（包括各项管理费、风险费和利润）。如果实际成本超过合同中规定的工程成本总价，由承包商承担所有的额外费用，若实施过程中节约了成本，节约的部分归业主，或者由业主与承包商分享，在合同中要确定节约分成比例。在非代理型（风险型）CM模式的合同中就采用这种方式。

（四）成本加酬金合同的应用

当实行施工总承包管理模式或CM模式时，业主与施工总承包管理单位或CM单位的合同一般采用成本加酬金合同。在国际上，许多项目管理合同、咨询服务合同等也多采用成本加酬金合同方式。在施工承包合同中采用成本加酬金计价方式时，业主与承包商应该注意以下问题。

①必须有一个明确的如何向承包商支付酬金的条款，包括支付时间和金额百分比。如果发生变更和其他变化，酬金支付如何调整。

②应该列出工程费用清单，要规定一套详细的工程现场有关的数据记录、信息存储甚至记账的格式和方法，以便对工地实际发生的人工、机械和材料消耗等数据认真而及时地记录。应该保留有关工程实际成本的发票或付款的账单、表明款额已经支付的记录或证明等，以便业主进行审核和结算。

四、建筑工程担保

担保是为了保证债务的履行，确保债权的实现，在债务人的信用或特定的财产之上设定的特殊的民事法律关系。其法律关系的特殊性表现在，一般的民事法律关系的内容（权利和义务）基本处于一种确定的状态，而担保的内容处于一种不确定的状态，即当债务人不按照合同之约定履行债务导致债权无法实现时，担保的权利和义务才能确定并成为现实。

我国担保法规定的担保方式有五种，即保证、抵押、质押、留置和定金。建设工程中经常采用的担保种类有投标担保、履约担保、支付担保、预付款担保、工程保修担保等。

（一）投标担保的内容

1. 投标担保的含义

投标担保或投标保证金，是指投标人保证中标后履行签订承发包合同的义务，否则，招标人将对投标保证金予以没收。施工投标保证金的数额一般不得超过投标总价的2%，但最高不得超过80万元人民币。投标保证金有效期应当超出投标有效期30天。投标人不按招标文件要求提交投标保证金的，该投标文件将被拒绝，做废标处理。招标文件要求投标人提交投标保证金的，保证金数额一般不超过勘察设计费投标报价的2%，最多不超过10万元人民币。国际上常见的投标担保的保证金数额为2%～5%。

2. 投标担保的形式

投标担保可以采用保证担保、抵押担保等方式，其具体的形式有很多种，通常有如下几种：现金；保兑支票；银行汇票；现金支票；不可撤销信用证；银行保函；由保险公司或者担保公司出具投标保证书。

3. 投标担保的作用

投标担保的主要目的是保护招标人不因中标人不签约而蒙受经济损失。投标担保要确保投标人在投标有效期内不要：撤回投标书，以及投标人在中标后保证与业主签订合同并提供业主所要求的履约担保、预付款担保等。投标担保的另一个作用是在一定程度上可以起筛选投标人的作用。

（二）履约担保的内容

1. 履约担保的含义

所谓履约担保，是指招标人在招标文件中规定的要求中标的投标人提交的保证履行合同义务和责任的担保。履约担保的有效期始于工程开工之日，终止日期则可以约定为工程竣工交付之日或者保修期满之日。由于合同履行期限应该包括保修期，履约担保的时间范围也应该覆盖保修期，如果确定履约担保的终止日期为工程竣工交付之日，则需要另外提供工程保修担保。

2. 履约担保的形式

履约担保可以采用银行保函或者履约担保书的形式。在保修期内，工程保修担保可以采用预留保留金的方式。

（1）银行履约保函

银行履约保函是由商业银行开具的担保证明，通常为合同金额的10%左右。银行保函分为有条件的银行保函和无条件的银行保函。有条件的保函是指下述情形：在承包人没有实施合同或者未履行合同义务时，由发包人或工程师出具证明说明情况，并由担保人对已执行合同部分和未执行部分加以鉴定，确认后才能收兑银行保函，由发包人得到保函中的款项。建筑行业通常倾向于采用有条件的保函。无条件的保函是在承包人没有实施合同或者未履行合同义务时，发包人只要看到承包人违约，不需要出具任何证明和理由就可对银行保函进行收兑。

（2）履约担保书

由担保公司或者保险公司开具履约担保书，当承包人在执行合同过程中违约时，开出担保书的担保公司或者保险公司用该项担保金去完成施工任务或者向发包人支付完成该项目所实际花费的金额，但该金额必须在保证金的担保金额之内。

（3）保留金

保留金是指在发包人（工程师）根据合同的约定，每次支付工程进度款时扣除一定数目的款项作为承包人完成其修补缺陷义务的保证。保留金一般为每次工程进度款的10%，但总额一般应限制在合同总价款的5%（通常最高不得超过10%）。一般在工程移交时，发包人（工程师）将保留金的一半支付给承包人；质量保修期或缺陷责任期满时，将剩下的一半支付给承包人。

3. 履约担保的作用

履约担保将在很大程度上促使承包商履行合同约定，完成工程建设任务，从而有利于保护业主的合法权益。一旦承包人违约，担保人要代为履约或者赔偿经济损失。履约保证金额的大小取决于招标项目的类型与规模，但必须保证承包人违约时，发包人不受损失。

（三）预付款担保的内容

1. 预付款担保的含义

建设工程合同签订以后，发包人往往会支付给承包人一定比例的预付款，一般为合同金额的10%，如果发包人有要求，承包人应该向发包人提供预付款担保。预付款担保是指承包人与发包人签订合同后领取预付款之前，为保证正确、合理使用发包人支付的预付款而提供的担保。

2. 预付款担保的形式

（1）银行保函

预付款担保的主要形式是银行保函。预付款担保的担保金额通常与发包人的预付款是等值的。预付款一般逐月从工程付款中扣除，预付款担保的担保金额也相应逐月减少。承包人在施工期间，应当定期从发包人处取得同意此保函减值的文件，并送交银行确认。承包人还清全部预付款后，发包人应退还预付款担保，承包人将其退回银行注销，解除担保责任。

（2）发包人与承包人约定的其他形式

预付款担保也可由担保公司提供保证担保，或采取抵押等担保形式。

3. 预付款担保的作用

预付款担保的主要：作用在于保证承包人能够按合同规定进行施工，偿还发包人已支付的全部预付金额。如果承包人中途毁约，中止工程，使发包人不能在规定期限内从应付工程款中扣除全部预付款，则发包人作为保函的受益人有权凭预付款担保向银行索赔该保函的担保金额作为补偿。

（四）支付担保的内容

1. 支付担保的含义

支付担保是中标人要求招标人提供的保证履行合同中约定的工程款支付义务的担保。在国际上还有一种特殊的担保付款担保，即在有分包人的情况下，业主要求承包人提供的保证向分包人付款的担保，即承包商向业主保证，将把业主支付的款项用于实施分包工程的工程款及时、足额地支付给分包人。

2. 支付担保的形式

支付担保通常采用如下的几种形式：银行保函、履约保证金和担保公司担保。发包人的支付担保应是金额担保。实行履约金分段滚动担保。支付担保的额度为工程合同总额的 20% ~ 25%。本段清算后进入下段。已完成担保额度，若发包人未能按时支付，承包人可依据担保合同暂停施工，并要求担保人承担支付责任和相应的经济损失。

3. 支付担保的作用

工程款支付担保的作用在于通过对业主资信状况进行严格审查并落实各项担保措施，确保工程费用及时支付到位；一旦业主违约，付款担保人将代为履约。发包人要求承包人提供保证向分包人付款的付款担保，可以保证工程款真正支付给实施工程的单位或个人，如果承包人不能及时、足额地将分包工程款支付给分包人，业主可以向担保人索赔，并可以直接向分包人付款。

上述对工程款支付担保的规定对解决我国建筑市场工程款拖欠现象具有特殊重要的意义。

4. 支付担保有关规定

发包人和承包人为了全面履行合同，应互相提供以下担保：发包人向承包人提供履约担保，按合同约定支付工程价款及履行合同约定的其他义务；承包人向发包人提供履约担保，按合同约定履行自己的各项义务；一方违约后，另一方可要求提供担保的第三人承担相应责任；提供担保的内容、方式和相关责任，发包人和承包人除在专用条款中约定外，被担保方与担保方还应签订担保合同作为本合同附件。

第四节　建筑工程施工合同实施

一、施工合同分析的任务

（一）合同分析的含义

合同分析是从合同执行的角度去分析、补充和解释合同的具体内容和要求，将合同目标和合同规定落实到合同实施的具体问题和具体时间上，用于指导具体工作，使合同能符合日常工程管理的需要，使工程按合同要求实施，为合同执行和控制确定依据。合同分析不同于招标投标过程中对招标文件的分析，其目的和侧重点都不同。合同分析往往由企业的合同管理部门或项目中的合同管理人员负责。

（二）合同分析的目的和作用

1. 合同分析的必要性

由于以下诸多因素的存在，承包人在签订合同后、履行和实施合同前有必要进行合同分析。

①许多合同条文采用法律用语，往往不够直观明了，不容易理解，通过补充和解释，可以使之简单、明确、清晰。

②同一个工程中的不同合同形成一个复杂的体系，十几份、几十份甚至上百份合同之间有十分复杂的关系。

③合同事件和工程活动的具体要求（如工期、质量、费用等），合同各方的责任关系，事件和活动之间的逻辑关系等极为复杂。

④许多工程小组，项目管理职能人员所涉及的活动和问题不是合同文件的全部，而仅为合同的部分内容，全面理解合同对合同的实施将会产生重大影响。

⑤在合同中依然存在问题和风险，包括合同审查时已经发现的风险和还可能隐藏着的尚未发现的风险。

⑥合同中的任务需要分解和落实。

⑦在合同实施过程中，合同双方会有许多争执，在分析时就可以预测预防。

2. 合同分析的作用

（1）分析合同中的漏洞，解释有争议的内容

在合同起草和谈判过程中，双方都会力争完善，但仍然难免会有所疏漏，通过合同分析，找出漏洞，可以作为履行合同的依据。在合同执行过程中，合同双方有时也会发生争议，往往是由于对合同条款的理解不一致所造成的，通过分析就合同条文达成一致

理解，从而解决争议。在遇到索赔事件后，合同分析也可以为索赔提供理由和根据。

（2）分析合同风险，制定风险对策

不同的工程合同，其风险的来源和风险量的大小都不同，要根据合同进行分析，并采取相应的对策。

（3）合同任务分解、落实

在实际工程中，合同任务需要分解落实到具体的工程小组或部门、人员，要将合同中的任务进行分解，将合同中与各部分任务相对应的具体要求明确，然后落实到具体的工程小组或部门、人员身上，以便于实施与检查。

3. 建设工程施工合同分析的内容

（1）合同的法律基础

即合同签订和实施的法律背景。通过分析，承包人了解适用于合同的法律的基本情况（范围、特点等），用以指导整个合同实施和索赔工作。对合同中明示的法律应重点分析。

（2）承包人的主要任务

承包人的总任务，即合同标的。承包人在设计、采购、制作、试验、运输、土建施工、安装、验收、试生产、缺陷责任期维修等方面的主要责任，施工现场的管理，给业主的管理人员提供生活和工作条件等责任。承包人工作范围通常由合同中的工程量清单、图纸、工程说明、技术规范所定义。工程范围的界限应很清楚，否则，会影响工程变更和索赔，特别是固定总价合同。在合同实施中，如果工程师指令的工程变更属于合同规定的工程范围，则承包人必须无条件执行；如果工程变更超过承包人应承担的风险范围，则可向业主提出工程变更的补偿要求。

关于工程变更的规定，在合同实施过程中，变更程序非常重要，通常要做工程变更工作流程图，并交付相关的职能人员。工程变更的补偿范围通常以合同金额一定的百分比表示。通常这个百分比越大，承包人的风险就越大。工程变更的索赔有效期由合同具体规定，一般为 28 天，也有 14 天的。一般这个时间越短，对承包人管理水平的要求越高，对承包人越不利。

（3）发包人的责任

这里主要分析发包人（业主）的合作责任。其责任通常有如下几方面：业主雇佣工程师并委托其在授权范围内履行业主的部分合同责任；业主和工程师有责任对平行的各承包人和供应商之间的责任界限做出划分，对这方面的争执做出裁决，对他们的工作进行协调，并承担管理和协调失误造成的损失；及时做出承包人履行合同所必需的决策，如下达指令、履行各种批准手续、做出认可、答复请示，完成各种检查和验收手续等；提供施工条件，如及时提供设计资料、图纸、施工场地、道路等；按合同规定及时支付工程款，及时接收已完工程等。

（4）合同价格

对合同的价格应重点分析以下几个方面：合同所采用的计价方法及合同价格所包括

的范围；工程量计量程序、工程款结算（包括进度付款、竣工结算、最终结算）方法和程序；合同价格的调整，即费用索赔的条件、价格调整方法、计价依据、索赔有效期规定；拖欠工程款的合同责任。

（5）施工工期

在实际工程中，工期拖延极为常见和频繁，而且对合同实施和索赔的影响很大，所以，要特别重视。

（6）违约责任

如果合同一方未遵守合同规定，造成对方损失，应受到相应的合同处罚。通常包括：承包人不能按合同规定工期完成工程的违约金或承担业主损失的条款；由于管理上的疏忽造成对方人员和财产损失的赔偿条款；由于预谋或故意行为造成对方损失的处罚和赔偿条款等；由于承包人不履行或不能正确地履行合同责任，或出现严重：违约时的处理规定；由于业主不履行或不能正确地履行合同责任，或出现违约时的处理规定，特别是对业主不及时支付工程款的处理规定。

（7）验收、移交和保修

验收包括许多内容，如材料和机械设备的现场验收、隐蔽工程验收、单项工程验收、全部工程竣工验收等。

在合同分析中，应对重要的验收要求、时间、程序以及验收所带来的法律后果做说明。竣工验收合格即办理移交。移交作为一个重要的合同事件，同时又是一个重要的法律概念。它表示的含义有：业主认可并接收工程，承包人工程施工任务的完结；工程所有权的转让；承包人工程照管责任的结束和业主工程照管责任的开始；保修责任的开始；合同规定的工程款支付条款有效。

（8）索赔程序和争执的解决

它决定着索赔的解决方法。其包含索赔的程序，争议的解决方式和程序；仲裁条款，包括仲裁所依据的法律、仲裁地点、方式和程序、仲裁结果的约束力等。

二、施工合同交底的任务

合同和合同分析的资料是工程实施管理的依据。合同分析后，应向各层次管理者做“合同交底”，即由合同管理人员在对合同的主要内容进行分析、解释和说明的基础上，通过组织项目管理人员和各个工程小组学习合同条文和合同总体分析结果，使大家熟悉合同中的主要内容、规定、管理程序，了解合同双方的合同责任和工作范围，各种行为的法律后果等，使大家都树立全局观念，使各项工作协调一致，避免执行中的违约行为。在传统的施工项目管理系统中，人们十分重视图纸交底工作，却不重视合同分析和合同交底工作，导致各个项目组和各个工程小组对项目的合同体系、合同基本内容不甚了解，影响了合同的履行。项目经理或合同管理人员应将各种任务或事件的责任分解，落实到具体的工作小组、人员或分包单位。合同交底的目的和任务如下。

①对合同的主要内容达成一致理解。

②将各种合同事件的责任分解落实到各工程小组或分包人。

③将工程项目和任务分解，明确其质量和技术要求以及实施的注意要点等。

④明确各项工作或各个工程的工期要求。

⑤明确成本目标和消耗标准。

⑥明确相关事件之间的逻辑关系。

⑦明确各个工程小组（分包人）之间的责任界限。

⑧明确完不成任务的影响和法律后果。

⑨明确合同有关各方（如业主、监理工程师）的责任和义务。

三、施工合同实施的控制

在工程实施过程中要对合同的履行情况进行跟踪与控制，并加强工程变更管理，保证合同的顺利履行。

（一）施工合同跟踪

合同签订以后，合同中各项任务的执行要落实到具体的项目经理部或具体的项目参与人员身上，承包单位作为履行合同义务的主体，必须对合同执行者（项目经理部或项目参与人）的履行情况进行跟踪、监督和控制，确保合同义务的完全履行。施工合同跟踪有两个方面的含义。一是承包单位的合同管理职能部门对合同执行者（项目经理部或项目参与人）的履行情况进行的跟踪、监督和检查；二是合同执行者（项目经理部或项目参与人）本身对合同计划的执行情况进行的跟踪、检查与对比。在合同实施过程中二者缺一不可。对合同执行者而言，应该掌握合同跟踪的以下方面。

1. 合同跟踪的依据

首先，合同跟踪的重要依据是合同以及依据合同而编制的各种计划文件；其次，还要依据各种实际工程文件如原始记录、报表、验收报告等；最后，还要依据管理人员对现场情况的直观了解，如现场巡视、交谈、会议、质量检查等。

2. 合同跟踪的对象

①工程施工的质量，包括材料、构件、制品和设备等的质量以及施工或安装质量是否符合合同要求等。

②工程进度是否在预定期限内施工，工期有无延长，延长的原因是什么等。

③工程数量是否按合同要求完成全部施工任务，有无合同规定以外的施工任务等。

④成本的增加和减少。

可以将工程施工任务分解交由不同的工程小组或发包给专业分包完成，工程承包人必须对这些工程小组或分包人及其所负责的工程进行跟踪检查、协调关系，提出意见、建议或警告，保证工程总体质量和进度。对专业分包人的工作和负责的工程，总承包商负有协调和管理的责任，并承担由此造成的损失，所以专业分包人的工作和负责的工程必须纳入总承包工程的计划和控制中，防止因分包人工程管理失误而影响全局。

业主委托的工程师的工作包含：业主是否及时、完整地提供了工程施工的实施条件，如场地、图纸、资料等；业主和工程师是否及时给予了指令、答复和确认等；业主是否及时并足额地支付了应付的工程款项。

（二）合同实施的偏差分析

通过合同跟踪，可能会发现合同实施中存在偏差，即工程实施实际情况偏离了工程计划和工程目标，应该及时分析原因，采取措施，纠正偏差，避免损失。合同实施偏差分析的内容包括以下几个方面。

（1）产生偏差的原因分析

通过对合同执行实际情况与实施计划的对比分析，不仅可以发现合同实施的偏差，而且可以探索引起差异的原因。原因分析可以采用鱼刺图、因果关系分析图（表）、成本量差、价差、效率差分析等方法定性或定量地进行。

（2）合同实施偏差的责任分析

即分析产生合同偏差的原因是由谁引起的，应该由谁承担责任。责任分析必须以合同为依据，按合同规定落实双方的责任。

（3）合同实施趋势分析

针对合同实施偏差情况，可以采取不同的措施，应分析在不同措施下合同执行的结果与趋势，包括最终的工程状况；总工期的延误、总成本的超支、质量标准、所能达到的生产能力（或功能要求）等；承包商将承担什么样的后果，如被罚款、被清算，甚至被起诉，对承包商资信、企业形象、经营战略的影响等；最终工程经济效益。

（三）合同实施偏差处理

根据合同实施偏差分析的结果，承包商应该采取相应的调整措施。

①组织措施，如增加人员投入、调整人员安排、调整工作流程和工作计划等。

②技术措施，如变更技术方案，采用新的高效率的施工方案等。

③经济措施，如增加投入，采取经济激励措施等。

④合同措施，如进行合同变更、签订附加协议、采取索赔手段等。

（四）工程变更管理

工程变更一般是指在工程施工过程中，根据合同约定对施工的程序、工程的内容、数量、质量要求及标准等做出的变更。

1. 工程变更的原因

①业主新的变更指令，对建筑的新要求，如业主有新的意图、修改项目计划、削减项目预算等。

②由于设计人员、监理方人员、承包商事先没有很好地理解业主的意图，或设计的错误导致图纸修改。

③工程环境的变化，预定的工程条件不准确，要求实施方案或实施计划变更。

④由于产生新技术和知识，有必要改变原设计、原实施方案或实施计划，或由于业

主指令及业主责任的原因造成承包商施工方案的改变。

⑤政府部门对工程新的要求，如国家计划变化、环境保护要求、城市规划变动等。

⑥由于合同实施出现问题，必须调整合同目标或修改合同条款。

2. 工程变更的范围

根据 FIDIC 施工合同条件，工程变更的内容可能包括以下几个方面。

①改变合同中所包括的任何工作的数量。

②改变任何工作的质量和性质。

③改变工程任何部分的标高、基线、位置和尺寸。

④删减任何工作，但要交他人实施的工作除外。

⑤任何永久工程需要的任何附加工作、工程设备、材料或服务。

⑥改动工程的施工顺序或时间安排。

根据我国施工合同示范文本，工程变更包括设计变更和工程质量标准等其他实质性内容的变更，其中设计变更包括：更改工程有关部分的标高、基线、位置和尺寸；增减合同中约定的工程量；改变有关工程的施工时间和顺序；其他有关工程变更需要的附加工作。

3. 工程变更的程序

根据统计工程变更是索赔的主要起因。由于工程变更对工程施工过程影响很大，会造成工期的拖延和费用的增加，容易引起双方的争执，所以，要十分重视工程变更管理问题。一般工程施工承包合同中都有关于工程变更的具体规定。工程变更一般按照如下程序进行。

（1）提出工程变更

根据工程实施的实际情况，以下单位都可以根据需要提出工程变更：承包商；业主方；设计方。

（2）工程变更的批准

承包商提出的工程变更应该交予工程师审查并批准；由设计方提出的工程变更应该与业主协商或经业主审查并批准；由业主方提出的工程变更，涉及设计修改的应该与设计单位协商，并一般通过工程师发出。工程师发出工程变更的权利，一般会在施工合同中明确约定，通常在发出变更通知前应征得业主批准。

（3）工程变更指令的发出及执行

为了避免耽误工程，工程师和承包人就变更价格和工期补偿达成一致意见之前有必要先行发布变更指示，先执行工程变更工作，然后再就变更价格和工期补偿进行协商和确定。

工程变更指示的发出有两种形式：书面形式和口头形式。一般情况下要求用书面形式发布变更指示，如果由于情况紧急而来不及发出书面指示，承包人应该根据合同规定要求工程师书面认可。根据工程惯例，除非工程师明显超越合同权限，承包人应该无条件地执行工程变更的指示。即使工程变更价款没有确定，或者承包人对工程师答应给予付款的金额不满意，承包人也必须一边进行变更工作，一边根据合同寻求解决办法。

4. 工程变更的责任分析与补偿要求

根据工程变更的具体情况可以分析确定工程变更的责任和费用补偿。

①由于业主要求、政府部门要求、环境变化、不可抗力、原设计错误等导致的设计修改，应该由业主承担责任。由此所造成的施工方案的变更以及工期的延长和费用的增加应该向业主索赔。

②由于承包人在施工过程、施工方案中出现错误、疏忽而导致设计的修改，应该由承包人承担责任。

③施工方案变更要经过工程师的批准，不论这种变更是否会给业主带来好处（如工期缩短、节约费用）。

由于承包人的施工过程、施工方案本身的缺陷而导致施工方案的变更，由此所引起的费用增加和工期延长应该由承包人承担责任。业主向承包人授标或签订合同前，可以要求承包人对施工方案进行补充、修改或做出说明，以便符合业主的要求。在授标或签订合同后业主为了加快工期、提高质量等要求变更施工方案，由此所引起的费用增加可以向业主索赔。

四、施工分包管理的方法

建设工程施工分包包括专业工程分包和劳务作业分包两种。在国内，建设工程施工总承包或者施工总承包管理的任务往往是由那些技术密集型和综合管理型的大型企业承担或获得,项目中的许多专业工程施工往往由那些中小型的专业化公司或劳务公司承担。工程施工的分包是国内目前非常普遍的现象和工程实施方式。

（一）对施工分包单位进行管理的责任主体

施工分包单位的选择可由业主指定，也可以在业主同意的前提下由施工总承包或者施工总承包管理单位自主选择，其合同既可以与业主签订，也可以与施工总承包或者施工总承包管理单位签订。一般情况下，无论是业主指定的分包单位还是施工总承包或者施工总承包管理单位选定的分包单位，其分包合同都是与施工总承包或者施工总承包管理单位签订。对分包单位的管理责任也是由施工总承包或者施工总承包管理单位承担。也就是说，将由施工总承包或者施工总承包管理单位向业主承担分包单位负责施工的工程质量、工程进度、安全等的责任。

在许多大型工程的施工中，业主指定分包的工程内容比较多，指定分包单位的数量也比较多。施工总承包单位往往对指定分包单位疏于管理，出现问题后就百般推脱责任，以“该分包单位是业主找的，不是自己找的”等为理由推卸责任。特别是在施工总承包管理模式下，几乎所有分包单位的选择都是由业主决定的，而由于施工总承包管理单位几乎不进行具体工程的施工，其派驻该工程的管理力量就相对薄弱，对分包单位的管理就非常容易形成漏洞，或造成缺位。必须明确的是，对施工分包单位进行管理的第一责任主体是施工总承包单位或施工总承包管理单位。

（二）分包管理的内容

对施工分包单位管理的内容包括成本控制、进度控制、质量控制、安全管理、信息管理、人员管理、合同管理等。

1. 成本控制

首先，无论采用何种计价方式都可以通过竞争方式降低分包工程的合同价格，从而降低承包工程的施工总成本；其次，在对分包工程款的支付审核方面，通过严格审核实际完成工程量，建立工程款支付与工程质量和工程实际进度挂钩的联动审核方式，防止超付和早付。对于业主指定分包，如果不是由业主直接向分包支付工程款，则要把握分包工程款的支付时间，一定要在收到业主的工程款之后才能支付，并应扣除管理费、配合费和质量保证金等。

2. 进度控制

首先，应该根据施工总进度计划提出分包工程的进度要求，向施工分包单位明确分包工程的进度目标。其次，应该要求施工分包单位按照分包工程的进度目标要求建立详细的分包程施工进度计划，通过审核，判断其是否合理，是否符合施工总进度计划的要求，并在工程进展过程中严格控制其执行。在施工分包合同中应该确定进度计划拖延的责任，并在施工过程中进行严格考核。在工程进展过程中，承包单位还应该积极为分包工程的施工创造条件，及时审核和签署有关文件，保证材料供应，协调好各分包单位之间的关系，按照施工分包合同的约定履行好施工总承包人的职责。

3. 质量控制和安全管理

首先，在分包工程施工前，应该向分包人明确施工质量要求，要求施工分包人建立质量保证体系，制定质量保证和安全管理措施，经审查批准后再进行分包工程的施工；其次，施工过程中，严格检查施工分包人的质量保证与安全管理体系和措施的落实情况，并根据总包单位自身的质量保证体系控制分包工程的施工质量。应该在承包人和分包人自检合格的基础上提交业主方检查和验收。增强全体人员（包括承包人的作业人员和管理人员以及参与施工的各分包方的各级管理人员和作业人员）的质量和安全意识是工程施工的首要措施。工程开工前，应该针对工程的特点，由项目经理负责质量、安全管理人员的安全意识教育。

目前，国内的工程施工主要由分包单位操作完成，只有分包单位的管理水平和技术实力提高了，工程质量才能达到既定的目标。因此，要着重对分包单位的操作人员和管理人员进行技术培训和质量教育，帮助他们提高管理水平。要对分包工程的班组长及施工人员按不同专业进行技术、工艺、质量等的综合培训，未经培训或培训不合格的分包队伍不允许进场施工。

（三）分包管理的方法

应该建立对分包人进行管理的组织体系和责任制度，对每一个分包人都有负责管理的部门或人员，实行对口管理。分包单位的选择应该经过严格考察，并经业主和工程监理机构的认可，其资质类别和等级应该符合有关规定。要对分包单位的劳动力组织及计划安排进行审批和控制，要根据其施工内容、进度计划等进行人员数量、资格和能力的审批和检查。要责成分包单位建立责任制，将项目的质量、安全等保证体系贯彻落实到各个分包单位、各个施工环节，督促分包单位对各项工作的落实。对加工构件的分包人可委派驻厂代表负责对加工的进度和质量进行监督、检查和管理。应该建立工程例会制度，及时反映和处理分包单位施工过程中出现的各种问题。建立合格材料、制品、配件等的分供方档案库，并对其进行考核、评价，确定信誉好的分供方。材料、成品和半成品进场要按规范、图纸和施工要求严格检验。进场后的材料堆放要按照材料性能、厂家要求等进行，对易燃易爆材料要单独存放。对于有多个分包单位同时进场施工的项目，可以采取工程质量、安全或进度竞赛活动，通过定期的检查和评比，建立奖惩机制，促进分包单位的进步和提高。

以下是某承包人提出的对分包施工单位的管理办法，包括施工质量、进度、程序、信息等方面，可供参考：

①专业分包人须在进场前，将其承包范围内的施工组织设计报技术部，由项目总工审核，公司技术部审批后方可依照施工。

②所有深化设计文件及图纸需经项目部转交设计单位签认后方可组织施工。

③分包单位在初次报批方案及技术文件时应一式三份（并附批示页），待正式审批整改后按一式六份报审（并附电子文档）。

④每周五下午 15：00 之前，上报下周施工计划，每月 25 日上报下月施工计划，一式六份。

⑤分包单位竣工资料的收集整理工作必须符合有关规定，接受总包项目部的检查。

⑥必须建立技术文件管理制度，因分包单位原因造成施工错误的一切后果自负。

⑦分包单位的计量工作必须符合总包项目部的要求，要有专人负责，所用检测工具必须符合有关法律法规要求，否则，不得使用。

⑧资料的编制与整理按照相关规范、规程进行整理，分包方的竣工图及施工资料应在指定的期限内自行编制完成，并符合有关规定，经技术部检查合格后方可进行竣工结算。

第五节　建筑工程项目索赔管理

一、工程项目索赔的概念、原因和依据

（一）建设工程项目索赔的概念

“索赔”这个词已越来越为人们所熟悉。索赔指在合同的实施过程中，合同一方因对方不履行或未能正确履行合同所规定的义务受到损失而向对方提出赔偿要求。但在承包工程中，对承包商来说，索赔的范围更为广泛。一般只要不是承包商自身责任，而由于外界干扰造成工期延长和成本增加都有可能提出索赔。这包括以下两种情况。

①业主违约，未履行合同责任。如未按合同规定及时交付设计图纸造成工程拖延、未及时支付工程款，承包商可提出赔偿要求。

②业主未违反合同，而由于其他原因，如业主行使合同赋予的权力指令变更工程，工程环境出现事先未能预料的情况或变化，如恶劣的气候条件、与勘探报告不同的地质情况、国家法令的修改、物价上涨、汇率变化等。由此造成的损失，承包商可提出补偿要求。

这两者在用词上有些差别，但处理过程和处理方法相同，从管理的角度可将它们一起归为索赔。

在实际工程中，索赔是双向的。业主向承包商也可能有索赔要求。但通常业主索赔数量较小，而且处理方便。业主可通过冲账、扣拨工程款、没收履约保函、扣保留金等实现对承包商的索赔。最常见、最有代表性、处理比较困难的是承包商向业主的索赔，所以，人们通常将它作为索赔管理的重点和主要对象。

（二）建筑工程项目索赔的要求

在建筑工程中，索赔要求通常有以下两种。

1. 合同工期的延长

承包合同中都有工期（开始期和持续时间）和工程拖延的罚款条款。如果工程拖期是由承包商管理不善造成的，则承包商必须承担责任，接受合同规定的处罚；而对外界干扰引起的工期拖延，承包商可以通过索赔，取得业主对合同工期延长的认可，则在这个范围内可免去他的合同处罚。

2. 费用补偿

由于非承包商自身责任造成工程成本增加，使承包商增加额外费用，蒙受经济损失，他可以根据合同规定提出费用索赔要求。如果该要求得到业主的认可，业主应向他追加

支付这笔费用以补偿损失。这样，实质上承包商通过索赔提高了合同价款，常常不仅可以弥补损失，而且能增加工程利润。

（三）建设工程项目索赔的原因

与其他行业相比，建筑业是一个索赔多发的行业。这是由建筑产品、建筑生产过程、建筑产品市场经营方式决定的。在现代承包工程中，特别在国际承包工程中，索赔经常发生，而且索赔额很大。这主要是由以下几方面原因造成的。

①现代承包工程的特点是工程量大、投资多、结构复杂、技术和质量要求高、工期长。工程本身和工程的环境有许多不确定性，它们在工程实施中会有很大变化。最常见的有：地质条件的变化、建筑市场和建材市场的变化、货币的贬值、城建对工程新的建议和要求、自然条件的变化等。它们形成对工程实施的内外部干扰，直接影响工程设计和计划，进而影响工期和成本。

②承包合同在工程开始前签订，是基于对未来情况预测的基础上。对如此复杂的工程和环境，合同不可能对所有的问题做出预见和规定，对所有的工程做出准确的说明。工程承包合同条件越来越复杂，合同中难免有考虑不周的条款、缺陷和不足之处，如措辞不当、说明不清楚、有歧义，技术设计也可能有许多错误。这会导致在合同实施中双方对责任、义务和权力的争执，而这一切往往都与工期、成本、价格相联系。

③业主要求的变化导致大量的工程变更。如建筑的功能、形式、质量标准、实施方式和过程、工程量、工程质量的变化；业主管理的疏忽、未履行或未正确履行其合同责任，而合同工期和价格是以业主招标文件确定的要求为依据，同时以业主不干扰承包商实施过程、业主圆满履行其合同责任为前提的。

④工程参加单位多，各方面技术和经济关系错综复杂，互相联系又互相影响。各方面技术和经济责任的界定常常很难明确分清。在实际工作中，管理上的失误是不可避免的。但一方失误不仅会造成自己的损失，而且会殃及其他合作者，影响整个工程的实施。当然，在总体上，应按合同原则平等对待各方利益，坚持“谁过失，谁赔偿”。索赔是受损失者的正当权利。

⑤合同双方对合同理解的差异造成工程实施中行为的失调，造成工程管理失误。由于合同文件十分复杂、数量多、分析困难，再加上双方的立场、角度不同，会造成对合同权利和义务的范围、界限的划定理解不一致，造成合同争执。

合同确定的工期和价格是相对于投标时的合同条件、工程环境和实施方案，即“合同状态”。由于上述这些内部和外部的干扰因素引起“合同状态”中某些因素的变化，打破了“合同状态”，造成工程延长和额外费用的增加，由于这些增量没有包括在原合同工期和价格中，或承包商不能通过合同价格获得补偿，则产生索赔要求。上述这些原因在任何工程承包合同的实施过程中都不可避免，所以，无论采用什么合同类型，也无论合同多么完善，索赔是不可避免的。承包商为了取得工程经济效益，不能不重视研究索赔问题。

（四）建筑工程项目业主向承包商的索赔

1. 索赔理由

承包商的违约有各种不同的情况，有时是全部或部分地不履行合同，有时是没有按期履行合同。对承包商的违约行为经监理工程师证明后，业主都可以按照合同相应规定的处理办法对承包商进行处罚。承包商的违约行为大致可包括以下几种。

①没有如约递交履约保函。

②没有按合同中的规定保险。

③由于承包商的责任延误工期。

④质量缺陷。承包商除应按监理工程师指示自费修补缺陷外，还需对质量缺陷给业主造成的损失承担责任。

⑤承包商没有执行监理工程师指示把不合格材料按期运出工地，以及出现的质量事故没能按期修复或无力修复，业主必须自行派人或雇请他人完成上述工作，而支付的费用应由承包商负担。

⑥承包商所设计图纸的设计责任。

⑦承包商破产或严重违约不得不终止合同。

⑧其他一些原因。

2. 索赔处理方式

出现上述事件后，一般可采取下列几种方法补偿业主损失。

①从应付给承包商的中期进度款内扣除。

②从滞留金内扣除。滞留金是业主为防止因不测事件而遭受损失的一种保障措施，可用于因承包商责任造成不合格工程的返工费用，解决与承包商有关的其他当事人提出的而承包商拒付的款项，如因承包商责任损坏公路设施，交通部门向业主提出的索赔要求。当然，用于这种情况时首先应与承包商协商并得到他的同意。滞留金比履约保函用起来更为方便，履约保函一般只能在承包商严重违反合同时才能使用。

③从履约保函内扣除或没收履约保函。

④如果承包商严重违反合同，给业主带来了即使采取上述各种措施也不足以补偿的损失，还可以扣留承包商在现场的材料、设备、临时设施等财产作为补偿，或者按法律规定作为承包商的一种债务而要求赔偿。

（五）建筑工程项目承包商向业主的索赔

投资项目涉及的内容复杂，在合同履行过程中，签订合同前没有考虑到的事件随时都可能发生，或多或少总会发生承包商要求索赔的事件。索赔大致可分为以下几种情况。

1. 合同文件引起的索赔

合同文件包括的范围很宽，最主要的是合同条件、技术规范说明等。一般来说，图纸和规范方面发生的问题要少些，但也会出现彼此不一致或补充与原图纸不一致，以及对技术规范的不同解释等问题，在索赔案例中，关于合同条件、工程量和价格表方面出现的问题较多。有关合同条件的索赔内容常见于以下两个方面。

（1）合同文件的组成问题引起的索赔

合同是在投标后通过双方协商修改最后确定的，如果修改时已将投标前后承包商与业主或招标委员会的来往函件澄清后写入合同补遗文件并签字，就应当说明合同正式签字以前的各种来往文件均不再有效。如果忽略了这个声明，当信件内容与合同内容发生矛盾时，就容易引起双方争执而导致索赔。再如，双方签字的合同协议书中表明业主已经接受了承包商的投标书中某处附有说明的条件，这些说明就可能被视为索赔的依据。

（2）合同缺陷

合同缺陷表现为合同文件不严谨甚至矛盾以及合同中的遗漏或错误。这不仅包括商务条款中的缺陷，也包括技术规范和图纸中的缺陷。

2. 因意外风险和不可预见因素引起的索赔

合同执行过程中，如果发生意外风险和不可预见因素而使承包商蒙受损失，承包商有权向业主要求给予补偿。意外风险包括人力不可抗拒的自然灾害所造成的损失和特殊风险事件两项内容。

（1）人力不可抗拒的自然灾害

自然灾害的经济损失该向保险公司索赔。除此之外，承包商还有权向业主要求顺延工期，也就是提出“工期索赔”要求。

（2）特殊风险

合同条件中规定的，应由业主承担责任的5种风险。发生时造成的后果可能很严重，承包商除了不对由此产生的人身伤亡和财产损失负责外，相反还应得到任何已完成永久工程及材料的付款、合理利润、中断施工的损失以及一切修复费用和重建费用。如果因特殊风险而导致合同终止，承包商除可以获得上述各项费用外，还有权获得施工机具、设备的撤离费和合理的人员遣返费。

3. 设计图纸或工作量表中的错误引起的索赔

交给承包商的标书中，图纸或工作量表有时难免会出现错误，如果由于改正这些错误而使费用增加或工期延长，承包商有权提出索赔。这种错误包括以下三种。

（1）设计图纸与工作量表中的要求不符

例如，设计图纸上某段混凝土的设计标号为250号，而工作量表中则为200号，工程报价是按工作量表计算的，如果按图纸施工就会导致成本增加。承包商在发现这个问题后应及时请监理工程师确认。

（2）现场条件与设计图纸要求相差较大，大幅度地增加了工作量

如果这种情况使工作量增大很多，承包商也应提出来，并据此向业主提出索赔。

（3）纯粹的工作最错误

即使是固定总价合同，如果工作量有较大出入，影响整个施工计划，承包商也应获得补偿。

4. 业主应负的责任引起的索赔

项目实施过程中有时会出现业主违约或其他事件导致业主承担部分责任，招致承包商提出索赔要求。

（1）拖延提供施工场地

因自然灾害影响或业主方面的原因导致没能如期向承包商移交合格的、可以直接进行施工的现场，承包商可以提出将工期顺延的“工期索赔”或由于窝工而直接提出经济索赔。

（2）拖延支付应付款

此时承包商不仅要求支付应得款项，而且还有权索赔利息，因为业主对应支付款的拖延将影响承包商的资金周转。

（3）指定分包商违约

指定分包商违约常常表现为未能按分包合同规定完成应承担的工作而影响了总承包商的工作。从理论上讲，总承包商应该对包括指定分包商在内的所有分包商行为向业主负责。但是，实际情况往往不那么简单，因为指定分包商不是由总承包商选择，而是按照合同规定归他统一协调管理的分包商，特别是业主把总承包商接受某一指定分包商作为授予合同的前提条件之一时，业主不可能对指定分包商的不当行为不负任何责任。因此，总承包商除了根据与指定分包商签订的合同索赔窝工损失外，还有权向业主提出延长工期的索赔要求。

（4）业主提前占用部分永久工程引起的损失

工程实践中经常会出现业主从经济效益方面考虑将部分单项工程提前使用，或从其他方面考虑提前占用部分分项工程。如果不是按合同中规定的时间，提前占用部分工程，而又对提前占用会产生的不良后果考虑不周，将会引起承包商提出索赔。

（5）业主要求赶工

当项目遇到不属于承包商责任的事件发生，或改变了部分工作内容而必须延长工期时，业主基于某种考虑坚持不予延期，这就迫使承包商加班赶工。为此，承包商除可以要求索赔因延误造成的损失外，还可以提出赶工措施费、降效损失费、新增设备租赁费等方面的补偿要求。

（六）建筑工程项目索赔的依据

①招标文件、施工合同文本及附件，其他各种签约（如备忘录、修正案等），经认可的工程实施计划、各种工程图纸、技术规范等。这些索赔的依据可在索赔报告中直接引用；

②双方的往来信件及各种会谈纪要。在合同履行过程中，业主、监理工程师和承包商定期或不定期的会谈所做出的决议或决定是合同的补充，应作为合同的组成部分，但会谈纪要只有经过各方签署后才可作为索赔的依据。

③进度计划和具体的进度以及项目现场的有关文件。进度计划和具体的进度安排和现场有关文件是变更索赔的重要证据。

④气象资料、工程检查验收报告和各种技术鉴定报告，工程中送停电、送停水、道路开通和封闭的记录和证明。

⑤国家有关法律、法令、政策文件，官方的物价指数、工资指数，各种会计核算资料，材料的采购、订货、运输、进场使用方面的凭据。

可见，索赔要有证据，证据是索赔报告的重要组成部分。证据不足或没有证据，索赔就不可能成立。施工索赔是利用经济杠杆进行项目管理的有效手段，对承包商、业主和监理工程师来说，对处理索赔问题水平的高低，反映了对项目管理水平的高低。由于索赔是合同管理的重要环节，也是计划管理的动力，更是挽回成本损失的重要手段，所以，随着建筑市场的建立和发展，它将成为项目管理中越来越重要的问题。

二、建筑工程项目索赔的程序

建筑工程项目索赔处理程序应按以下步骤进行。从承包商提出索赔申请开始，到索赔事件的最终处理，大致可划分为以下五个阶段。

第一阶段，承包商提出索赔申请。合同实施过程中，凡不属于承包商责任导致项目拖期和成本增加事件发生后的 28 天内，必须以正式函件通知监理工程师，声明对此事项要求索赔，同时仍需遵照监理工程师的指令继续施工。逾期申报时，监理工程师有权拒绝承包商的索赔要求。正式提出索赔申请后，承包商应抓紧准备索赔的证据资料，包括事件的原因、对其权益影响的证据资料、索赔的依据，以及其他计算出的该事件影响所要求的索赔额和申请展延工期天数，并在索赔申请发出的 28 天内报出。

第二阶段，监理工程师审核承包商的索赔申请。正式接到承包商的索赔信件后，监理工程师应该立即研究承包商的索赔资料，在不确认责任归属的情况下，依据自己的记录资料客观分析事故发生的原因，重温有关合同条款，研究承包商提出的索赔证据。必要时还可以要求承包商进一步提交补充资料，包括索赔的更详细说明材料或索赔计算的依据。

第三阶段，监理工程师与承包商谈判。双方各自依据对这一事件的处理方案进行友好协商，若能通过谈判达成一致意见，则该事件较容易解决。如果双方对该事件的责任、索赔款额或工期展延天数分歧较大，通过谈判达不成共识的话，按照条款规定，监理工程师有权确定一个他认为合理的单价或价格作为最终的处理意见报送业主并相应通知承包商。

第四阶段，业主审批监理工程师的索赔处理证明。业主首先根据事件发生的原因、责任范围、合同条款审核承包商的索赔申请和监理工程师的处理报告，再根据项目的目的、投资控制、竣工验收要求，以及针对承包商在实施合同过程中的缺陷或不符合合同要求的地方提出反索赔方面的考虑，决定是否批准监理工程师的索赔报告。

第五阶段，承包商是否接受最终的索赔决定。承包商同意了最终的索赔决定，这一索赔事件即告结束。若承包商不接受监理工程师的单方面决定或业主删减索赔或工期展延天数，就会导致合同纠纷。通过谈判和协调双方达成互让的解决方案是处理纠纷的理想方式。如果双方不能达成谅解就只能诉诸仲裁。

三、建筑工程项目索赔报告的编写

（一）索赔报告的基本要求

索赔报告是向对方提出索赔要求的书面文件，是承包商对索赔事件处理的结果。业主的反应一认可或反驳一就是针对索赔报告。调解人和仲裁人只有通过索赔报告了解和分析合同实施情况和承包商的索赔要求，评价它的合理性，并据此做出决议，所以，索赔报告的表达方式对索赔的解决有重大影响。索赔报告应充满说服力，合情合理，有根有据，逻辑性强，能说服工程师、业主、调解人和仲裁人，同时它又是有法律效力的正规的书面文件。

索赔报告如果起草不当，会损害承包商在索赔中的有利地位和条件，使正当的索赔要求得不到应有的妥善解决。起草索赔报告需要实际工作经验，对重大的索赔或一揽子索赔最好在有经验的律师或索赔专家的指导下起草。索赔报告的一般要求有以下几种。

1. 索赔事件应是真实的

这是整个索赔的基本要求。这关系到承包商的信誉和索赔的成败，不可含糊，必须保证。如果承包商提出不实的、不合情理、缺乏根据的索赔要求，工程师会立即拒绝，还会影响到对承包商的信任和以后的索赔。索赔报告中所指出的干扰事件必须有得力的证据来证明，且这些证据应附于索赔报告之后。对索赔事件的叙述必须清楚、明确，不包含任何估计和猜测，也不可用估计和猜测式的语言，诸如“可能”“大概”“也许”等，否则，会使索赔要求苍白无力。

2. 责任分析应清楚，准确

一般索赔报告中所针对的干扰事件都是由对方责任引起的，应将责任全部推给对方，不可用含混的字眼和自我批评式的语言，否则，会丧失自己在索赔中的有利地位。

3. 在索赔报告中应特别强调如下几点

①干扰事件的不可预见性和突然性。即使一个有经验的承包商对它也不可能有预见或准备，对它的发生，承包商无法制止，也不能影响。

②在干扰事件发生后承包商已立即将情况通知了工程师，听取并执行工程师的处理指令，或承包商为了避免和减轻干扰事件的影响和损失尽了最大努力，采取了能够采取的措施。在索赔报告中可以叙述所采取的措施及它们的效果。

③由于干扰事件的影响，使承包商的工程过程受到严重干扰，使工期拖延，费用增加。应强调，干扰事件、对方责任、工程受到的影响和索赔值之间有直接的因果关系。这个逻辑性对索赔的成败至关重要。业主反索赔常常也着眼于否定这个因果关系，以否定这个逻辑关系，以否定承包商的索赔要求。

④承包商的索赔要求应有合同文件的支持，可以直接引用相应合同条款。承包商必须十分准确地选择作为索赔理由的合同条款。强调这些是为了使索赔理由更充足，使工

程师、业主和仲裁人在感情上易于接受承包商的索赔要求。

4. 索赔报告通常要简洁，条理清楚，各种结论、定义准确，有逻辑性

索赔证据和索赔值的计算应很详细和精确。索赔报告的逻辑性主要在于将索赔要求（工期延长和费用增加）与干扰事件、责任、合同条款、影响连成一条打不断的逻辑链。承包商应尽力避免索赔报告中出现用词不当、语法错误、计算错误、打字错误等问题，否则，会降低索赔报告的可信度，使人觉得承包商不严肃、轻率或弄虚作假。

5. 用词要婉转

作为承包商，在索赔报告中应避免使用强硬的不友好的抗议式的语言。

（二）索赔报告的编制

1. 工期索赔

在工程施工中，常常会发生一些未能预见的干扰事件使施工不能顺利进行，使预定的施工计划受到干扰，结果造成工期延长。工期延长对合同双方都会造成损失，如业主因工程不能及时交付使用和投入生产，不能按计划实现投资目的，失去盈利机会，并增加各种管理费的开支；承包商因工期延长增加支付现场工人工资、机械停置费用、工地管理费、其他附加费用支出等，最终还可能要支付合同规定的误期违约金。

（1）工期索赔的处理原则

不同类型工程拖期的处理原则：工程拖期可以分为可原谅的拖期和不可原谅的拖期。可原谅的拖期是由于非承包商原因造成的工程拖期，不可原谅的拖期一般是承包商原因造成的工程拖期。

共同延误下的工期索赔的处理原则：在实际施工过程中，工期拖期很少是只由一方造成的，往往是两三种原因同时发生（或相互作用）而形成的，故称为“共同延误”。在这种情况下，要具体分析哪一种情况延误是有效的。

①首先判断造成拖期的哪一种原因是最先发生的，即确定“初始延误”者，它应对工程拖期负责。在初始延误发生作用期间，其他并发的延误者不承担拖期责任。

②如果初始延误者是业主，则在业主造成的延误期内，承包商既可得到工期延长，又可得到经济补偿。

③如果初始延误者是客观原因，则在客观因素发生影响的时间段内，承包商可以得到工期延长，但很难得到费用补偿。

（2）工期索赔的计算方法

工期索赔一般采用分析法进行计算，主要依据合同规定的总工期计划、进度计划，以及双方共同认可的对工期修改文件、调整计划和受干扰后实际工程进度的记录，如施工日记、工程进度表等。

2. 费用索赔的处理原则

在确定赔偿金额时，应遵循下述两个原则：所有赔偿金额都应该是施工单位为履行合同所必须支出的费用，按此金额赔偿后，应使施工单位恢复到未发生事件前的财务状

况。即施工单位不致因索赔事件而遭受任何损失，但也不得因索赔事件而获得额外收益。

从上述原则可以看出，索赔金额是用于赔偿施工单位因索赔事件而受到的实际损失，而不考虑利润。所以，索赔金额计算的基础是成本，即用索赔事件影响所发生的成本减去事件影响前所应有的成本，其差值即为赔偿金额。

3. 工程变更索赔

在索赔事件中，工程变更的比例很大，而且变更的形式较多。工程变更的费用索赔常常不仅仅涉及变更本身，而且还要考虑由于变更产生的影响引起的工期的顺延损失，由于变更所引起的停工、窝工、返工、低效率损失等。

（1）工程量变更

工程量变更是最为常见的工程变更，它包括工程量增加、减少和工程分项的删除。它可能是由设计变更或工程师和业主有新的要求而引起的，也可能是由I' 业主在招标文件中提供的工作量表不准确造成的。

（2）附加工程

附加工程是指增加合同工程量表中没有的工程分项。这种增加可能是由于设计遗漏、修改设计或工程量表中项目的遗漏等原因造成的。

（三）索赔报告的内容

从报告的必要内容与文字结构方面而言，一个完整的索赔报告应包括以下四个部分。

1. 总论部分

一般包括以下内容：①序言；②索赔事件概述；③具体索赔要求；④索赔报告编写及审核人员名单。

文中应概要地叙述索赔事件的发生日期与过程，施工单位为该索赔事件所付出的努力和附加开支，施工单位的具体索赔要求。

在总论部分最后，附上索赔报告编写组主要人员及审核人员的名单，注明有关人员的职称、职务及施工经验，以表示该索赔报告的严肃性和权威性。总论部分的阐述要简明扼要，说明问题。

2. 根据部分

根据部分主要说明自己具有的索赔权利，这是索赔能否成立的关键。根据部分的内容主要来自该工程项目的合同文件，并参照有关法律规定。该部分中施工单位应引用合同中的具体条款，说明自己理应获得的经济补偿或工期延长。

根据部分的篇幅可能很大，其具体内容随各个索赔事件的特点而不同。一般来说，根据部分应包括以下内容：①索赔事件的发生情况；②已递交索赔意向书的情况；③索赔事件的处理过程；④索赔要求的合同根据；⑤所附的证据资料。

在结构上，按照索赔事件的发生、发展、处理和最终解决的过程编写，并明确全文引用有关的合同条款，使建设单位和监理工程师能历史地、逻辑地了解索赔事件的始末，并充分认识该项索赔的合理性和合法性。

3. 证据部分

证据部分包括该索赔事件所涉及的一切证据资料以及对这些证据的说明。证据是索赔报告的重要组成部分，没有翔实可靠的证据，索赔是不可能成功的。

在引用证据时，要注意证据的效力或可信度。为此，对重要的证据资料最好附以文字证明或确认件。例如，对一个重要的电话内容，仅附上自己的记录是不够的，最好附上经过双方签字确认的电话记录，或附上发给对方要求确认该电话记录的函件，即使对方未给复函，亦可说明责任在对方，因为对方未复函确认或修改，按惯例应理解为他已默认。

第三章 建筑工程施工质量管理

第一节 施工准备阶段质量控制方案的编制

一、建筑工程项目质量管理概述

对于建筑工程施工质量管理，要从全面质量管理的观点来分析。建筑工程的质量不仅包括工程质量，还应包括工作质量和人的质量（素质）。工程质量是指工程适合一定用途，满足使用者的要求，符合国家法律法规、技术标准、设计文件、合同等规定的特性综合。建筑工程质量主要包括性能、寿命、可靠性、安全性、经济性以及与环境的协调性六个方面。

（一）建筑工程项目质量的概念及特点

1. 质量的概念

质量是指反映实体满足明确或隐含需要能力的特性之总和，质量是一组固有特性满足要求的程度。

质量的主体是“实体”。实体可以是活动或过程，如监理单位受业主委托实施建设工程监理或承包商履行施工合同的过程；也可以是活动或过程结果的有形产品，如已建成的厂房；或者是无形产品，如监理规划等；还可以是某个组织体系，以及以上各项的组合。

“需要”通常被转化为有规定准则的特性，如适用性、可靠性、经济性、美观性及与环境的协调性等方面。在许多情况下，“需要”随时间、环境的变化而变化，这就要求定期修改反映这些“需要”的各项文件。

“明确需要”是指在合同、标准、规范、图纸、技术文件中已经作出明确规定的要求。“隐含需要”则应加以识别和确定：一是指顾客或社会对实体的期望；二是指被人们所公认的、不言而喻的、不必作出规定的需要，如住宅应满足人们最起码的居住需要，此即属于“隐含需要”。

获得令人满意的质量通常要涉及全过程各阶段众多活动的影响，有时为了强调不同阶段对质量的作用，可以称某阶段对质量的作用或影响，如“设计阶段对质量的作用或影响”“施工阶段对质量的作用或影响”等。

2. 建筑工程项目质量

建筑工程项目质量是现行国家的有关法律、法规、技术标准、设计文件及工程合同中对建筑工程项目的安全、使用、经济、美观等特性的综合要求。工程项目一般是按照合同条件承包建设的，因此，建筑工程项目质量是在“合同环境”下形成的。合同条件中对建筑工程项目的功能、使用价值及设计、施工质量等的明确规定都是业主的“需要”，因而它们都是质量的内容。

（1）工程质量

工程质量是指能满足国家建设和人民需要所具备的自然属性。其通常包括适用性、可靠性、经济性、美观性和环境保护性等。

（2）工序质量

工序质量是指在生产过程中，人、材料、机具、施工方法和环境对装饰产品综合起作用的过程，这个过程所体现的工程质量称为工序质量。工序质量也要符合“设计文件”、建筑施工及验收规范的规定。工序质量是形成工程质量的基础。

（3）工作质量

工作质量并不像工程质量那样直观，其主要体现在企业的一切经营活动中，通过经济效果、生产效率、工作效率和工程质量集中体现出来。

工程质量、工序质量和工作质量是三个不同的概念，但三者有密切的联系。工程质量是企业施工的最终成果，其取决于工序质量和工作质量。工作质量是工序质量和工程质量的保证和基础，必须努力提高工作质量，以工作质量来保证和提高工序质量，从而保证和提高工程质量。提高工程质量是为了提高经济效益，为社会创造更多的财富。

3. 建筑工程项目质量的特点

建筑工程项目质量的特点是由建筑工程项目的特点决定的。由于建筑工程项目具有单项性、一次性以及高投入性等特点，故建筑工程项目质量具有以下特点：

（1）影响因素多

设计、材料、机械、环境、施工工艺、施工方案、操作方法、技术措施、管理制度、施工人员素质等均直接或间接地影响建筑工程项目的质量。

（2）质量波动大

建筑工程建设因其具有复杂性、单一性，不像一般工业产品的生产那样有固定的生产流水线，有规范化的生产工艺和完善的检测技术，有成套的生产设备和稳定的生产环境，有相同系列规格和相同功能的产品，所以，其质量波动大。

（3）质量变异大

影响建筑工程质量的因素较多，任一因素出现质量问题，均会引起工程建设系统的质量变异，造成建筑工程质量问题。

（4）质量具有隐蔽性

建筑工程项目在施工过程中，由于工序交接多、中间产品多、隐蔽工程多，若不及时检查并发现其存在的质量问题，事后看表面质量可能很好，但容易产生第二判断错误，即将不合格的产品认为是合格的产品。

（5）终检局限大

建筑工程项目建成后，不可能像某些工业产品那样，可以拆卸或解体来检查内在的质量，因此，建筑工程项目终检验收时难以发现工程内在的、隐蔽的质量缺陷。

所以，对建筑工程质量更应重视事前、事中控制，防患于未然，将质量事故消灭于萌芽之中。

（二）建筑工程项目质量控制的分类

质量管理是在质量方面进行指挥、控制、组织、协调的活动。这些活动通常包括制定质量方针和质量目标以及质量策划、质量控制、质量保证与质量改进等一系列活动。质量控制是质量管理的一部分，是致力于满足质量要求的一系列活动，主要包括设定标准、测量结果、评价和纠偏。

建筑工程项目质量控制是指建筑工程项目企业为达到工程项目质量要求所采取的作业技术和活动。

建筑工程项目质量要求主要表现为工程合同、设计文件、技术规范规定的质量标准。因此，建筑工程项目质量控制就是为了保证达到工程合同规定的质量标准而采取的一系列措施、手段和方法。

建筑工程项目质量控制按其实施者的不同，可分为以下三个方面。

1. 业主方面的质量控制

业主方面的质量控制包括以下两个层面的含义：

（1）监理方的质量控制

目前，业主方面的质量控制通常通过委托工程监理合同，委托监理单位对工程项目进行质量控制。

（2）业主方的质量控制

其特点是外部的、横向的控制。工程建设监理的质量控制，是指监理单位受业主委托，为保证工程合同规定的质量标准对工程项目进行的质量控制。其目的是保证工程项目能够按照工程合同规定的质量要求达到业主的建设意图，并取得良好的投资效益。其控制依据除国家制定的法律、法规外，主要是合同、设计图纸。在设计阶段及其前期的质量控制以审核可行性研究报告和设计文件、图纸为主，审核项目设计是否符合业主的要求。在施工阶段驻现场实地监理，检查是否严格按图施工，并达到合同文件规定的质量标准。

2. 政府方面的质量控制

政府方面的质量控制是指政府监督机构的质量控制，其特点是外部的、纵向的控制。政府监督机构的质量控制是按城镇或专业部门建立有权威的工程质量监督机构，根据有关法规和技术标准对地区（部门）的工程质量进行监督检查。其目的是维护社会公共利益，保证技术性法规和标准贯彻执行。其控制依据主要是有关的法律文件和法定技术标准。在设计阶段及其前期的质量控制以审核设计纲要、选址报告、建设用地申请与设计图纸为主。在施工阶段以不定期的检查为主，审核是否违反城市规划，是否符合有关技术法规和标准的规定，对环境影响的性质和程度大小，有无防止污染、公害的技术措施。因此，政府质量监督机构根据有关规定，有权对勘察单位、设计单位、监理单位、施工单位的行为进行监督。

3. 承建商方面的质量控制

承建商方面的质量控制是内部的、自身的控制。承建商方面的质量控制主要是施工阶段的质量控制，这是工程项目全过程质量控制的关键环节。其中心任务是通过建立健全有效的质量监督工程体系，来确保工程质量达到合同规定的标准和等级要求。

（三）建筑工程项目质量管理的原则

①坚持“质量第一，用户至上”的原则。

②坚持“以人为核心”的原则。

③坚持“以预防为主”的原则。

④坚持质量标准、严格检查和“一切用数据说话”的原则。

⑤坚持贯彻科学、公正和守法的原则。

二、建筑工程项目的全面质量管理

（一）全面质量管理的概念

全面质量管理（简称 TQM），是指为了获得使用户满意的产品，综合运用一整套质量管理体系、手段和方法所进行的系统管理活动。其特点是“三全”（全企业职工、全生产过程、全企业各个部门）、具有一整套科学方法与手段（数理统计方法及电算手段等）、属于广义的质量观念。其与传统的质量管理相比有显著的成效，为现代企业管理方法中的一个重要分支。

全面质量管理的基本任务是建立和健全质量管理体系，通过企业经营管理的各项工作，以最低的成本、合理的工期生产出符合设计要求并使用户满意的产品。

全面质量管理的具体任务，主要有以下几个方面：

①进行完善质量管理的基础工作。

②建立和健全质量保证体系。

③确定企业的质量目标和质量计划。

④对生产过程各工序的质量进行全面控制。

⑤严格把控质量检验工作。

⑥开展群众性的质量管理活动，如质量管理小组活动等。

⑦建立质量回访制度。

（二）全面质量管理的工作方法

全面质量管理的工作方法是 PDCA 循环工作法。PDCA 循环工作法把质量管理活动归纳为 4 个阶段，即计划阶段、实施阶段、检查阶段和处理阶段，其中共有 8 个步骤。

1. 计划阶段

在计划阶段，首先要确定质量管理的方针和目标，并提出实现它们的具体措施和行动计划。计划阶段包括以下 4 个步骤：

第一步：分析现状，找出存在的质量问题，以便进行调查研究。

第二步：分析影响质量的各种因素，将其作为质量管理的重点对象。

第三步：在影响的诸多因素中找出主要因素，将其作为质量管理的重点对象。

第四步：制定改革质量的措施，提出行动计划并预计效果。

2. 实施阶段

在实施阶段中，要按既定措施下达任务，并按措施去执行。这是 PDCA 循环工作法的第五个步骤。

3. 检查阶段

检查阶段的工作是对执行措施的情况进行及时的检查，通过检查与原计划进行比较，找出成功的经验和失败的教训。这是 PDCA 循环工作法的第六个步骤。

4. 处理阶段

处理阶段，就是对检查之后的各种问题加以处理。处理阶段可分为以下两个步骤：

第七步：总结经验，巩固措施，制定标准，形成制度，以便遵照执行。

第八步：将尚未解决的问题转入下一个循环，重新研究措施，制订计划，予以解决。

（三）质量保证体系

质量保证体系就是要通过一定的制度、规章、方法、程序和机构等把质量保证活动加以系统化、标准化及制度化。质量保证体系的核心就是依靠人的积极性和创造性，发挥科学技术的力量。

1. 质量保证和质量保证体系的概念

（1）质量保证的概念

质量保证是指企业向用户保证产品在规定的期限内能正常使用。按照全面质量管理的观点，质量保证还包括上道工序提供的半成品保证满足下道工序的要求，即上道工序对下道工序实行质量保证。

质量保证体现了生产者与用户之间、上道工序与下道工序之间的关系。通过质量保证，将产品的生产者和使用者密切地联系在一起，促使企业按照用户的要求组织生产，达到全面提高质量的目的。

用户对产品质量的要求是多方面的，它不仅指交货时的质量，更主要的是在使用期限内产品的稳定性，以及生产者提供的维修服务质量等。因此，建筑装饰装修企业的质量保证，包括装饰装修产品交工时的质量和交工以后在产品的使用阶段所提供的维修服务质量等。

质量保证的建立，可以使企业内部各道工序之间、企业与用户之间有一条质量纽带，带动各方面的工作，为不断提高产品质量创造条件。

（2）质量保证体系的概念

质量保证不是生产的某一个环节问题，其涉及企业经营管理的各项工作，需要建立完整的系统。质量保证体系，就是企业为保证提高产品质量，运用系统的理论和方法建立的一个有机的质量工作系统。这个系统将企业各部门、生产经营各环节的质量管理职能组织起来，形成一个目标明确、权责分明、相互协调的整体，从而使企业的工作质量和产品质量紧密地联系在一起；生产过程与使用过程紧密地联系在一起；企业经营管理的各个环节紧密地联系在一起。

由于有了质量保证体系，企业便能在生产经营的各个环节及时地发现和掌握质量管理的目的。质量保证体系是全面质量管理的核心。全面质量管理实质上就是建立质量保证体系，并使其正常运转。

2. 质量保证体系的内容

建立质量保证体系，必须与质量保证的内容相结合。建筑施工企业的质量保证体系的内容包括以下三部分：

（1）施工准备过程的质量保证

其主要内容有以下几项：

①严格审查图纸。为了避免设计图纸的差错给工程质量带来影响，必须对施工图纸进行认真审查。通过审查，及时发现错误，采取相应的措施加以纠正。

②编制好施工组织设计。编制施工组织设计之前，要认真分析企业在施工中存在的主要问题和薄弱环节，分析工程的特点，有针对性地提出防范措施，编制出切实可行的施工组织设计，以便指导施工活动。

③做好技术交底工作。在下达施工任务时，必须向执行者进行全面的质量交底，使执行人员了解任务的质量特性，做到心中有数，避免盲目行动。

④严格控制材料、构配件和其他半成品的检验工作。从原材料、构配件、半成品的进场开始，就应严格把好质量关，为工程施工提供良好的条件。

⑤施工机械设备的检查维修工作。施工前，要做好施工机械设备的检修工作，使机械设备经常保持良好的工作状态，不致发生故障，影响工程质量。

（2）施工过程的质量保证

施工过程是建筑工程产品质量的形成过程，是控制建筑产品质量的重要阶段。这个阶段的质量保证工作，主要有以下几项：

①加强施工工艺管理。严格按照设计图纸、施工组织设计、施工验收规范、施工操作规程施工，坚持质量标准，保证各分项工程的施工质量。

②加强施工质量的检查和验收。按照质量标准和验收规程，对已完工的分部工程，特别是隐蔽工程，及时进行检查和验收。不合格的工程，一律不得验收，促使操作人员重视问题，严把质量关。质量检查可采取群众自检、互检和专业检查相结合的方法。

③掌握工程质量的动态。通过质量统计分析，找出影响质量的主要原因，总结产品质量的变化规律。统计分析是全面质量管理的重要方法，是掌握质量动态的重要手段。针对质量波动的规律，采取相应对策，防止质量事故发生。

（3）使用过程的质量保证

工程产品的使用过程是产品质量经受考验的阶段。施工企业必须保证用户在规定的期限内，正常地使用建筑产品。在这个阶段，主要有两项质量保证工作。

①及时回访。工程交付使用后，企业要组织对用户进行调查、回访，认真听取用户对施工质量的意见，收集有关资料，并对用户反馈的信息进行分析，从中发现施工质量问题，了解用户的要求，采取措施加以解决并为以后的工程施工积累经验。

②实行保修。对于施工原因造成的质量问题，建筑施工企业应负责无偿维修，取得用户的信任；对于设计原因或用户使用不当造成的质量问题，应当协助维修，提供必要的技术服务，保证用户正常使用。

3. 质量保证体系的运行

在实际工作中，质量保证体系是按照PDCA循环工作法运行的。

4. 质量保证体系的建立

建立质量保证体系，要求做好以下工作：

（1）建立质量管理机构

质量管理机构的主要任务是：统一组织、协调质量保证体系的活动；编制质量计划并组织实施；检查、督促各动态，协调各环节的关系；开展质量教育，组织群众性的管理活动。在建立综合性的质量管理机构的同时，还应设置专门的质量检查机构，负责质量检查工作。

（2）制订可行的质量计划

质量计划是实现质量目标和具体组织与协调质量管理活动的基本手段，也是企业各部门、生产经营各环节质量工作的行动纲领。企业的质量计划是一个完整的计划体系，既有长远的规划，又有近期的质量计划；既有企业总体规划，又有各环节、各部门具体的行动计划；既有计划目标，又有实施计划的具体措施。

（3）建立质量信息反馈系统

质量信息是质量管理的根本依据，它反映了产品质量形成过程的动态。质量管理就是根据信息反馈的问题，采取相应的措施，对产品质量形成过程实施控制。没有质量信息，也就谈不上质量管理。企业质量信息主要来自两部分：一是外部信息，包括用户、原材料和构配件供应单位、协作单位、上级组织的信息；二是内部信息，包括施工工艺、各分部分项工程的质量检验结果、质量控制中的问题等。企业必须建立一整套质量信息反馈系统，准确、及时地收集、整理、分析、传递质量信息，为质量管理体系的运转提供可靠的依据。

三、工程质量形成的过程与影响因素分析

（一）工程建设各阶段对质量形成的作用与影响

工程建设的不同阶段，对工程项目质量的形成有着不同的作用和影响。

1. 项目可行性研究阶段

项目可行性研究阶段是对与项目有关的技术、经济、社会、环境等各方面进行调查研究，在技术上分析论证各方案是否可行，在经济上是否合理，以供决策者选择。项目可行性研究阶段对项目质量产生直接影响。

2. 项目决策阶段

项目决策是从两个及两个以上的可行性方案中选择一个更合理的方案。比较两个方案时，主要方案比较项目投资、质量和进度，三者之间的关系。因此，决策阶段是影响工程建设质量的关键阶段。

3. 工程勘察、设计阶段

设计方案技术是否可行、在经济上是否合理、设备是否完善配套、结构是否安全可靠，都将决定建成后项目的使用功能。因此，设计阶段是影响建筑工程项目质量的决定性环节。

4. 工程施工阶段

工程施工阶段是根据设计文件和图样要求，通过相应的质量控制把质量目标和质量计划付诸实施的过程。施工阶段是影响建筑工程项目质量的关键环节。

5. 工程竣工验收阶段

工程竣工验收是对工程项目质量目标的完成程度进行检验、评定和考核的过程。竣工验收不认真，就无法实现规定的质量目标。因此，工程竣工验收是影响建筑工程项目的一个重要环节。

6. 使用保修阶段

保修阶段要对使用过程中存在的施工遗留问题及发现的新质量问题予以解决，最终保证建筑工程项目的质量。

（二）影响工程质量的因素

影响工程质量的因素归纳起来主要有 5 个方面，即人（Man）、材料（Material），机械（Machine）方法（Method）和环境（Environment），简称为“4M1E”因素。

1. 人

人是指施工活动的组织者、领导者及直接参与施工作业活动的具体操作者。人员因素的控制就是对上述人员的各种行为进行控制。

2. 材料

材料是指在工程项目建设中使用的原材料、成品、半成品、构配件等，其是工程施工的物质保证条件。

（1）材料质量控制的规定

①在质量计划确定的合格材料供应商目录中，按计划招标采购原材料、成品、半成品和构配件。

②材料的搬运和储存应按搬运储存的规定进行，并应建立台账。

③项目经理部应对材料、半成品和构配件进行标识。

④未经检验和已经检验为不合格的材料、半成品和构配件等，不得投入使用。

⑤对发包人提供的材料、半成品、构配件等，必须按规定进行检验和验收。

⑥监理工程师应对承包人自行采购的材料进行验证。

（2）材料质量控制的方法

加强材料的质量控制是保证和提高工程质量的重要保障，是控制工程质量影响因素的有效措施。

①认真组织材料采购。材料采购应根据工程特点、施工合同、材料的适用范围、材料的性能要求和价格因素等进行综合考虑。根据施工进度计划的要求适当提前安排材料供应计划（每月），并对厂家进行实地考察。

②严格材料质量检验。材料质量检验是通过一系列的检测手段，将所取得的材料数据与材料质量标准进行对比，以便在事先判断材料质量的可靠性，再据此决定能否将其用于工程实体。材料质量检验的内容包括以下几项：

A. 材料标准。

B. 检验项目。一般在标准中有明确规定。例如，对钢筋要进行拉伸试验、弯曲试验；对焊接件要进行力学性能试验；对混凝土要进行表观密度、坍落度、抗压强度试验。

C. 取样方法。材料质量检验的取样必须具有代表性，因此，材料取样应严格按规范规定的部位、数量和操作要求进行。

D. 检(试)验方法。材料检验的方法可分为书面检查、外观检查、理化检查、无损检查。

E. 检验程度。质量检验程度可分为免检、抽检、全检三种。

对材料质量控制的要求：所有材料、制品和构件必须有出厂合格证和材质化验单；对钢筋水泥等重要材料要进行复试；对现场配置的材料必须进行试配试验。

③合理安排材料的仓储保管与使用。保管不当会造成水泥受潮、钢筋锈蚀；使用不当会造成不同直径的钢筋混用。因此，应做好以下管理措施：

A. 合理调度，随进随用，做到现场材料不大量积压；

B. 搞好材料使用管理工作；

C. 做到不同规格品种的材料分类堆放，实行挂牌标志。

3. 机械

（1）机械设备控制规定

①应按设备进场计划进行施工设备的准备。

②现场的施工机械应满足施工需要。

③应对机械设备操作人员的资格进行确认，无证或资格不符合的严禁上岗。

（2）施工机械设备的质量控制

施工机械设备的选用必须结合施工现场条件、施工方法工艺、施工组织和管理等各种因素综合考虑。

①机械设备选型。对施工机械设备型号的选择应本着因地制宜、因工程而异、满足需要的原则。

②主要性能参数。选择施工机械性能参数应结合工程项目的特点、施工条件和已确定的型号具体进行。

③使用操作要求。贯彻“三定”和“五好”原则。“三定”是指“定机、定人、定岗位责任”；“五好”是指“完成任务好、技术状况好、使用好、保养好、安全好”。

（3）生产机械设备的质量控制

①对生产机械设备的检查主要包括：新购机械设备运输质量及供货情况的检查；对有包装的设备，应检查包装是否受损，对无包装的设备，应进行外观的检查及附件、备品的清点。

②对进口设备，必须进行开箱全面检查。对解体装运的自组装设备，在对总部件及随机附件、备品进行外观检查后，应尽快进行现场组装、检测试验。

③在工地交货的生产机械设备，一般都有设备厂家在工地进行组装、调试和生产性试验，自检合格后才能提请订货单位复检，待复检合格后，才能签署验收证明。

④调拨旧设备应基本达到完好设备的标准，才可予以验收。

⑤对于永久性和长期性的设备改造项目，应按原批准方案的性能要求，经一定的生产实践考验，并经签订合格后才可予以验收。

⑥对于自制设备，在经过 6 个月的生产考验后，按试验性能指标测试验收。

4. 方法

施工方案的选择必须结合工程实际，做到能解决工程难题、技术可行、经济合理、加快进度、降低成本、提高工程质量。其具体包括：确定施工流向、确定施工程序、确定施工顺序、确定施工工艺和施工环境。

5. 环境

环境条件是指对工程质量特性起重要作用的环境因素。影响施工质量的环境较多，主要有以下几项：

①自然环境，如气温、雨、雪、雷、电、风等。

②工程技术环境，如工程地质、水文、地形、地下水位、地面水等。

③工程管理环境，如质量保证体系和质量管理工作制度。

④工程作业环境，如作业场所、作业面等，以及前道工序为后道工序所提供的操作环境。

⑤经济环境，如地方资源条件、交通运输条件、供水供电条件等。

环境因素对施工质量的影响有复杂性、多变性的特点，必须具体问题具体分析。如气象条件变化无穷，温度、湿度、酷暑、严寒等都直接影响工程质量。在施工现场应建立文明施工和文明生产的环境，保持材料堆放整齐、道路畅通、工作环境清洁、施工顺序井井有条。

四、施工承包单位资质的分类

（一）施工总承包企业

获得施工总承包资质的企业，可以对工程实行施工总承包或者对主体工程实行施工承包，施工总承包企业可以将承包的工程全部自行施工，也可以将非主体工程或者劳务作业分包给具有相应专业承包资质或者劳务分包资质的其他建筑业企业。施工总承包企业的资质按专业类别共分为12个资质类别，每一个资质类别又可分为特级、一级、二级、三级。

（二）专业承包企业

获得专业承包资质的企业，可以承接施工总承包企业分包的专业工程或者建设单位按照规定发包的专业工程。专业承包企业可以对所承接的工程全部自行施工，也可以将劳务作业分包给具有相应劳务分包资质的劳务分包企业。专业承包企业资质按专业类别共分为60个资质类别，每一个资质类别又可分为一级、二级、三级。

（三）劳务分包企业

获得劳务分包资质的企业，可以承接施工总承包企业或者专业承包企业分包的劳务作业。劳务承包企业有13个资质类别。

第二节　施工过程与竣工验收阶段质量控制方案的编制

一、施工过程阶段质量控制方案的编制

（一）建筑工程项目施工质量控制的方法

施工阶段质量控制是建筑工程项目施工质量控制的关键环节，工程质量在很大程度上取决于施工阶段的质量控制。其控制方法有旁站监督、测量、试验数据、指令文件、规定的质量监控工作程序以及支付控制手段等。

1. 旁站监督

旁站监督是驻地监理人员经常采用的一种主要的现场检查形式，即在施工过程中，在现场观察、监督与检查其施工过程，注意并及时发现质量事故的苗头和对质量有不利影响的因素的发展变化、潜在的质量隐患以及出现的质量问题等，以便及时进行控制。特别对于隐蔽工程这一类的施工，进行旁站监督就显得尤为重要。

2. 测量

测量是对建筑对象的几何尺寸、方位等进行控制的重要手段。施工前，监理人员应对施工放线及高程控制进行检查，严格控制，不合格者不得施工，有些在施工过程中也应随时注意控制，发现偏差，及时纠正。中间验收时，对于几何尺寸、高程、轴线等不符合要求者，应责令施工单位整改或返工处理。

3. 试验数据

试验数据是监理工程师判断和确认各种材料和工程部位内在品质的主要依据。每道工序中诸如材料性能、拌合料配合比、成品的强度等物理力学性能，以及打桩的承载能力等，常需通过试验手段取得试验数据来判断质量情况。

4. 指令文件

指令文件是运用监理工程师指令控制权的具体形式。所谓指令文件，是表达监理工程师对施工承包单位提出指示和要求的书面文件，用以向施工单位指出施工中存在的问题，提请施工单位注意，以及向施工单位提出要求或指示其做什么或不做什么等。监理工程师的各项指令都应是书面的或有文件记载方为有效，并作为技术文件资料存档。如因时间紧迫，来不及作出正式的书面指令，也可以将口头指令下达给施工单位，但随即

应按合同规定，及时补充书面文件对口头指令予以确认。

5. 质量监控工作程序

规定双方必须遵守的质量监控工作程序，使双方按规定的程序进行工作，这也是进行质量监控的必要手段和依据。例如，未提交开工申请单或申请单未得到监理工程师审查、批准的不得开工；未经监理工程师签署质量验收单予以质量确认的，不得进行下道工序等。

6. 支付控制手段

支付控制手段既是国际上较通用的、重要的控制手段，也是业主或承包商合同赋予监理工程师的支付控制权。从根本上讲，国际上对合同条件的管理主要是采用经济手段和法律手段。因此，质量监理是以计量支付控制权为保障手段的。所谓支付控制权就是对施工承包单位支付任何工程款项，均需由监理工程师出具支付证明书；没有监理工程师签署的支付证明书，业主不得向承包方支付工程款。工程款支付的条件之一就是工程质量要达到规定的要求和标准。如果施工单位的工程质量达不到要求和标准，监理工程师就有权采取拒绝开具支付证明书的手段，停止对施工单位支付部分或全部工程款，由此造成的损失由施工单位负责。显然，这是十分有效的控制和约束手段。

（二）作业技术准备状态的质量控制方案的编制

作业技术准备状态，是指各项施工准备工作在正式开展作业技术活动前，按预先计划的安排落实到位的状况，包括配置的人员、材料、机具、场所环境、通风、照明、安全设施等。

1. 质量控制点的设置

（1）质量控制点的概念

质量控制点是指为了保证作业过程质量而确定的重点控制对象、关键部位或薄弱环节。对于质量控制点，一般要事先分析可能造成质量问题的原因，再针对原因制定对策和措施进行预控。

（2）选择质量控制点的一般原则

可作为质量控制点的对象涉及面广，它可能是技术要求高、施工难度大的结构部位，也可能是影响质量的关键工序、操作或某一环节。总之，不论是结构部位、影响质量的关键工序，还是操作、施工顺序、技术、材料、机械、自然条件、施工环境等均可作为质量控制点来控制。概括地说，应当选择保证质量难度大的、对质量影响大的或者发生质量问题时危害大的对象作为质量控制点。

（3）作为质量控制点重点控制的对象。

①人的行为。

②物的质量与性能。

③关键的操作。

④施工技术参数。

⑤施工顺序。

⑥技术间歇。

⑦新工艺、新技术、新材料的应用。

⑧易对工程质量产生重大影响的施工方法。

⑨特殊地基或特种结构。

2. 质量预控对策的检查

工程质量预控，就是针对所设置的质量控制点或分部分项工程，事先分析施工中可能发生的质量问题和隐患，分析可能产生的原因并提出相应的对策，采取有效的措施进行预先控制，以防在施工中发生质量问题。质量预控及对策的表达方式主要有以下几项：

①文字表达。

②表格形式表达。

③解析图形式表达。

3. 作业技术交底的控制

承包单位做好技术交底，是取得好的施工质量的条件之一。为此，每一分项工程开始施工前均要进行作业技术交底。

4. 进场材料构配件的控制

①凡运到施工现场的原材料、半成品或构配件，进场前应向项目监理机构提交《工程材料构配件 / 设备报审表》，同时，附有产品出厂合格证及技术说明书。由施工承包单位按规定进行检验或试验报告，经监理工程师审查并确认其质量合格后，方可进场。凡是没有产品出厂合格证明及检验不合格者，不得进场。

②进口材料的检查、验收，应会同国家商检部门进行。

③对材料构配件存放条件进行控制。

④对于某些当地材料及现场配置的制品，一般要求承包单位事先进行试验，达到要求的标准，方可施工。

5. 环境状态的控制

①施工作业环境的控制。

②施工质量管理环境的控制。

③现场自然环境条件的控制。

6. 进场施工机械准备性能及工作状态的控制

①施工机械设备的进场检查。

②机械设备工作状态的检查。

③特殊设备安全运行的审核。

④大型临时设备的检查。

7. 施工测量及计量器具性能、精度的控制

①实验室的检查。

②工地测量仪器的检查。

8. 施工现场劳动组织及作业人员上岗资格的控制

①现场劳动组织的控制。劳动组织涉及从事作业活动的操作者及管理者，以及相应的各种制度。操作人员、管理人员要到位，相关制度要健全。

②作业人员上岗资格。从事特殊作业的人员，必须持证上岗。

（三）作业技术活动运行过程的质量控制方案的编制

1. 承包单位自检与专检工作的监控

承包单位是施工质量的直接实施者和责任者。监理工程师的质量监督与控制就是使承包单位建立起完善的质量自检体系并使之运转有效。

2. 技术复核工作的监控

凡涉及施工作业技术活动基准和依据的技术工作，都应该严格进行由专人负责的复核性检查，以避免基准失误给整个工程质量带来难以补救的或全局性的危害。

3. 见证取样送检工作的监控

见证是指由监理工程师现场监督承包单位某工序全过程完成情况的活动。见证取样则是指对工程项目所使用的材料、半成品、构配件的现场取样，对工序活动效果的检查和对实施的见证。

（1）见证取样的工作程序

首先要确认实验室，然后将选定的实验室到当地质量监督机构备案并得到认可，同时，要将项目监理机构中负责见证取样的监理工程师在该质量监督机构备案。

（2）见证取样的要求

①实验室要具有相应的资质并进行备案，得到认可。

②负责见证取样的监理工程师要具有材料、试验等方面的专业知识，且要取得从事监理工作的上岗资格（一般由专业监理工程师负责从事此项工作）。

③承包单位从事取样的人员一般应是实验室人员，或专职质检人员。

④要对送往实验室的样品填写送验单，送验单要盖有“见证取样”专用章，并有见证取样监理工程师的签字。

⑤实验室出具的报告一式两份，分别由承包单位和项目监理机构保存，并作为归档材料，其是工序产品质量评定的重要依据。

⑥对于见证取样的频率，国家或地方主管部门有规定的，执行相关规定；施工承包合同中有明确规定的，执行施工承包合同的规定。见证取样的频率和数量，包括在承包单位自检范围内，所占比例一般为30%。

⑦见证取样的试验费用由承包单位支付。

⑧见证取样绝不能代替承包单位对材料、构配件进场时必须进行的自检。自检的频率和数量要按相关规范的要求执行。

4. 工程变更的监控

（1）施工承包单位提出要求及处理

在施工过程中，承包单位提出的工程变更要求可能是：

①要求作某些技术修改。

②要求作设计变更。

（2）设计单位提出对变更的处理意见

①设计单位首先将“设计变更通知”及有关附件报送建设单位。

②建设单位会同监理、施工承包单位对设计单位提交的“设计变更通知”进行研究，必要时设计单位还需提供进一步的资料，以便对变更作出决定。

③总监理工程师签发“工程变更单”，并将设计单位发出的“设计变更通知”作为该“工程变更单”的附件，施工承包单位按新的变更图实施。

5. 计量工作质量的监控

①施工过程中使用的计量仪器、检测设备、称重衡器的质量控制。

②从事计量作业人员技术水平资格的审核。

③现场计量操作的质量控制。

6. 质量记录资料的监控

①施工现场质量管理检查记录资料。

②工程材料质量记录。

③施工过程作业活动质量记录资料。

7. 工地例会的管理

工地例会是施工过程中参加建设项目各方沟通情况、解决分歧、达成共识、作出决定的主要渠道，也是监理工程师进行现场质量控制的重要场所。

（四）作业技术活动结果的质量控制方案的编制

1. 作业技术活动结果的控制内容

①基槽（基坑）的验收。

②隐蔽工程的验收。

③工序交接的验收。

④检验批、分项、分部工程的验收。

⑤联动试车或设备的试运转。

⑥单位工程或整个工程项目的竣工验收。

⑦不合格品的处理。

⑧成品保护。所谓成品保护一般是指在施工过程中，有些分项工程已经完成，而其他一些分项工程尚在施工，或者在其分项工程施工过程中，某些部位已完成，而其他部位正在施工，在这种情况下，承包单位必须负责对已完成部分采取妥善措施予以保护，以免因成品缺乏保护或保护不善而造成操作损坏或污染，影响工程整体质量。根据需要

保护的建筑产品的特点，可以分别对产品采取“防护”“覆盖”“封闭”等保护措施，以及合理安排施工顺序来达到保护成品的目的。

2. 作业技术活动结果检验的程序与方法

（1）检验程序

①实测。

②分析。

③判断。

④纠正或认可。

（2）质量检验的主要方法

对于现场所用原材料、半成品、工序过程或工程产品质量进行检验的方法，一般可分为三类，即目测法、量测法以及试验法。

①目测法：即凭借感官进行检查，也可以叫作观感检验。这类方法主要是根据质量要求，采用看、摸、敲、照等手法对检查对象进行检查。

②量测法：就是利用量测工具或计量仪表，将实际量测结果与规定的质量标准或规范的要求相对照，从而判断质量是否符合要求。量测的手法可归纳为靠、吊、量、套。

③试验法：指通过进行现场试验或实验室试验等理化试验手段，取得数据，分析判断质量情况。

二、竣工验收阶段质量控制方案的编制

（一）施工质量验收的基本规定

施工现场质量管理应有相应的施工技术标准、健全的质量管理体系、施工质量检验制度和综合施工质量水平评价考核制度，并做好施工现场质量管理检查记录。

建筑工程施工质量应按下列要求进行验收：

①建筑工程施工质量应符合相关专业验收规范的规定。

②建筑工程施工应符合工程勘察、设计文件的要求。

③参加工程施工质量验收的各方人员应具备规定的资格。

④工程质量的验收应在施工单位自行检查评定的基础上进行。

⑤隐蔽工程在隐蔽前应由施工单位通知有关方进行验收，并应形成验收文件。

⑥涉及结构安全的试块、试件以及有关材料，应按规定进行见证取样检测。

⑦检验批的质量应按主控项目和一般项目验收。

⑧对涉及结构安全和使用功能的分部工程应进行抽样检测。

⑨承担见证取样检测及有关结构安全检测的单位应具有相应资质。

⑩工程的观感质量应由验收人员通过现场检查，并应共同确认。

（二）检验批的划分及质量验收

1. 检验批的划分

分项工程可由一个或若干个检验批组成，检验批可根据施工及质量控制和专业验收需要按楼层、施工段、变形缝等进行划分。

2. 检验合格的质量规定

①主控项目和一般项目的质量抽样检验合格。

②具有完整的施工操作依据、质量检查记录。

从以上的规定可以看出，检验批的质量验收包括质量资料的检查和主控项目、一般项目的检验两个方面的内容。

3. 检验批按规定验收

（1）资料检查

质量控制资料反映了检验批从原材料到验收的各施工工序的施工操作依据，检查情况以及保证质量所必需的管理制度等。对其完整性的检查，实际上是对过程控制的确认，这是检验批合格的前提。所要检查的资料主要包括以下几项：

①图纸会审、设计变更、洽商记录。

②建筑材料、成品、半成品、建筑构配件、器具和设备的质量证明书及进场检（试）验报告。

③工程测量、放线记录。

④按专业质量验收规范规定的抽样检验报告。

⑤隐蔽工程检查记录。

⑥施工过程记录和施工过程检查记录。

⑦新材料、新工艺的施工记录。

⑧质量管理资料和施工单位操作依据等。

（2）主控项目和一般项目的检验

为确保工程质量、使检验批的质量符合安全和使用功能的基本要求，各专业质量验收规范对各检验批的主控项目和一般项目的子项合格质量都给予了明确规定。检验批的合格质量主要取决于对主控项目和一般项目的检验结果。主控项目是对检验批的基本质量起决定性影响的检验项目，因此，其必须全部符合有关专业工程验收规范的规定。这意味着主控项目不允许有不符合要求的检验结果，即这种项目的检查具有否决权。而其一般项目则可按专业规范的要求处理。

（3）检验批的质量验收记录

检验批的质量验收记录由施工项目专业质量检查员填写，监理工程师（建设单位专业技术负责人）组织项目专业质量检查员等进行验收。

（三）分项工程的划分及质量验收

1. 分项工程的划分

分项工程应按主要工种、材料、施工工艺、设备类别等进行划分。

2. 分项工程的质量验收

分项工程的质量验收在检验批的基础上进行。一般情况下，两者具有相同或相近的性质，只是批量的大小不同而已。因此，将有关的检验批汇集构成分项工程。分项工程合格质量的条件比较简单，只要构成分项工程的各检验批的验收资料文件完整，并且均已验收合格，则分项工程验收合格。

（1）分项工程质量验收合格应符合的规定

①分项工程所含的检验批均应符合合格质量规定。

②分项工程所含的检验批的质量验收记录应完整。

（2）分项工程质量验收记录

分项工程质量应由监理工程师（建设单位项目专业技术负责人）组织项目专业技术负责人等进行验收。

（四）分部（子分部）工程的划分及质量验收

1. 分部（子分部）工程的划分

①分部（子分部）工程的划分应按专业性质、建筑部位确定。

②当分部（子分部）工程较大或较复杂时，可按施工程序、专业系统及类别等划分为若干子分部工程。

2. 分部（子分部）工程的质量验收

（1）分部（子分部）工程质量验收合格应符合的规定

①分部（子分部）工程所含各分项工程的质量均应验收合格。

②质量控制资料应完整。

③地基与基础、主体结构和设备安装等分部工程有关安全及功能的检验和抽样检测结果应符合有关规定。

④观感质量验收应符合要求。

分部（子分部）工程的质量验收在其所含各分项工程质量验收的基础上进行。首先，分部（子分部）工程的各分项工程必须已验收且相应的质量控制资料文件必须完整，这是验收的基本条件。另外，由于各分项工程的性质不尽相同，因此，对分部（子分部）工程不能简单地组合而加以验收，还需增加以下两类检查：对涉及安全和使用功能的地基基础、主体结构、有关安全及重要使用功能的安装分部工程，应进行有关见证取样、送样试验或抽样检测，如建筑物垂直度、标高、全高测量记录，建筑物沉降观测测量记录，给水管道通水试验记录，暖气管道、散热器压力试验记录，照明动力全负荷试验记录等。关于观感质量验收，这类检查往往难以定量，只能以观察、触摸或简单量测的方式进行，并依个人的主观印象判断，检查结果并不给出“合格”或“不合格”的结论，而是综合给出质量评价。评价的结论为“好”“一般”和“差”三种。对于评价为“差”的检查点应通过返修等处理进行补救。

（2）分部（子分部）工程质量验收记录

分部（子分部）工程质量应由总监理工程师（建设单位项目专业负责人）组织施工项目经理和有关勘察、设计单位项目负责人进行验收。

（五）单位工程的划分及质量验收

1. 单位工程的划分

①具备独立施工条件并能形成独立使用功能的建筑物及构筑物为一个单位工程。

②规模较大的单位工程，可将其能形成独立使用功能的部分划分为一个子单位工程。

③室外工程可根据专业类别和工程规模划分单位（子单位）工程。

2. 单位（子单位）工程质量验收

单位（子单位）工程质量验收合格应符合下列规定：

①单位（子单位）工程所含各分部（子分部）工程的质量均应验收合格。

②质量控制资料应完整。

③单位（子单位）工程所含各分部（子分部）工程有关安全和功能的检验资料均应完整。

④主要功能项目的抽查结果应符合相关专业质量验收规范的规定。

⑤观感质量验收应符合要求。

单位（子单位）工程质量验收也称质量竣工验收，是建筑工程投入使用前的最后一次验收，也是最重要的一次验收。验收合格的条件有五个，除构成单位（子单位）工程的各分部（子分部）工程应该合格、有关的资料文件应完整外，还应进行以下三个方面的检查：

第一，复查。对涉及安全和使用功能的分部（子分部）工程应进行检验资料的复查。不仅要全面检查其完整性（不得有漏检缺项），而且对分部工程（子分部）验收时补充进行的见证抽样检验报告也要复核。这种强化验收的手段体现了对安全和主要使用功能的重视。

第二，抽查。另外，对主要使用功能还需进行抽查。使用功能的检查是对建筑工程和设备安装工程最终质量的综合检查，也是用户最为关心的内容。因此，在分项分部工程验收合格的基础上，竣工验收时再作全面检查。抽查项目是在检查资料文件的基础上由参加验收的各方人员商定，并用计量、计数的抽样方法确定检查部位。检查要求按有关专业工程施工质量验收标准的要求进行。

第三，观感质量检查。最后，还需由参加验收的各方人员共同进行观感质量检查。检查的方法、内容、结论等应在分部（子分部）工程的相应部分中阐述，最后共同确定其是否通过验收。

（六）工程施工质量不符合要求时的处理

一般情况下，不合格现象在检验批的验收时就应发现并及时处理，必须尽快将所有质量隐患消灭在萌芽之中，否则将影响后续检验批和相关的分项工程、分部工程的验收。在非正常情况可按下述规定进行处理：

①经返工重做或更换器具、设备的检验批，应重新进行验收。这种情况是指主控项目不能满足验收规范规定或一般项目超过偏差限制的子项不符合检验规定的要求时，应及时处理检验批。其中，严重的缺陷应推倒重来，一般的缺陷可通过返修或更换器具、设备予以解决，应允许施工单位在采取相应的措施后重新验收。若能够符合相应的专业工程质量验收规范，则应认为该检验合格。

②经有资质的检测单位鉴定达到设计要求的检验批，应予以验收。这种情况是指个别检验批发现试块强度等级不满足要求的问题，难以确定是否验收时，应请具有资质的法定检测单位检测，当鉴定结果能够达到设计要求时，应允许该检验批通过验收。

③经有资质的检测单位鉴定达不到设计要求，但经原设计单位核算认可并能满足结构安全和使用功能的检验批，可予以验收。这种情况是指，一般情况下，相关规范标准给出了满足安全和功能的最低限度要求，而设计往往在此基础上留有一些余量。不满足设计要求和符合相应规范标准的要求，两者并不矛盾。

④经返修或加固的分部、分项工程，虽然改变外形尺寸但仍能满足安全使用的要求，可按技术处理方案和协商文件进行验收。这种情况是指更为严重的缺陷或范围超过检验批的更大范围内的缺陷，可能影响结构的安全性和使用功能，如经法定检测单位检测鉴定以后，认为达不到规范标准的相应要求，即不能满足最低限度的安全储备和使用功能，则必须按一定的技术方案进行加固处理，使之能满足安全使用的基本要求。这样会造成一些永久性的缺陷，如改变结构的外形尺寸、影响一些次要的使用功能等。为了避免社会财富更大的损失，在不影响安全和主要使用功能的条件下，可按处理技术方案和协商文件进行验收，但不能将其作为轻视质量而回避责任的一种出路，这是应该特别注意的。

⑤通过返修或加固仍不能满足安全使用要求的分部（子分部）工程、单位（子单位）工程，严禁验收。

（七）建筑工程施工质量验收的程序和组织

1. 检验批及分项工程的验收程序与组织

检验批由专业监理工程师组织项目专业质量检验员等进行验收，分项工程由专业监理工程师组织项目专业技术负责人等进行验收。

检验批和分项工程是建筑工程施工质量的基础，因此，所有检验批和分项工程均应由监理工程师或建设单位项目技术负责人组织验收。验收前，施工单位先填好“检验批和分项工程的验收记录”（有关监理记录和结论不填），并由项目专业质量检验员和项目专业技术负责人，分别在检验批和分项工程质量检验记录的相关栏目中签字，然后由监理工程师组织，严格按规定程序进行验收。

2. 分部工程的验收程序与组织

分部工程应由总监理工程师（建设单位项目负责人）组织施工单位项目负责人和项目技术、质量负责人等进行验收。由于地基基础、主体结构技术性能要求严格，技术性强，关系到整个工程的安全，因此，规定与地基基础、主体结构分部工程相关的勘察、设计单位工程项目负责人和施工单位技术、质量部门负责人也应参加相关分部工程的验收。

3. 单位（子单位）工程的验收程序与组织

（1）竣工初验收的程序

当单位（子单位）工程达到竣工验收条件后，施工单位应在自查、自评工作完成后，填写工程竣工报验单，并将全部竣工资料报送项目监理机构，申请竣工验收。总监理工程师应组织各专业监理工程师，对竣工资料及各专业工程的质量情况进行全面检查，对检查出的问题，应督促施工单位及时整改。对需要进行功能试验的项目（包括单机试车和无负荷试车），监理工程师应督促施工单位及时进行试验，并对重要项目进行监督、检查，必要时请建设单位和设计单位参加。监理工程师应认真审查试验报告单，并督促施工单位搞好成品保护和现场清理。

经项目监理机构对竣工资料及实物全面检查，验收合格后，由总监理工程师签署工程竣工报验单，并向建设单位提出质量评估报告。

（2）正式验收

建设单位收到工程验收报告后，应由建设单位（项目）负责人组织施工（含分包单位）、设计、监理等单位（项目）负责人进行单位（子单位）工程验收。单位（子单位）工程由分包单位施工时，分包单位对所承包的工程项目应按规定的程序检查评定，总包单位应派人参加。分包工程完成后，应将工程有关资料交总包单位。建设工程经验收合格，方可交付使用。

建设工程竣工验收应当具备下列条件：

①完成建设工程设计和合同约定的各项内容。

②有完整的技术档案和施工管理资料。

③有工程使用的主要建筑材料、建筑构配件和设备的进场试验报告。

④有勘察、设计、施工、工程监理等单位分别签署的质量合格文件。

⑤有施工单位签署的工程保修书。

在一个单位工程中，对满足生产要求或具备使用条件、施工单位已预验、监理工程师已初验通过的子单位工程，建设单位可组织进行验收。由几个施工单位负责施工的单位工程，当其中的施工单位所负责的子单位工程已按设计完成，并经自行检验，也可组织正式验收，办理交工手续。在整个单位工程进行全部验收时，已验收的子单位工程验收资料应作为单位工程验收的附件。

在竣工验收时，对某些剩余工程和缺陷工程，在不影响交付的前提下，经建设单位、设计单位、施工单位和监理单位协商，施工单位应在竣工验收后的限定时间内完成。

参加验收的各方对工程质量的验收意见不一致时，可请当地建设行政主管部门或工程质量监督机构协调处理。

房屋建筑工程质量保修范围及期限如下：

①地基基础工程和主体结构工程，其保修期限为设计文件规定的该工程的合理使用年限。

②屋面防水工程、有防水要求的卫生间、房间和外墙面的防渗漏，其保修期限为5年。

③供热和供冷系统，其保修期限为两个采暖期、供冷期。

④电气管线、给水排水管道、设备安装的保修期限为2年。

⑤装修工程的保修期限为2年。

房屋建筑工程的保修期限从工程竣工验收合格之日起计算。

4. 单位工程竣工验收备案

单位工程质量验收合格后，建设单位应在规定时间内，将工程竣工验收报告和有关文件报建设行政管理部门备案。

①凡在中华人民共和国境内新建、改建、扩建各类房屋的建筑工程和市政基础设施工程的竣工验收，均应按有关规定进行备案。

②国务院建设行政主管部门和有关专业部门负责全国工程竣工验收的监督管理工作。县级以上地方人民政府建设行政主管部门负责本行政区域内工程的竣工验收备案管理工作。

第三节　建筑工程质量管理的统计方法与事故处理

一、建筑工程质量管理的统计方法

（一）统计调查表法

统计调查表法又称统计调查分析法，它是利用专门设计的统计表对质量数据进行收集、整理和粗略分析质量状态的一种方法。

在质量活动中，利用统计调查表收集数据，其优点为简便灵活、便于整理、实用有效。它没有固定格式，可根据需要和具体情况，设计出不同的统计调查表。常用的有以下几种：

①分项工程作业质量分布调查表。

②不合格项目调查表。

③不合格原因调查表。

④施工质量检查评定用调查表。

统计调查表同分层法结合起来应用，可以更好、更快地找出问题的原因，以便采取改进的措施。如采用统计调查表法对地梁混凝土外观质量和尺寸偏差进行调查。混凝土外观质量和尺寸偏差调查表，见表 3–1。

表 3–1　混凝土外观质量和尺寸偏差调查表

分部分项工程名称	地梁混凝土	操作班组	
生产时间		检查时间	
检查方式和数量		检查员	
检查项目名称	检查记录		合计
漏筋	正		5
蜂窝	正正		10
裂缝	—		1
尺寸偏差	正正		10
总计			26

（二）分层法

分层法又称分类法，是将调查收集的原始数据，根据不同的目的和要求，按某一性质进行分组、整理的分析方法。常用的分层标志有以下几种：

①按操作班组或操作者分层。

②按使用机械设备型号分层。

③按操作方法分层。

④按原材料供应单位、供应时间或等级分层。

⑤按施工时间分层。

⑥按检查手段、工作环境分层。

分层法是质量控制统计分析方法中最基本的一种方法。其他统计方法一般都要与分层法配合使用，如排列图法、直方图法、控制图法、相关图法等。通常，首先利用分层法将原始数据分门别类，然后再进行统计分析。

（三）排列图法

排列图法是利用排列图寻找影响质量主次因素的一种有效方法。排列图又称帕累托图或主次因素分析图。其是由两个纵坐标、一个横坐标、几个连起来的直方形和一条曲线所组成的。左侧的纵坐标表示产品频数，右侧的纵坐标表示累计频率，横坐标表示影响质量的各个因素或项目，按影响质量程度的大小从左到右排列，底宽相同，直方形的高度表示该因素影响的大小。

（四）因果分析图法

因果分析图法是利用因果分析图来系统整理分析某个质量问题（结果）与其影响因素之间的关系，采取相应措施，解决存在的质量问题的方法。因果分析图也称为特性要因图，其又因形状被称为树枝图或鱼刺图。

1. 因果分析图的基本形式如图 3-1 所示

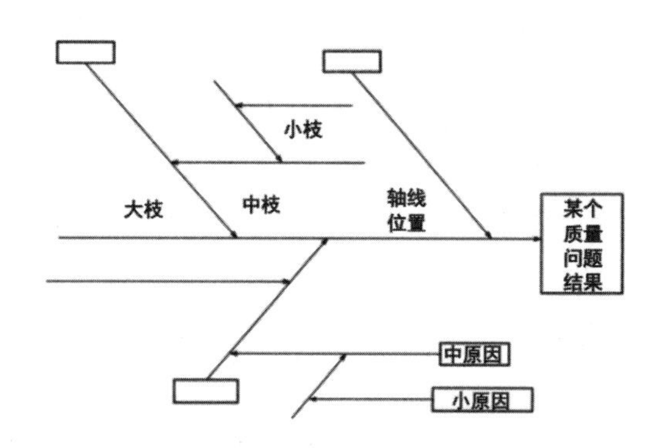

图 3-1　因果分析图的基本形式

从图 3-1 中可以看出，因果分析图由质量特性（即质量结果，指某个质量问题）、要因（产生质量问题的主要原因）、枝干（指表示不同层次的原因的一系列箭线）、主干（指较粗的直接指向质量结果的水平箭线）等组成。

2. 因果分析图的绘制

因果分析图的绘制步骤与图中箭头方向相反，是从“结果”开始将原因逐层分解的，具体步骤如下：

①明确质量问题——结果。作图时首先由左至右画出一条水平主干线，箭头指向一个矩形框，框内注明研究的问题，即结果。

②分析确定影响质量特性的大方面的原因。一般来说，影响质量的因素有五大方面，即人、机械、材料、方法和环境。另外，还可以按产品的生产过程进行分析。

③将每种大原因进一步分解为中原因、小原因，直至可以对分解的原因采取具体措施加以解决为止。

④检查图中的所列原因是否齐全，可以对初步分析结果广泛征求意见，并作必要补充及修改。

⑤选出影响大的关键因素，作出标记“△”，以便重点采取措施。

（五）直方图法

直方图法即频数分布直方图法，它是将收集到的质量数据进行分组整理，绘制成频数分布直方图，用以描述质量分布状态的一种分析方法，所以又称为质量分布图法。通过对直方图的观察与分析，可以了解产品质量的波动情况，掌握质量特性的分布规律，以便对质量状况进行分析判断、评价工作过程能力等。

二、建筑工程质量问题和事故的处理

由于影响建筑工程质量的因素众多而且复杂多变，建筑工程在施工过程中难免会出现各种各样不同程度的质量问题，甚至是质量事故。质量管理人员应当区分工程质量不合格、质量问题和质量事故，掌握处理工程质量问题的方法和程序以及质量事故的处理程序。

（一）建筑工程质量问题及处理

1. 建筑工程质量问题的成因

建筑工程质量问题的成因错综复杂，而且一项质量问题往往是由多种原因所引起的，但归纳其基本的因素主要有以下几个方面。

（1）违背建设程序

建设程序是工程项目建设过程及其客观规律的反映。不按建设程序办事，如边设计边施工、不经竣工验收便交付使用等，常常是导致工程质量问题的重要原因。

（2）违反法规行为

违反法规行为，如无证设计、无证施工、越级设计、越级施工、工程招投标中的不公平竞争、超常的低价中标、擅自修改设计等，势必会影响工程质量。

（3）地质勘探失真

地质勘探失真，如地质勘察不符合规定要求，地质勘察报告不详细、不准确、不能全面反映实际地基情况等，均会导致采用不恰当或错误的基础方案，造成地基不均匀沉降、失稳，使上部结构或墙体开裂、破坏，或引发建筑物倾斜、倒塌等工程质量问题。

（4）设计差错

设计差错，如盲目套用其他工程设计图纸、采用不正确的结构方案、设计计算错误等，都会引起工程质量问题。

（5）施工与管理不到位

施工与管理不到位，如不按图纸施工或未经设计单位同意擅自修改设计；图纸未经会审，仓促施工；施工组织管理紊乱，不熟悉图纸，盲目施工；施工方案考虑不周，施工顺序颠倒；技术交底不清，违章作业；疏于质量检查、验收等。这些均会导致工程质量问题。

（6）使用不合格的材料、制品及设备

使用不合格的材料，如钢筋、水泥、外加剂、砌块等原材料，预拌混凝土、预拌砂浆等半成品材料，使用不合格的预制构件、配件，以及使用有质量缺陷的建筑设备等，必然会造成工程质量问题。

（7）自然环境因素

自然环境因素，是指空气温度、湿度、暴雨、大风、洪水、雷电、日晒等，均可能成为工程质量问题的诱因。

（8）使用不当

对建筑物或设施使用不当也易造成质量问题。如未经校核验算就任意对建筑物加层，任意拆除承重结构部位，任意在结构物上开槽、打洞，削弱承重结构截面等，也会引起工程质量问题。

2. 建筑工程质量问题的处理

当发生工程质量问题时，应当按以下程序进行处理：

①判定质量问题的严重程度。对于可以通过返修或返工弥补的，可签发“监理通知”，责成施工单位写出质量问题调查报告，提出处理方案，并填写“监理通知回复单”。监理工程师审核后，作出批复，必要时须经建设单位、设计单位认可，对处理结果应重新进行检验。

②对于需要加固补强的质量问题以及存在的质量问题影响下道工序、分项工程质量的情况，监理工程师应签发“工程暂停令”，责令施工单位停止存在质量问题的部位、与其有关联的部位以及下道工序的施工，必要时应要求施工单位采取防护措施。监理工程师应责成施工单位提交质量问题调查报告，由设计单位提出处理方案，并在征得建设单位同意后，批复施工单位处理。对处理的结果应当重新进行检验。

③施工单位接到“监理通知”后，应在监理工程师的组织参与下，尽快进行质量问题调查，并编写调查报告。调查报告应全面、详细、客观、准确。调查报告主要包括以下内容：

A. 与质量问题有关的工程情况；

B. 发生质量问题的时间、地点、部位、性质、现状及发展变化等情况；

C. 调查中的有关数据和资料；

D. 原因分析与判断；

E. 是否需要采取临时防护措施；

F. 质量问题处理补救的建议方案；

G. 涉及的有关人员、责任，预防类似质量问题再次出现的措施等。

④监理工程师审核、分析质量问题调查报告，判断、确认质量问题产生的原因。

⑤在分析原因的基础上，认真审核、签认质量问题处理方案。

⑥指令施工单位按既定的处理方案实施处理并进行跟踪检查。

⑦监理工程师在质量问题处理完毕后，组织有关人员对处理结果进行严格的检查、鉴定和验收，并写出质量问题处理报告，报建设单位、监理单位存档。

质量问题处理报告的内容主要包括：

①对处理过程的描述；

②调查与核查的情况，包括有关数据、资料；

③原因分析结果；

④处理的依据；

⑤审核认可的质量问题处理方案；

⑥实施处理中的有关原始数据、验收记录和资料；

⑦对处理结果的检查、鉴定和验收结论；

⑧质量问题处理结论。

（二）建筑工程质量事故的特点

1. 复杂性

建筑工程的特点是产品固定，生产流动；产品多样，结构类型不一；露天作业多，自然条件复杂多变；材料品种、规格多，材料性能各异；多工种、多专业交叉施工，相互干扰大；工艺要求不同，施工方法各异，技术标准多样等。因此，影响工程质量的因素繁多，造成质量事故的原因错综复杂，即使是同一类质量事故，其原因却可能多种多样或截然不同。例如，就墙体开裂质量事故而言，其产生的原因就可能是：设计计算有误，承载力不足引起开裂；结构构造不良引起开裂；地基不均匀，沉降引起开裂；冷缩及干缩应力引起开裂；冻胀力引起开裂；施工质量低劣、偷工减料或材质不良引起开裂等。所以，对质量事故的性质、原因进行分析时，必须对质量事故发生的背景进行认真调查，结合具体情况仔细判断。

2. 严重性

建筑工程项目一旦出现质量事故，其影响较大。轻者影响施工顺利进行，拖延工期，增加工程费用；严重者则会留下隐患，成为危险的建筑，影响施工功能或不能使用；更严重的还会引起建筑物的失稳、倒塌，造成人身伤亡及财产的巨大损失。所以，对于建筑工程质量事故问题不能掉以轻心，必须高度重视，加强对工程建设的监督管理，防患于未然，力争将事故消灭于萌芽之中，以确保建筑物的安全使用。

3. 可变性

许多建筑工程的质量问题出现后，其质量状态并非稳定于发现时的初始状态，而是有可能随着时间的推移而不断地发展、变化。例如，地基基础或桥墩的超量沉降可能随上部荷载的持续作用而继续发展；混凝土结构出现的裂缝可能随环境温度的变化而变化，或随荷载的变化及荷载作用时间而变化等。因此，有些在初始阶段并不严重的质量问题，如不能及时进行处理，有可能发展成严重的质量事故。

4. 多发性

建筑工程中有些质量事故，往往在一些工程中经常发生，从而成为多发性的质量通病，例如预制构件裂缝、悬挑梁板断裂、钢屋架失稳等。因此，要及时分析原因、总结经验，采取有效的预防措施。

（三）建筑工程质量事故的分类

1. 按事故造成的后果分类

（1）未遂事故

发现质量问题后及时采取措施，未造成经济损失、延误工期或其他不良后果，均属于未遂事故。

（2）已遂事故

凡出现不符合质量标准或设计要求，造成经济损失、工期延误或其他不良后果，均构成已遂事故。

2. 按事故的责任分类

（1）指导责任事故

这是指工程实施指导或管理失误所造成的质量事故，例如由于追求进度赶工、放松或不按质量标准进行作业控制和检验、降低施工质量标准等。

（2）操作责任事故

这是指在施工过程中，实施操作者不按规程或标准实施操作所造成的质量事故，例如浇筑混凝土时随意加水调整混凝土坍落度、混凝土拌合物产生了离析现象仍浇筑入模、土方填压施工未按要求控制土料含水量及压实遍数等。

3. 按事故产生的原因分类

（1）技术原因引发的质量事故

这是指在工程项目实施中设计、施工在技术上失误所造成的质量事故，例如结构设计计算错误，地质情况估计错误，盲目采用技术上不成熟、实际应用中未充分验证其可靠性的新技术，采用不适宜的施工方法或工艺等。

（2）管理原因引发的质量事故

这是指管理上的不完善或失误所引发的质量事故，例如施工单位的质量管理体系不完善、质量管理措施落实不力，检测仪器设备因管理不善而失准，导致进料检验不准等原因引起的质量问题。

4. 按施工造成损失的程度分类

（1）一般质量事故

凡具备下列条件之一者为一般质量事故：直接经济损失在5000元（含5000元）以上，不满50000元的；影响使用功能和工程结构安全，造成永久质量缺陷的。

（2）严重质量事故

凡具备下列条件之一者为严重质量事故：直接经济损失在50000元（含50000元）以上，不满100000元的；影响使用功能和工程结构安全，存在重大质量隐患的；事故性质恶劣或造成两人以下重伤的。

（3）重大质量事故

凡具备下列条件之一者为重大质量事故，属于建筑工程重大事故范畴：工程倒塌或报废；由于质量事故，造成人员死亡或重伤 3 人以上；直接经济损失在 100000 元以上。

（四）建筑工程质量事故的处理

工程质量事故发生后，必须对事故进行调查与处理。

1. 暂停质量事故部位和与其有关联部位的施工

工程质量事故发生后，总监理工程师应签发“工程暂停令”，要求施工单位停止进行质量缺陷部位和与其有关联部位及下道工序的施工，并要求施工单位采取必要的措施，防止事故扩大并保护好现场。同时，要求质量事故发生单位迅速按类别和等级向相应的主管部门上报，并于 24 小时内写出书面报告。

质量事故报告的主要内容包括事故发生的单位名称、工程名称、部位、时间、地点，事故概况和初步估计的直接损失，事故发生原因的初步分析，事故发生后所采取的措施，其他相关的各种资料。

2. 监理方应配合事故调查组进行调查

监理工程师应积极协助事故调查组的工作，客观地提供相应证据。若监理方无责任，监理工程师可应邀参加调查组，参与事故调查；若监理方有责任，则应予以回避，但应配合调查组工作。

3. 在事故调查的基础上进行事故原因分析，正确判断事故原因

事故原因分析是确定事故处理措施方案的基础。正确的处理来源于对事故原因的正确判断，只有对调查中所得到的调查资料、数据进行详细、深入的分析，才能找出造成事故的真正原因。

4. 在事故原因分析的基础上，研究确定事故处理方案

监理工程师接到质量事故调查组提出的技术处理意见后，可组织相关单位研究，并责成相关单位完成技术处理方案，而后予以审核签认。质量事故技术处理方案，一般应委托原设计单位提出，由其他单位提供的技术处理方案，应经原设计单位同意签认。技术处理方案的制订，应征求建设单位的意见。技术处理方案必须依据充分，应在质量事故的部位、原因全部查清的基础上确定，必要时应委托法定工程质量检测单位进行质量鉴定或请专家论证，以确保技术处理方案的可靠和可行，保证结构的安全和使用功能。事故处理方案应经监理工程师审查同意后，报请建设单位和相关主管单位核查、批准。

5. 施工单位按批复的处理方案实施处理

技术处理方案核签后，由监理工程师指令施工单位按批复的处理方案实施处理。监理工程师应要求施工单位对此制定详细的施工方案，必要时应编制监理实施细则，对工程质量事故技术处理的施工质量进行监理，对技术处理过程中的关键部位和关键工序应进行旁站监理，并会同设计单位、建设单位及有关单位等共同检查认可。

6. 对质量事故处理完工部位重新检查、鉴定和验收

施工单位对质量事故处理完毕后应进行自检并报验结果，监理工程师应组织有关人

员对处理结果进行严格的检查、鉴定和验收。事故单位编写“质量事故处理报告”交监理工程师审核签认，并提交建设单位，而后上报有关主管部门。

“质量事故处理报告”的内容主要包括工程质量事故的情况，质量事故的调查情况及事故原因分析，事故调查报告中提出的事故防范及整改措施意见，质量事故处理方案及技术措施，质量事故处理中的有关原始数据、记录、资料。事故处理后检查验收情况，给出质量事故结论意见。

第四章 建筑工程施工进度管理

第一节 建筑工程项目进度计划的编制

一、建筑工程项目进度管理概述

施工项目进度管理是施工项目建设中与质量管理、成本管理并列的三大管理目标之一，是保证施工项目按期完成，合理安排资源供应，确保施工质量、施工安全，降低施工成本的重要措施，是衡量施工项目管理水平的重要标志。

（一）进度与进度管理的概念

1. 进度

进度通常是指工程项目实施结果的进展状况。工程项目进度是一个综合的概念，除工期外，还包括工程量、资源消耗等。进度的影响因素是多方面、综合性的，因而，进度管理的手段及方法也应该是多方面的。

2. 进度指标

按照一般的理解，工程进度既然是项目实施结果的进展状况，就应该以项目任务的完成情况，如工程的数量来表达。但由于工程项目对象系统通常是复杂的，常常很难选定一个恰当的、统一的指标来全面反映工程的进度。例如，对于一个小型的房屋建筑单位工程，它包括地基与基础、主体结构、建筑装饰、建筑屋面、建筑给水、排水及采暖等多个分部工程，而不同的工程活动的工程数量单位是不同的，很难用工程完成的数量来描述单位工程、分部工程的进度。

在现代工程项目管理中，人们赋予进度以结合性的含义，将工程项目任务、工期、成本有机地结合起来，由于每种工程项目在实施过程中都要消耗时间、劳动力、材料、成本等才能完成任务，而这些消耗指标是对所有工作都适用的消耗指标，因此，有必要形成一个综合性的指标体系，从而全面反映项目的实施进展状况。综合性进度指标将使各个工程活动，分部、分项工程直至整个项目的进度描述更加准确、方便。目前，应用较多的是以下四种指标：

（1）持续时间

项目与工程活动的持续时间是进度的重要指标之一。人们常用实际工期与计划工期相比较来说明进度完成情况。例如，某工作计划工期为 30 天，该工作已进行 15 天，则工期已完成 50%。此时能说施工进度已达到 50%吗？恐怕不能。因为工期与人们通常概念上的进度是不同的。对于一般工程来说，工程量等于工期与施工效率（速度）的乘积，而工作速度在施工过程中是变化的，受很多因素的影响，如管理水平、环境变化等，又如工程受质量事故影响，时间过了一半，而工程量只完成了三分之一。一般情况下，开始阶段施工效率低（投入资源少、工作配合不熟练）；中期效率最高（投入资源多，工作配合协调）；后期速度慢（工作面小，资源投入少），并且工程进展过程中会有各种外界的干扰或者不可预见因素所造成的停工，施工的实际效率与计划效率常常是不相同的。此时如果用工期的消耗来表示进度，往往会产生误导。只有在施工效率与计划效率完全相同时，工期消耗才能真正代表进度。通常，使用这一指标与完成的实物量、已完工程的价值量或者资源消耗等指标结合起来对项目进展状况进行分析。

（2）完成的实物量

可用完成的实物量表示进度。例如，设计工作按完成的资料量计量；混凝土工程按完成的体积计量；设备安装工程按完成的吨位计量；管线、道路工程用长度计量等。这个指标的主要优点是直观、简单明确、容易理解，适用于描述单一任务的专项工程，如道路、土方工程等。例如，某公路工程总工程量为 5000m，已完成 500m，则进度已达到 10%。该指标的统一性较差，不适合描述综合性、复杂工程的进度，如分部工程、分项工程的进度。

（3）已完工程的价值量

已完工程的价值量是指已完成的工作量与相应合同价格或预算价格的乘积。其将各种不同性质的工程量从价值形态上统一起来，可方便地将不同的分项工程统一起来，能够较好地反映由多种不同性质的工作所组成的复杂、综合性工程的进度状况。例如，人们经常说某工程已完成合同金额的 80% 等，这就是用已完工程的价值量来描述进度状况。它是人们很喜欢用的进度指标之一。

（4）资源消耗指标

常见的资源消耗指标有工时、机械台班、成本等。其有统一性和较好的可比性。各种项目均可用它们作为衡量进度的指标，以便于统一分析尺度。在实际应用中，常常将资源消耗指标与工期（持续时间）指标结合在一起使用，以此来对工程进展状况进行全面的分析。例如，将工期与成本指标结合起来分析进度是否实质性拖延及成本超支。在实际工程中，使用资源消耗指标来表示工程进度时应注意以下问题：

①投入资源数量与进度背离时会产生错误的结论。例如，某项活动计划需要60工时，现已用30工时，则工时消耗已达到50%，如果计划劳动效率与实际劳动效率完全相同，进度已达到50%，如果计划劳动效率与实际劳动效率不相同，用工时消耗来表示进度就会产生误导。

②在实际工程中，计划工程量与实际工程量常常不同，例如，某工作计划工时为60工时，而在实际实施过程中，由于实际施工条件变化，施工难度增加，应该需要80工时，现已用掉20工时，进度达到30%，而实际上只完成了25%，因此，正确结果只能在计划正确，并按预定的效率施工时才能得到。

③用成本反映进度时，以下成本不计入：返工、窝工、停工增加的成本，材料及劳动力价格变动造成的成本变动。

3. 进度管理

工程项目进度管理是指根据进度目标的要求，对工程项目各阶段的工作内容、工作程序、持续时间和衔接关系编制计划，将该计划付诸实施，在实施的过程中，经常检查实际工作是否按计划要求进行，对出现的偏差分析原因，采取补救措施或调整、修改原计划直至工程竣工、交付使用。进度管理的最终目的是确保项目工期目标的实现。

工程项目进度管理是建筑工程项目管理的一项核心管理职能。由于建筑项目是在开放的环境中进行的，置身于特殊的法律环境之下，且生产过程中的人员、工具与设备的流动性，产品的单件性等都决定了进度管理的复杂性及动态性，必须加强项目实施过程中的跟踪控制。进度控制与质量控制、投资控制是工程项目建设中并列的三大目标之一。它们之间有着密切的相互依赖和制约关系。通常，进度加快，需要增加投资，但工程能提前使用就可以提高投资效益；进度加快有可能影响工程质量，而质量控制严格则有可能影响进度，但如因质量的严格控制而不致返工，又会加快进度。因此，项目管理者在实施进度管理工作中，要对三个目标全面、系统地加以考虑，正确处理好进度、质量和投资的关系，提高工程建设的综合效益。特别是对一些投资较大的工程，在采取进度控制措施时，要特别注意其对成本和质量的影响。

（二）建筑工程项目进度管理的目的和任务

进度管理的目的是通过控制实现工程的进度目标。通过进度计划控制，可以有效地保证进度计划的落实与执行，减少各单位和部门之间的相互干扰，确保施工项目工期目标以及质量、成本目标的实现，同时，也为可能出现的施工索赔提供依据。

施工项目进度管理是项目施工中的重点控制环节之一，它是保证施工项目按期完成、合理安排资源供应和节约工程成本的重要措施。建筑工程项目不同的参与方都有各自的进度控制的任务，但都应该围绕投资者早日发挥投资效益的总目标去展开。

（三）建筑工程项目进度管理的方法和措施

建筑工程项目进度管理的方法主要有规划、控制和协调。规划是指确定施工项目总进度控制目标和分进度控制目标，并编制其进度计划；控制是指在施工项目实施的全过程中，比较施工实际进度与施工计划进度，出现偏差及时采取措施调整；协调是指协调与施工进度有关的单位、部门和工作队组之间的进度关系。

建筑工程项目进度管理采取的主要措施有组织措施、技术措施、合同措施和经济措施。

1. 组织措施

组织措施主要包括建立施工项目进度实施和控制的组织系统，订立进度控制工作制度，检查时间、方法，召开协调会议，落实各层次进度控制人员、具体任务和工作职责；确定施工项目进度目标，建立施工项目进度控制目标体系。

2. 技术措施

采取技术措施时应尽可能采用先进施工技术、方法和新材料、新工艺、新技术，保证进度目标的实现。落实施工方案，在发生问题时，及时调整工作之间的逻辑关系，加快施工进度。

3. 合同措施

采取合同措施时以合同形式保证工期进度的实现，即保持总进度控制目标与合同总工期一致，分包合同的工期与总包合同的工期相一致，供货、供电、运输、构件加工等合同规定的提供服务时间与有关的进度控制目标一致。

4. 经济措施

经济措施是指落实进度目标的保证资金，签订并实施关于工期和进度的经济承包责任制，建立并实施关于工期和进度的奖惩制度。

（四）建筑工程项目进度管理的基本原理

1. 动态控制原理

工程进度控制是一个不断变化的动态过程，在项目开始阶段，实际进度按照计划进度的规划进行运动，但由于外界因素的影响，实际进度的执行往往会与计划进度出现偏差，出现超前或滞后的现象。这时应通过分析偏差产生的原因，采取相应的改进措施，调整原来的计划，使二者在新的起点上重合，并发挥组织管理作用，使实际进度继续按照计划进行。在一段时间后，实际进度和计划进度又会出现新的偏差。因此，工程进度控制出现了一个动态的调整过程。

2. 系统原理

工程项目是一个大系统，其进度控制也是一个大系统，进度控制中，计划进度的编制受到许多因素的影响，不能只考虑某一个因素或几个因素。进度控制组织和进度实施组织也具有系统性，因此，工程进度控制具有系统性，应该综合考虑各种因素的影响。

3. 信息反馈原理

信息反馈是工程进度控制的重要环节，施工的实际进度通过信息反馈给基层进度控制工作人员，在分工的职责范围内，信息经过加工逐级反馈给上级主管部门，最后到达主控制室，主控制室整理统计各方面的信息，经过比较分析作出决策，调整进度计划。进度控制不断调整的过程实际上就是信息不断反馈的过程。

4. 弹性原理

工程进度计划工期长、影响因素多，因此，进度计划的编制就会留出余地，使计划进度具有弹性。进行进度控制时应利用这些弹性，缩短有关工作的时间，或改变工作之间的搭接关系，使计划进度和实际进度吻合。

5. 封闭循环原理

项目进度控制的全过程是一个计划、实施、检查、比较分析、确定调整措施、再计划的封闭的循环过程。

6. 网络计划技术原理

网络计划技术原理是工程进度控制的计划管理和分析计算的理论基础。在进度控制中，要利用网络计划技术原理编制进度计划，根据实际进度信息，比较和分析进度计划，又要利用网络计划的工期优化、工期与成本优化和资源优化的理论调整计划。

（五）建筑工程项目进度管理的内容

1. 项目进度计划

工程项目进度计划包括项目的前期、设计、施工和使用前的准备等内容。项目进度计划的主要内容就是制订各级项目进度计划，包括进行总控制的项目总进度计划、进行中间控制的项目分阶段进度计划和进行详细控制的各子项进度计划，并对这些进度计划进行优化，以达到对这些项目进度计划的有效控制。

2. 项目进度实施

工程项目进度实施就是在资金、技术、合同、管理信息等方面进度保证措施落实的前提下，使项目进度按照计划实施。施工过程中存在各种干扰因素，其将使项目进度的实施结果偏离进度计划，项目进度实施的任务就是预测这些干扰因素，对其风险程度进行分析，并采取预控措施，以保证实际进度与计划进度吻合。

3. 项目进度检查

工程项目进度检查的目的是了解和掌握建筑工程项目进度计划在实施过程中的变化趋势和偏差程度。其主要内容有跟踪检查、数据采集和偏差分析。

4. 项目进度调整

工程项目进度调整是整个项目进度控制中最困难、最关键的内容。其包括以下几个方面的内容：

（1）偏差分析

分析影响进度的各种因素和产生偏差的前因后果。

（2）动态调整

寻求进度调整的约束条件和可行方案。

（3）优化控制

调控的目标是使进度、费用变化最小，达到或接近进度计划的优化控制目标。

（六）建筑工程项目进度管理目标的制定

进度管理目标的制定应在项目分解的基础上进行。其包括项目进度总目标和分阶段目标，也可根据需要确定年、季、月、旬（周）目标，里程碑事件目标等。里程碑事件目标是指关键工作的开始时刻或完成时刻。

在确定施工进度管理目标时，必须全面细致地分析与建设工程进度有关的各种有利因素和不利因素，只有这样才能制订出一个科学、合理的进度管理目标。确定施工进度管理目标的主要依据有：建设工程总进度目标对施工工期的要求，工期定额、类似工程项目的实际进度，工程难易程度和工程条件的现实情况等。

在确定施工进度分解目标时，还应考虑以下几个方面：

①对于大型建筑工程项目，应根据尽早提供可动用单元的原则，集中力量分期分批建设，以便尽早投入使用，尽快发挥投资效益。这时，为保证每一动用单元能形成完整的生产能力，就要考虑这些动用单元交付使用时所必需的全部配套项目。因此，要处理好前期动用和后期建设的关系、每期工程中主体工程与辅助及附属工程之间的关系等。

②结合工程的特点，参考同类建设工程的经验来确定施工进度目标，避免只按主观愿望盲目确定进度目标，从而在实施过程中造成进度失控。

③合理安排土建与设备的综合施工。按照它们各自的特点，合理安排土建施工与设备基础、设备安装的先后顺序及搭接、交叉或平行作业，明确设备工程对土建工程的要求和土建工程为设备工程提供施工条件的内容及时间。

④做好资金供应能力、施工力量配备、物资（材料、构配件、设备）供应能力与施工进度的平衡工作，确保工程进度目标的要求，从而避免其落空。

⑤考虑外部协作条件的配合情况。其包括施工过程中及项目竣工所需的水、电、气、通信、道路及其他社会服务项目的满足程度和满足时间。它们必须与有关项目的进度目标相协调。

⑥考虑工程项目所在地区的地形、地质、水文、气象等方面的限制条件。

二、建筑工程项目进度的主要影响因素

建筑工程项目的特点决定了其在实施过程中，将受到诸多因素的影响，其中大多数都对施工进度产生影响。为了有效地控制项目进度，必须充分认识和估计这些影响因素，以便事先采取措施，消除其影响，使施工尽可能按进度计划进行。施工进度的主要影响因素有内部因素和外部因素。另外，还有一些不可预见因素的影响。

（一）内部因素

1. 技术性失误

项目施工单位采用技术措施不当，施工方法选择或施工顺序安排有误，施工中发生技术事故，缺乏应用新技术、新工艺、新材料、新设备的经验，不能保证工程质量等，都会影响施工进度。

2. 施工组织管理不利

对工程项目的特点和实现的条件判断失误、编制的施工进度计划不科学、贯彻进度计划不得力、流水施工组织不合理、劳动力和施工机具调配不当、施工平面布置及现场管理不严密、解决问题不及时等，都将影响项目施工进度计划的执行。

由此可见，提高项目经理部的管理水平和技术水平、提高施工作业层的素质是极为重要的。

（二）外部因素

影响项目施工进度实施的单位主要是施工单位，但是建设单位（或业主）、监理单位、设计单位、总承包单位、资金贷款单位、材料设备供应单位、运输单位、供水供电部门及政府的有关主管部门等，都可能给施工的某些方面造成困难而影响项目施工进度，例如设计单位图纸供应不及时或有误，业主要求设计方案变更，材料和设备不能按期供应或质量、规格不符合要求，不能按期拨付工程款或在施工中资金短缺等。

（三）不可预见的因素

项目施工中所出现的意外事件，如严重自然灾害、火灾、重大工程事故、企业倒闭等，都会影响项目施工进度。

三、建筑工程项目进度计划的编制概述

（一）建筑工程项目进度计划的表示方法

编制项目进度计划通常需要借助两种方式，即文字说明与各种进度计划图表。其中，前者是用文字形式说明各时间阶段内应完成的项目建设任务，以及所要达到的项目进度要求；后者是指用图表形式来表达项目建设各项工作任务的具体时间顺序安排。根据图表形式的不同，项目进度计划的表达有横道图、斜线图、线型图、网络图等形式。

1. 用横道图表示项目进度计划

横道图有水平指示图表和垂直指示图表两种。在水平指示图表中，横坐标表示流水施工的持续时间，纵坐标表示开展流水施工的施工过程、专业工作队的名称、编号和数目，呈梯形分布的水平线表示流水施工的开展情况；在垂直指示图表中，横坐标表示流水施工的持续时间，纵坐标表示开展流水施工所划分的施工段编号，n 条斜线段表示各专业工作队或施工过程开展流水施工的情况。

横道图表示法的优点是表达方式较直观，使用方便，很容易看懂，绘图简单方便，计算工作量小；其缺点是工序之间的逻辑关系不易表达清楚，适用于手工编制，不便于用计算机编制。由于不能进行严格的时间参数计算，故其不能确定计划的关键工作、关键线路与时差，计划调整只能采用手工方式，工作量较大。这种计划难以适应大进度计划系统的需要。

2. 用网络图表示项目进度计划

网络图的表达方式有单代号网络图和双代号网络图两种。单代号网络图是指组织网络图的各项工作由节点表示，以箭线表示各项工作的相互制约关系，采用这种符号从左向右绘制而成的网络图；双代号网络图是指组成网络图的各项工作由节点表示，以箭线表示工作的名称，将工作的名称写在箭线上方，将工作的持续时间（小时、天、周）写在箭线下方，箭尾表示工作的开始，箭头表示工作的结束，采用这种符号从左向右绘制而成的网络图。

与横道图相比，网络图的优点是网络计划能明确表达各项工作之间的逻辑关系；通过网络时间参数的计算，可以找出关键线路和关键工作；通过网络时间参数的计算，可以明确各项工作的机动时间；网络计划可以利用电子计算机进行计算、优化和调整。其缺点是计算劳动力、资源消耗量时，与横道图相比较困难；不像横道计划那样直观明了，但这可以通过绘制时标网络计划得到弥补。

（二）建筑工程项目流水施工

1. 流水施工的组织方式与特点

流水施工是建筑工程中最为常见的施工组织形式，能有效地控制工程进度。

（1）流水施工的组织方式

①将拟建施工项目中的施工对象分解为若干个施工过程，即划分为若干个工作性质相同的分部分项工程或工序。

②将施工项目在平面上划分为若干个劳动量大致相等的施工段。

③在竖向上划分成若干个施工层，并按照施工过程成立相应的专业工作队。

④各专业队按照一定的施工顺序依次完成各个施工对象的施工过程，同时，保证施工在时间和空间上连续、均衡和有节奏地进行，使相邻两专业队能最大限度地搭接作业。

（2）流水施工的特点

①尽可能地利用工作面进行施工，工期比较短。

②各工作队实现了专业化施工，有利于提高技术水平和劳动生产率，也有利于提高工程质量。

③专业工作队能够连续施工，同时，相邻专业队的开工时间能够最大限度地搭接。

④单位时间内投入的劳动力、施工机具、材料等资源量较为均衡，有利于资源供应的组织。

⑤为施工现场的文明施工和科学管理创造了有利条件。

2. 流水施工的基本组织形式

流水施工按照流水节拍的特征可分为有节奏流水施工和无节奏流水施工。其中，有节奏流水施工又可分为等节奏流水施工与异节奏流水施工。

①等节奏流水施工是指在有节奏流水施工中，各施工过程的流水节拍都相等的流水施工。在流水组织中，每一个施工过程本身在各施工段中的作业时间（流水节拍）都相等，各个施工过程之间的流水节拍也相等，故等节奏流水施工的流水节拍是一个常数。

②异节奏流水施工是指在有节奏流水施工中，各施工过程的流水节拍各自相等而不同施工过程之间的流水节拍不尽相等的流水施工。在流水组织中，每一个施工过程本身在各施工段上的流水节拍都相等，但是不同施工过程之间的流水节拍不完全相等。在组织异节奏流水施工时，按每个施工过程流水节拍之间是某个常数的倍数，可以组织成倍节拍流水施工。

③无节奏流水施工是指在组织流水施工时，全部或部分施工过程在各个施工段上的流水节拍不相等的流水施工。这种施工是流水施工中最常见的一种。其特点是：各施工过程在各施工段上的作业时间（流水节拍）不全相等，且无规律；相邻施工过程的流水步距不尽相等；专业工作队数等于施工过程数；专业工作队能够在施工段上连续作业，但有的施工段之间可能有空闲时间。

3. 流水施工的基本参数

在组织施工项目流水施工时，用来表达流水施工在工艺流程、空间布置和时间安排等方面的状态参数，称为流水施工参数。其包括工艺参数、空间参数和时间参数。

（1）工艺参数

工艺参数是指在组织施工项目流水施工时，用来表达流水施工在施工工艺方面进展状态的参数。其包括施工过程和流水强度。施工过程是指在组织工程流水施工时，根据施工组织及计划安排需要，将计划任务划分成的子项。

①施工过程划分的粗细程度由实际需要而定，可以是单位工程，也可以是分部工程、分项工程或施工工序。

②根据其性质和特点不同，施工过程一般分为三类，即建造类施工过程、运输类施工过程和制备类施工过程。

③由于建造类施工过程占有施工对象的空间，直接影响工期的长短，因此，必须将其列入施工进度计划，其大多被作为主导施工过程或关键工作。

（2）空间参数

空间参数是指在组织施工项目流水施工时，用来表达流水施工在空间布置上开展状态的参数。其包括工作面和施工段。

①工作面是指某专业工种的工人或某种施工机械进行施工的活动空间。工作面的大小，表明能够安排施工人数或机械台数的多少；每个作业的工人或每台施工机械所需的工作面的大小，取决于单位时间内其完成的工作量和安全施工的要求；工作面确定的合理与否，直接影响专业工作队的生产效率。

②施工段是指将施工对象在平面或空间上划分成若干个劳动量大致相等的施工段落，或称作流水段。施工段的数目一般用表示，它是流水施工的主要参数之一。

（3）时间参数

时间参数是指在组织施工项目流水施工时，用来表达流水施工在时间安排上所处状态的参数。其包括流水节拍、流水步距和流水施工工期三个指标。

①流水节拍是指在组织施工项目流水施工时，某个专业工作队在一个施工段上的施工时间。影响流水节拍数值大小的因素主要有施工项目所采取的施工方案，各施工段投入的劳动力人数或机械台班、工作班次，各施工段工程量的多少。

②流水步距是指在组织施工项目流水施工时，相邻两个施工过程（或专业工作队）相继开始施工的最小时间间隔。流水步距一般应满足各施工过程按各自的流水速度施工，始终保持工艺的先后顺序；各施工过程的专业工作队投入施工后尽可能保持连续作业；相邻两个施工过程（或专业工作队）在满足连续施工的条件下，能最大限度地实现合理搭接等要求。

③流水施工工期是指从第一个专业工作队投入流水施工开始，到最后一个专业工作队完成流水施工为止的整个持续时间。由于一项建设工程往往包含许多流水组，故流水施工工期一般均不是整个工程的总工期。

第二节　建筑工程项目进度控制

一、建筑工程项目进度监测与调整的过程

（一）建筑工程项目进度控制的实施系统

建筑工程项目进度控制的实施系统是建设单位委托监理单位进行进度控制，监理单位根据建设监理合同分别对建设单位、设计单位、施工单位的进度控制实施监督，各单位都按单位编制的各种进度计划实施，并接受监理单位的监督。各单位的进度控制实施又相互衔接和联系，进行合理而协调的运行，从而保证进度控制总目标的实现。

（二）建筑工程项目进度监测的系统过程

为了掌握项目的进度情况，在进度计划执行一段时间后就要检查实际进度是否按照计划进度顺利进行。在进度计划执行发生偏离时，编制调整后的施工进度计划，以保证进度控制总目标的实现。

在施工项目的实施过程中，为了进行施工进度控制，进度控制人员应经常性地、定期地跟踪检查施工实际进度情况，主要是收集施工项目进度材料，进行统计整理和对比分析，确定实际进度与计划进度之间的关系，其主要工作包括以下内容。

1. 进度计划执行中的跟踪检查

跟踪检查施工实际进度是分析施工进度、调整施工进度的前提。其目的是收集实际施工进度的有关数据。

应按统计周期的规定进行定期检查，并应根据需要进行不定期检查。进度计划的定期检查包括规定的年、季、月、旬、周、日检查。不定期检查是指根据需要由检查人（组织）确定的专题（项）检查。其检查内容应包括工程量的完成情况、工作时间的执行情况、资源使用和与进度的匹配情况、上次检查提出问题的整改情况以及检查者确定的其他检查内容。

跟踪检查的主要工作是定期收集反映实际项目进度的有关数据。其收集的方式：一是以报表的形式收集；二是进行现场实地检查。收集的数据质量要高，不完整或不正确的进度数据将导致不全面或不正确的决策。为了全面准确地了解进度计划的执行情况，管理人员还必须认真做好以下三个方面的工作：

（1）经常定期地收集进度报表资料

进度报表是反映实际进度的主要方式之一，执行单位要经常填写进度报表。管理人员根据进度报表数据了解工程的实际进度。

（2）现场检查进度计划的实际执行情况

加强进度检查工作，要掌握实际进度的第一手资料，使其数据更准确。

（3）定期召开现场会议

定期召开现场会议，可使管理人员与执行单位有关人员面对面了解实际进度情况，同时也可以协调有关方面的进度。

究竟多长时间进行一次进度检查，这是管理人员应当确定的问题。通常，进度控制的效果与收集信息资料的时间间隔有关，不进行定期的进度信息资料收集，就难以达到进度控制的效果。进度检查的时间间隔与工程项目的类型、规模、各相关单位有关条件等多方面因素有关，可视具体情况每月、每半月或每周进行一次，在特殊情况下，甚至可能每天进行一次。

2. 整理、统计和分析收集的数据

对收集到的施工项目实际进度数据，需要进行必要的整理，形成具有可比性的数据。一般可以按实物工程量、工作量和劳动消耗量以及累计百分比整理与统计实际收集的数据，以便与相应的计划进行对比。

将收集的资料整理和统计成与计划进度具有可比性的数据后，将施工项目实际进度与计划进度进行比较。

3. 将实际进度与计划进度进行对比

将实际进度与计划进度进行对比是指将实际进度的数据与计划进度的数据进行比较。通常可以利用表格和图形进行比较，从而得出实际进度比计划进度拖后、超前还是与其一致。

当实际进度与计划进度进行比较，判断出现偏差时，首先应分析该偏差对后续工作

和对总工期的影响程度，然后才能决定是否调整以及调整的方法与措施。其具体步骤如下：

（1）分析出现进度偏差的工作是否为关键工作

若出现偏差的工作为关键工作，则无论偏差大小，其都将影响后续工作按计划施工并使工程总工期拖后，必须采取相应措施调整后期施工计划，以便确保计划工期；若出现偏差的工作为非关键工作，则需要进一步根据偏差值与总时差和自由时差进行比较分析，才能确定对后续工作和总工期的影响程度。

（2）分析进度偏差时间是否大于总时差

若某项工作的进度偏差时间大于该工作的总时差，则其将影响后续工作和总工期，必须采取措施进行调整；若进度偏差时间小于或等于该工作的总时差，则其不会影响工程总工期，但是否影响后续工作，需分析此偏差与自由时差的大小关系才能确定。

（3）分析进度偏差时间是否大于自由时差

若某项工作的进度偏差时间大于该工作的自由时差，说明此偏差必然对后续工作产生影响，应该如何调整，应根据后续工作的允许影响程度而定；若进度偏差时间小于或等于该工作的自由时差，则其对后续工作毫无影响，不必调整。

（三）建筑工程进度调整的系统过程

在项目进度监测过程中一旦发现实际进度与计划进度不符，即出现进度偏差时，进度控制人员必须认真分析产生偏差的原因及其对后续工作和总工期的影响，并采取合理的调整措施，确保进度总目标的实现。

1. 分析产生进度偏差的原因

经过进度监测的系统过程，了解实际进度产生的偏差。为了调整进度，管理人员应深入现场进行检查，分析产生偏差的原因。

2. 分析偏差对后续工作和总工期的影响

在查明产生偏差的原因之后，作必要的调整之前，要分析偏差对后续工作和总工期的影响，确定是否应当调整。

3. 确定影响后续工作和总工期的限制条件

在分析了偏差对后续工作和总工期的影响后，需要采取一定的调整措施时，应当首先确定进度可调整的范围。其主要指关键工作、关键线路、后续工作的限制条件以及总工期允许变化的范围。其往往与签订的合同有关，要认真分析，尽量防止后续分包单位提出索赔。

4. 采取进度调整措施

采取进度调整措施，应以后续工作的总工期的限制条件为依据，对原进度计划进行调整，以保证按要求的进度实现目标。在对实施的进度计划分析的基础上，应确定调整原计划的措施，一般主要有以下几种：

（1）缩短某些工作的持续时间

这种方法是不改变工作之间的逻辑关系，而是缩短某些工作的持续时间，使施工进度加快，并保证实现计划工期的方法。被压缩持续时间的工作是位于实际施工进度的拖延而引起总工期增长的关键线路和某些非关键线路上的工作。这种方法实际上就是采用网络计划优化的方法。

（2）资源供应的调整

如果资源供应发生异常（供应满足不了需要），应采用资源优化方法对计划进行调整，或采取应急措施，使其对工期的影响最小化。

（3）增减工程量

增减工程量主要是指改变施工方案、施工方法，从而导致工程量的增加或减少。

（4）起止时间的改变

起止时间的改变应在相应工作时差范围内进行。每次调整必须重新计算时间参数，观察该项调整对整个施工计划的影响。调整时可采用的方法有：将工作在其最早开始时间和其最迟完成时间范围内移动、延长工作的持续时间、缩短工作的持续时间。

5. 实施调整后的进度计划

在项目的继续实施中，执行调整后的进度计划。此时管理人员要及时协调有关单位的关系，并采取相应的经济、组织与合同措施。

二、建筑工程项目进度计划实施的分析对比

建筑工程项目进度比较与计划调整是实施进度控制的主要环节。计划是否需要调整以及如何调整，必须以施工实际进度与计划进度进行比较分析后的结果作为依据和前提。因此，施工项目进度比较分析是进行计划调整的基础。常用的比较方法有以下几种。

（一）横道图比较法

用横道图编制实施进度计划，是人们常用的、很熟悉的方法。其简明、形象和直观，编制方法简单，使用方便。

横道图比较法是指将实施过程中检查实际进度收集的数据，经加工整理后直接用横道线平行绘于原计划的横道线处，进行实际进度与计划进度的比较。

横道图比较法适用于工程项目中的各项工作都是匀速进展的情况，即每项工作在单位时间内完成的任务量都相等的情况。事实上，工程项目中各项工作的进展不一定是匀速的。根据工程项目中各项工作的进展是否匀速，可以分别采用以下两种方法进行实际进度与计划进度的比较。

1. 匀速进展横道图比较法

匀速进展是指在工程项目中，每项工作在单位时间内完成的任务量都是相等的，即工作的进展速度是均匀的。此时每项工作累计完成的任务量与时间呈线性关系。完成的任务量可以用实物工程量、劳动消耗量或费用支出表示。为了便于比较，通常用上述物

理量的百分比表示。

因此，匀速进度横道图比较法的比较步骤如下：

①编制横道图进度计划。

②在进度计划上标出检查日期。

③将检查收集的实际进度数据，按比例用涂黑的粗线标于计划进度线的下方。

④比较分析实际进度与计划进度。涂黑的粗线右端与检查日期重合，表明实际进度与计划进度一致；涂黑的粗线右端在检查日期左侧，表明实际进度拖后；涂黑的粗线右端在检查日期的右侧，表明实际进度超前。

需要注意的是，该方法仅适用于从开始到结束的整个工作过程，其进展速度均为固定不变的情况。如果工作的进展速度是变化的，则不能采用这种方法进行实际进度与计划进度的比较，否则，会得出错误的结论。

2. 非匀速进展横道图比较法

当工作在不同单位时间里的进展速度不相等时，累计完成的任务量与时间的关系就不可能是线性关系。若仍采用匀速进展横道图比较法，就不能反映实际进度与计划进度的对比情况，此时，应采用非匀速进展横道图比较法进行工作实际进度与计划进度的比较。

非匀速进展横道图比较法在用涂黑粗线表示工作实际进度的同时，还要标出其对应时刻完成任务量的累计百分比，并将该百分比与其同时刻计划完成任务量的累计百分比相比，判断工作实际进度与计划进度之间的关系。

采用非匀速进展横道图比较法时，步骤如下：

①绘制横道图进度计划。

②在横道线上方标出各主要时间工作的计划完成任务量累计百分比。

③在横道线下方标出相应时间工作的实际完成任务量累计百分比。

④用涂黑粗线标出工作的实际进度，从开始之日标起，同时，反映出该工作在实施过程中的连续与间断情况。

⑤通过比较同一时刻实际完成任务量累计百分比和计划完成任务量累计百分比，判断工作实际进度与计划进度之间的关系。如果同一时刻横道线上方累计百分比大于横道线下方累计百分比，表明实际进度拖后，拖后的任务量为两者之差；如果同一时刻横道线上方累计百分比小于横道线下方累计百分比，表明实际进度超前，超前的任务量为两者之差；如果同一时刻横道线上、下方两个累计百分比相等，表明实际进度与计划进度一致。

横道图比较法虽有记录和比较简单、现象直观、易于掌握、使用方便等优点，但由于其以横道计划为基础。因此带有不可克服的局限性。在横道计划中，各项工作之间的逻辑关系表达不明确，关键工作和关键线路无法确定。一旦某些工作实际进度出现偏差，就难以预测其对后续工作和工作总工期的影响，也就难以确定相应的进度计划调整方法。因此，横道图比较法主要用于工程项目中某些工作实际进度与计划进度的局部比较。

（二）S形曲线比较法

S形曲线比较法是以横坐标表示进度时间，以纵坐标表示累计完成任务量，绘制出一条按计划时间累计完成任务量的S形曲线，将工程项目的各检查时间实际完成的任务量绘在S形曲线图上，进行实际进度与计划进度的比较的一种方法。

从整个工程项目的施工全过程看，一般是开始和结束时，单位时间投入的资源量较少，中间阶段单位时间内投入的资源量较多，与其相关单位时间完成的任务量也呈同样的变化。

S形曲线比较法同横道图比较法一样，是通过图上直观对比进行施工实际进度与计划进度的比较的方法。

在工程施工中，按规定的检查时间将检查时测得的施工实际进度的数据资料，经整理统计后绘制在计划进度S形曲线的同一个坐标图上。

运用两条S形曲线，可以进行如下比较：

①工作实际进度与计划进度的关系。实际进度在计划进度S形曲线左侧（如A点），则表示此时刻实际进度已比计划进度超前；反之，则表示实际进度比计划进度拖后（如B点）。

②实际进度超前或拖后的时间。从图中可以得知实际进度比计划进度超前或拖后的具体时间。

③工作量完成情况。由实际完成S形曲线上的一点与计划S形曲线相对应点的纵坐标可得此时已超额或拖欠的工作量的百分比差值。

④后期工作进度预测。在实际进度偏离计划进度的情况下，如工作不调整，仍按原计划安排的速度进行，则总工期必将超前或拖延，从图中也可得知此时工期的预测变化值。

（三）“香蕉”形曲线比较法

1.“香蕉”形曲线的形成

“香蕉”形曲线是两条S形曲线组合成的闭合曲线。从S形曲线的绘制过程中可知，任一工程项目，从某一时间开始施工，根据其计划进度要求而确定的施工进展时间与相应的累计完成任务量的关系都可以绘制出一条计划进度的S形曲线。

因此，按任何一个工程项目的施工计划，都可以绘制出两种曲线：以最早开始时间安排进度而绘制的S形曲线，称为ES曲线；以最迟开始时间安排进度而绘制的S形曲线，称为LS曲线。

两条S形曲线都是从计划的开始时刻开始和完成时刻结束，因此两条曲线是闭合的，ES曲线在LS曲线的左上方，两条曲线之间的距离是中间段大，向两端逐渐变小，在端点处重合，形成一个形如“香蕉”的闭合曲线，故称为“香蕉”形曲线。

2. “香蕉”形曲线比较法的作用

（1）“香蕉”形曲线主要是起控制作用

严格控制实际进度的变动范围，使实际进度的曲线处于“香蕉”形曲线范围内，就能保证按期完工。

（2）确定是否调整后期进度计划

进行施工实际进度与计划进度的ES曲线和LS曲线的比较，以便确定是否应采取措施调整后期的施工进度计划。

（3）预测后期工程发展趋势

确定在检查时的施工进展状态下，预测后期工程施工的ES曲线和LS曲线的发展趋势。

（四）前锋线比较法

前锋线比较法是通过绘制某检查时刻工程项目实际进度前锋线，进行工程实际进度与计划进度比较的方法。其主要适用于时标网络计划。前锋线是指在原时标网络计划上，从检查时刻的时标点出发，用点画线依次将各项工作实际进展位置点连接而成的折线。前锋线比较法就是通过实际进度前锋线与原进度计划中各工作箭线交点的位置来判断工作与计划进度的偏差，进而判定该偏差对后续工作及总工期影响程度的一种方法。

1. 前锋线的绘制

在时标网络计划中，从检查时刻的时标点出发，首先连接与其相邻的工作箭线的实际进度点，由此再去连接该箭线相邻工作箭线的实际进度点，依此类推，将检查时刻正在进行工作的点都依次连接起来，组成一条一般为折线的前锋线。

2. 前锋线的分析

（1）判定进度偏差

按前锋线与箭线交点的位置判定工程实际进度与计划进度的偏差。

（2）实际进度与计划进度有三种关系

前锋线明显地反映出检查日有关工作实际进度与计划进度的关系，即实际进度点与检查日时间相同，则该工作实际与计划进度一致；实际进度点位于检查日时间右侧，则该工作实际进度超前；实际进度点位于检查日时间左侧，则该工作实际进展拖后。

（五）列表比较法

当工程进度计划用非时标网络图表示时，可以采用列表比较法进行实际进度与计划进度的比较。这种方法是记录检查日期应该进行的工作名称及其已经完成作业的时间，然后列表计算有关时间参数，并根据工作总时差进行实际进度与计划进度的比较。

用列表比较法进行实际进度与计划进度的比较，其步骤如下：

①对于实际进度检查日期应该进行的工作，根据已经完成作业的时间，确定其尚需作业时间。

②根据原进度计划计算原计划时间与原计划任务实际完成最终时间的差距。

③计算工作尚有总时差，其值等于从工作检查日期到原计划最迟完成时间的尚余时间与该工作尚需作业时间之差。

④比较实际进度与计划进度，可能有以下几种情况：

①如果工作尚有总时差与原有总时差相等，说明该工作实际进度与计划进度一致。

②如果工作尚有总时差大于原有总时差，说明该工作实际进度超前，超前的时间为两者之差。

③如果工作尚有总时差小于原有总时差，且仍为非负值，说明该工作实际进度拖后，拖后的时间为两者之差，但不影响总工期。

④如果工作尚有总时差小于原有总时差，且为负值，说明该工作实际进度拖后，拖后的时间为两者之差，此时工作实际进度偏差将影响总工期。

三、建筑工程项目施工阶段的进度控制

（一）施工进度计划的动态检查

在施工进度计划的实施过程中，各种因素的影响，常常会打乱原始计划的安排而出现进度偏差。因此，进度控制人员必须对施工进度计划的执行情况进行动态检查，并分析进度偏差产生的原因，以便为施工进度计划的调整提供必要的信息，其主要工作包括以下内容。

1. 跟踪检查施工实际进度

为了对施工进度计划的完成情况进行统计、进度分析和为调整计划提供信息，应对施工进度计划依据其实施记录进行跟踪检查。

跟踪检查施工实际进度是分析施工进度、调整进度计划的前提，其目的是收集实际施工进度的有关数据。跟踪检查的时间、方式、内容和收集数据的质量，将直接影响进度控制工作的质量和效果。

检查的时间与施工项目的类型、规模，施工条件和对进度执行要求程度有关，其通常分两类：一类是日常检查，另一类是定期检查。日常检查是常驻现场的管理人员每日对施工情况进行检查，采用施工记录和施工日志的方法记载下来；定期检查一般与计划安排的周期和召开现场会议的周期一致，可视工程的情况，每月、每半月、每旬或每周检查一次。若施工中遇到天气、资源供应等不利因素的严重影响，检查的间隔时间可临时缩短。定期检查应在制度中规定。

检查和收集资料时，一般采用进度报表方式或定期召开进度工作汇报会。为了保证汇报资料的准确性，进度控制的工作人员要经常地、定期地到现场勘察，准确地掌握施工项目的实际进度。

检查的内容主要包括在检查时间段内任务的开始时间、结束时间，已进行的时间，完成的实物量或工作量，劳动量消耗情况及主要存在的问题等。

2. 整理统计检查数据

对于收集到的施工实际进度数据，要进行必要的整理，并按计划控制的工作项目内容进行统计；要以相同的量和进度，形成与计划进度具有可比性的数据。其一般可以按实物工程量、工作量和劳动消耗量以及累计百分比，整理和统计实际检查的数据，以便与相应的计划完成量进行对比分析。

3. 对比分析实际进度与计划进度

将收集的资料整理和统计成与计划进度具有可比性的数据后，将实际进度与计划进度进行比较分析。通常采用的比较方法有横道图比较法、S形曲线比较法、前锋线比较法、“香蕉”形曲线比较法、列表比较法等。通过比较得出实际进度与计划进度一致、超前及拖后三种情况，从而为决策提供依据。

4. 施工进度检查结果的处理

施工进度检查要建立报告制度，即将施工进度检查比较的结果、有关施工进度现状和发展趋势，以最简练的书面报告形式提供给有关主管人员和部门。

进度报告原则上由计划负责人或进度管理人员与其他项目管理人员（业务人员）协作编写。进度报告时间一般与进度检查时间相协调，一般每月报告一次，重要的、复杂的项目每旬或每周报告一次。进度控制报告根据报告的对象不同，一般分为以下三个级别：

（1）项目概要级的进度报告

它是以整个施工项目为对象描述进度计划执行情况的报告。它是报给项目经理、企业经理或业务部门以及监理单位或建设单位（业主）的。

（2）项目管理级的进度报告

它是以单位工程或项目分区为对象描述进度情况的报告，重点是报给项目经理和企业业务部门及监理单位。

（3）业务管理级的进度报告

它是以某个重点部位或某项重点问题为对象编写的报告，供项目管理者及各业务部门使用，以便采取应急措施。

进度报告的内容根据报告的级别和编制范围的不同有所差异，主要包括：项目实施情况、管理概况、进度概要，项目施工进度、形象进度及简要说明，施工图纸提供进度，材料、物资、构配件供应进度，劳务记录及预测；日历计划，建设单位（业主）、监理单位和施工主管部门对施工者的变更指令等。

（二）施工进度计划的调整

1. 分析进度偏差的影响

在工程项目实施过程中，通过实际进度与计划进度的比较，发现有进度偏差时，需要分析该偏差对后续工作及总工期的影响，从而采取相应的调整措施对原进度计划进行调整，以确保工期目标的顺利实现。进度偏差的大小及其所处的位置不同，其对后续工作和总工期的影响程度是不同的，分析时需要利用网络计划中工作总时差和自由时差的概念进行判断。

（1）分析出现进度偏差的工作是否为关键工作

如果出现进度偏差的工作位于关键线路上，即该工作为关键工作，则无论其偏差有多大，都将对后续工作和总工期产生影响，必须采取相应的调整措施；如果出现偏差的工作是非关键工作，则需要根据进度偏差值与总时差和自由时差的关系作进一步分析。

（2）分析进度偏差是否超过总时差

如果工作的进度偏差大于该工作的总时差，则此进度偏差必将影响其后续工作和总工期，必须采取相应的调整措施；如果工作的进度偏差未超过该工作的总时差，则此进度偏差不影响总工期。至于其对后续工作的影响程度，还需要根据偏差值与其自由时差的关系作进一步分析。

（3）分析进度偏差是否超过自由时差

如果工作的进度偏差大于该工作的自由时差，则此进度偏差将对其后续工作产生影响，此时应根据后续工作的限制条件确定调整方法；如果工作的进度偏差未超过该工作的自由时差，则此进度偏差不影响后续工作，因此，原进度计划可以不作调整。

2. 施工项目进度计划的调整方法

通过检查分析，如果发现原有进度计划已不能适应实际情况，为了确保进度控制目标的实现或新的计划目标的确定，就必须对原有进度计划进行调整，以形成新的进度计划，作为进度控制的新依据。施工进度计划的调整方法主要有两种：一是改变某些工作间的逻辑关系，二是缩短某些工作的持续时间。在实际工作中，应根据具体情况选用上述方法进行进度计划的调整。

（1）改变某些工作间的逻辑关系

若检查的实际施工进度产生的偏差影响了总工期，在工作之间的逻辑关系允许改变的条件下，改变关键线路和超过计划工期的非关键线路上的有关工作之间的逻辑关系，达到缩短工期的目的。用这种方法调整的效果是很显著的，例如，可以把依次进行的有关工作改变为平行或互相搭接施工，以及分成几个施工段进行流水施工等，都可以达到缩短工期的目的。

（2）压缩关键工作的持续时间

这种方法是不改变工作之间的先后顺序关系，通过缩短网络计划中关键线路上工作的持续时间来缩短工期。这时通常需要采取一定的措施来达到目的。具体措施包括组织措施、技术措施、经济措施和其他配套措施。

组织措施就是增加工作面，组织更多的施工队伍；增加每天的施工时间（如采用“三班制”等）；增加劳动力和施工机械的数量等。技术措施就是改进施工工艺和施工技术，缩短工艺技术间歇时间；采用更先进的施工方法，以减少施工过程的数量；采用更先进的施工机械等。经济措施包括实行包干奖励、提高奖金数额、对所采取的技术措施给予相应的经济补偿等。其他配套措施有改善外部配合条件、改善劳动条件、实施强有力的调度等。

一般来说，不管采取何种措施，都会增加费用。因此，在调整施工进度计划时，应利用费用优化的原理选择费用增加量最小的关键工作作为压缩对象。

除分别采用上述两种方法来缩短工期外，有时由于工期拖延得太多，当采用某种方法进行调整，其可调整的幅度又受到限制时，还可以同时利用这两种方法对同一施工进度计划进行调整，以满足工期目标的要求。

（三）工程延期

在建筑工程施工过程中，其工期的延长可分为工程延误和工程延期两种。如果由于承包单位自身的原因，工程进度拖延，这称为工程延误；如果由于承包单位以外的原因，工程进度拖延，这称为工程延期。虽然它们都是使工期拖后，但由于性质不同，因而责任也就不同。如果属于工程延误，则由此造成的一切损失由承包单位承担。同时，业主还有权对承包单位进行误期违约罚款。如果属于工程延期，则承包单位不仅有权要求延长工期，而且还有权向业主提出赔偿费用的要求以弥补由此造成的额外损失。因此，对承包单位来说，及时向监理工程师申报工程延期是十分重要的。

1. 申报工程延期的条件

由于以下原因造成工期拖延，承包单位有权提出延长工期的申请，监理工程师应按合同规定，批准工程延期时间：

①监理工程师发出工程变更指令而导致工程量增加。

②合同所涉及的任何可能造成工程延期的原因，如延期交图、工程暂停、对合格工程的剥离检查及不利的外界条件等。

③异常恶劣的气候条件。

④由业主造成的任何延误、干扰或障碍，如未及时提供施工场地、未及时付款等。

⑤除承包单位自身外的其他任何原因。

2. 工程延期的审批程序

当工程延期事件发生后，承包单位应在合同规定的有效期内以书面形式通知监理工程师（即工程延期意向通知），以便于监理工程师尽早了解所发生的事件，及时作出一些减少延期损失的决定。随后，承包单位应在合同规定的有效期内（或监理工程师可能同意的合理期限内）向监理工程师提交详细的申述报告（延期理由及依据）。监理工程师收到该报告后应及时进行调查核实，准确地确定工程延期的时间。

当延期事件具有持续性，承包单位在合同规定的有效期内不能提交最终详细的申述报告时，应先向监理工程师提交阶段性的详情报告。监理工程师应在调查核实阶段性报告的基础上，尽快作出延长工期的临时决定。临时决定延期的时间不宜太长，一般不超过最终批准的延期时间。

待延期事件结束后，承包单位应在合同规定的期限内向监理工程师提交最终的详情报告。监理工程师应复查详情报告的全部内容，然后确定该延期事件所需要的延期时间。

第三节　建筑工程项目物资供应的进度控制

建筑工程项目物资供应是指工程项目建设中所需各种材料、构配件、制品、各类施工机具和施工生产中使用的国内制造的大型设备、金属结构，以及国外引进的成套设备或单机设备等的供给。

一、建筑工程项目物资供应进度控制的概念

物资供应进度控制是物资管理的主要内容之一。项目物资供应进度控制是在一定的资源（人力、物力、财力）条件下，在实现工程项目一次性特定目标的过程中对物资的需求进行的计划、组织、协调和控制。其中，计划是把工程建设所需的物资供给纳入计划，进行预测、预控，使供给有序地进行；组织是划清供给过程诸方的责任、权利和利益，通过一定的形式和制度，建立高效率的组织保证体系，确保物资供应计划的顺利实施；协调主要是针对供应的不同阶段、所涉及的不同单位和部门所进行的沟通和协调，使物资供应的整个过程均衡而有节奏地进行；控制是对物资供应过程的动态管理，使物资供应计划的实施始终处在动态的循环控制过程中，经常定期地将实际供应情况与计划进行对比，发现问题并及时进行调整，确保工程项目所需的物资按时供给，最终实现供应目标。

根据工程项目的特点，在物资供应进度控制中应注意以下几个问题：

①由于规划项目的特殊性和复杂性，使物资的供应存在一定的风险，因此要求编制周密的计划并采用科学的管理方法。

②由于工程项目具有局部的系统性和状态的局部性，因此要求对物资的供应建立保证体系，并处理好物资供应与投资、质量、进度之间的关系。

③材料的供应涉及众多不同的单位和部门，因而使材料管理工作具有一定的复杂性，这就要求与有关的供应部门认真签订合同，明确供求双方的权利与义务，并加强各单位、各部门之间的协调。

二、建筑工程项目物资供应的特点

建筑工程项目在施工期间必须按计划逐步供应所需物资。建筑工程项目的特点是物资供应的数量品种多，材料和设备费用占整个工程的比例大，物资消耗不均匀，受内部和外部条件影响大以及物资供应市场情况复杂多变等。

三、建筑工程项目物资供应进度的目标

项目物资供应是一个复杂的系统过程，为了确保这个系统过程的顺利实施，必须首先确定这个系统的目标（包括系统的分目标），并以此目标制定不同时期和不同阶段的物资供应计划，用以指导实施。由此可见，物资供应目标的确定，是一项非常重要的工作，没有明确的目标，计划难以制定，控制工作便失去了意义。

物资供应的总目标就是按照需求适时、适地、按质、按量以及成套齐备地将物资提供给使用部门，以保证项目投资目标、进度目标和质量目标的实现。为了总目标的实现，还应确定相应的分目标。目标一经确定，应通过一定的形式落实到各有关的物资供应部门，并以此作为对其工作进行考核和评价的依据。

（一）物资供应与施工进度的关系

1. 物资供应滞后施工进度

在工程实施过程中，常遇到的问题就是由于物资的到货日期推迟而影响工程进度。在大多数情况下，引起到货日期推迟的因素是不可避免的，也是难以控制的。但是，如果管理人员随时掌握物资供应的动态信息，并且及时地采取相应的补救措施，就可以避免到货日期推迟所造成的损失或者将损失降到最低。

2. 物资供应超前施工进度

确定物资供应进度目标时，应合理安排供应进度及到货日期。物资过早进场，将会给现场的物资管理带来不利，增加投资。

（二）物资供应目标和计划的影响因素

在确定目标和编制供应计划时，应着重考虑以下几个问题：

①确定能否按工程项目进度计划的需要及时供应材料，这是保证工程进度顺利实施的物质基础。

②资金是否能够得到保证。

③物资的供应是否超出了市场供应能力。

④物资可能的供应渠道和供应方式。

⑤物资的供应有无特殊要求。

⑥已建成的同类或相似项目的物资供应目标和实际计划。

⑦其他条件，如市场、气候、运输能力等。

四、建筑工程项目物资供应计划的编制

项目物资供应计划是对工程项目施工及安装所需物资的预测和安排，是指导和组织工程项目的物资采购、加工、储备、供货和使用的依据。其最根本的作用是保障项目的物资需要，保证按施工进度计划组织施工。

物资供应计划的一般编制程序可分为准备阶段和编制阶段。准备阶段主要是调查研

究，收集有关资料，进行需求预测和采购决策；编制阶段主要是核算施工需要量、确定储备、优化平衡、审查评价和上报或交付执行。

在编制的准备阶段必须明确物资的供应方式。一般情况下可按供货渠道可分为国家计划供应和市场自行采购供应；按供应单位可分为建设单位采购供应、专门物资采购部门供应、施工单位自行采购或共同协作分别采购供应。

（一）物资需求计划的编制

工程项目的物资需求计划主要是指反映完成施工所需物资情况的计划。物资需求计划的编制依据内容较多，包含：预算文件、施工图纸、工程合同、各分包工程提交材料的需求计划和项目总进度计划等。物资需求计划包含一次性需求计划与各计划期需求计划，在对需求计划进行编制时，首先需要明确项目的需求量，然后再编制施工项目的物资供求计划，对此施工单位首先需要开展以下工作。

1. 一次性需求量的确定

工程项目的一次性需求计划可以反映整个项目和各个分项工程物资的需求量，因此又被称为工程项目材料分析，主要被用在组织专用特殊材料、货源的落实工作当中，具体的计算程序包含三个步骤：

①按照工程项目设计文件、技术措施和施工方案进行计算或者套用施工预算当中的工程量；②按照各分部、分项施工方法套取物资消耗定额，从而获得各个分部、分项工程项目施工所需物资量；③对各分部、分项工程的物资需求量进行汇总，从而获得整个建设项目对各类物资的总需求量。

2. 各计划期需求量的确定

计划期物资需求量主要是指月、季、年度物资需求计划，主要用在组织订货、供应和物资采购方面。按照已经分解了的施工进度计划，根据季、月作业计划来确定该时间段内的物资需求量。这种方式的编制方式包含卡段法和计算法。卡段法主要是指按照计划期工程施工进度的形象部位，从项目一次性计划当中摘出和施工计划相对应的需求量，再进行汇总从而获得计划期不同物资的需求总量。计算法主要是按照计划期施工进度当中的各分项、分部工程量，套取物资消耗定额，再求各分部、分项工程所需的物资量，最后经汇总获得计划期不同物资的总需求量。

（二）物资储备计划的编制

物资储存计划的编辑是为了反映施工项目施工过程中所需不同物资储备时间和储备量的计划。物资储备编制的主要依据包含物资需求计划、储备方式、储备定额、场地条件和供应方式。物资储备计划的编制主要是为了确保各项施工物资的储备合理性以及连续供应性。

（三）物资供应计划的编制

物资供应计划的编制主要是指在确定施工项目各项物资的计划需求量并经过综合平

衡之后，提出物资申请量与采购量。所以，编制物资供应计划需要对物资数量、供应时间等进行平衡。在实际的编制过程中，最重要的还是数量的平衡性，这主要是因为计划期物资需求量并非采购量或者申请量，也不是实际需用量，因此需要确保具备下期施工的必须储备量。

（四）申请、订货计划的编制申请

订货计划主要指向管理部门申请分配材料的计划和分配指标下达后组织订货计划。申请、订货计划的编制依据包含材料供应政策法令、概算定额、预测任务、材料规格比例、供应计划和分配指标，主要目的是按照实际需求组织订货。在确定物资供应计划之后，就可以正式确定主要物资申请计划。物资订货计划一般是利用卡片形式，方便将不同的自然属性、交货条件等反应清楚。

（五）采购和加工计划的编制

采购和加工计划主要是指向市场采购和专门加工订货计划，该计划的编制依据包含市场供应信息、需求计划、加工分布和能力，主要目的是为了领导和组织采购和加工工作，此外加工和订货计划需要另附详细的计划图。

第五章 建筑工程项目资源管理

第一节 项目人力资源与材料管理

一、建筑工程项目资源管理概述

（一）资源

资源，也称为生产要素，是指创造出产品所需要的各种因素，即形成生产力的各种要素。建筑工程项目的资源通常是指投入施工项目的人力资源、材料、机械设备、技术和资金等各要素，是完成施工任务的重要手段，也是建筑工程项目得以实现的重要保证。

1. 人力资源

人力资源是指在一定时间空间条件下，劳动力数量和质量的总和。劳动力泛指能够从事生产活动的体力和脑力劳动者，是施工活动的主体，是构成生产力的主要因素，也是最活跃的因素，具有主观能动性。

人力资源掌握生产技术，运用劳动手段，作用于劳动对象，从而形成生产力。

2. 材料

材料是指在生产过程中将劳动加于其上的物质资料，包括原材料、设备和周转材料。通过对其进行“改造”形成各种产品。

3. 机械设备

机械设备是指在生产过程中用以改变或影响劳动对象的一切物质的因素，包括机械、设备工具和仪器等。

4. 技术

技术指人类在改造自然、改造社会的生产和科学实践中积累的知识、技能、经验及体现它们的劳动资料。包括操作技能、劳动手段、劳动者素质、生产工艺、试验检验、管理程序和方法等。

科学技术是构成生产力的第一要素。科学技术的水平，决定和反映了生产力的水平。科学技术被劳动者所掌握，并且融入在劳动对象和劳动手段中，便能形成相当于科学技术水平的生产力水平。

5. 资金

在商品生产条件下，进行生产活动，发挥生产力的作用，进行劳动对象的改造，还必须有资金，资金是一定货币和物资的价值总和，是一种流通手段。投入生产的劳动对象、劳动手段和劳动力，只有支付一定的资金才能得到；也只有得到一定的资金，生产者才能将产品销售给用户，并以此维持再生产活动或扩大再生产活动。

（二）建筑工程项目资源管理的概念

建筑工程项目资源管理，是按照建筑工程项目一次性特点和自身规律，对项目实施过程中所需要的各种资源进行优化配置，实施动态控制，有效利用，以降低资源消耗的系统管理方法。

二、建筑工程项目资源管理的内容

建筑工程项目资源管理包括人力资源管理、材料管理、机械设备管理、技术管理和资金管理。

（一）人力资源管理

人力资源管理是指为了实现建筑工程项目的既定目标，采用计划、组织、指挥、监督、协调、控制等有效措施和手段，充分开发和利用项目中人力资源所进行的一系列活动的总称。

目前，我国企业或项目经理部在人员管理上引入了竞争机制，具有多种用工形式，包括固定工、临时工、劳务分包公司所属合同工等。项目经理部进行人力资源管理的关键在于加强对劳务人力的教育培训，提高他们的综合素质，加强思想政治工作，明确责任制，调动职工的积极性，加强对劳务人员的作业检查，以提高劳动效率，保证作业质量：

（二）材料管理

材料管理是指项目经理部为顺利完成工程项目施工任务进行的材料计划、订货采购、运输、库存保管、供应加工、使用、回收等一系列的组织和管理工作。

材料管理的重点在现场，项目经理部应建立完善的规章制度，厉行节约和减少损耗，力求降低工程成本。

（三）机械设备管理

机械设备管理是指项目经理部根据所承担的具体工作任务，优化选择和配备施工机械，并且合理使用、保养和维修等各项管理工作。机械设备管理包括选择、使用、保养、维修、改造、更新等诸多环节。

机械设备管理的关键是提高机械设备的使用效率和完好率，实行责任制，严格按照操作规程加强机械设备的使用、保养和维修。

（四）技术管理

技术管理是指项目经理部运用系统的观点、理论和方法对项目的技术要素与技术活动过程进行计划、组织、监督、控制、协调的全过程管理。

技术要素包括技术人才、技术装备、技术规程、技术资料等；技术活动过程指技术计划、技术运用、技术评价等。技术作用的发挥，除决定于技术本身的水平外，很大程度 t 还依赖于技术管理水平。没有完善的技术管理，先进的技术是难以发挥作用的。

建筑工程项目技术管理的主要任务是科学地组织各项技术工作，充分发挥技术的作用，确保工程质量；努力提高技术工作的经济效果，使技术与经济有机地结合起来。

（五）资金管理

资金，从流动过程来讲，首先是投入，即筹集到的资金投入到工程项目上；其次是使用，也就是支出资金管理，也就是财务管理，指项目经理部根据工程项目施工过程中资金流动的规律，编制资金计划，筹集资金，投入资金，资金使用，资金核算与分析等管理工作。项目资金管理的目的是保证收入、节约支出、防范风险和提高经济效益。

三、建筑工程项目资源管理的意义

建筑工程项目资源管理的最根本意义是通过市场调研，对资源进行合理配置，并在项目管理过程中加强管理，力求以较小的投入，取得较好的经济效益。具体体现在以下几点：

①进行资源优化配置，即适时、适量、比例适当、位置适宜地配备或投入资源，以满足工程需要。

②进行资源的优化组合，使投入工程项目的各种资源搭配适当，在项目中发挥协调作用，有效地形成生产力，适时、合格地生产出产品（工程）。

③进行资源的动态管理，即按照项目的内在规律，有效地计划、组织、协调、控制各资源，使之在项目中合理流动，在动态中寻求平衡，动态管理的目的和前提是优化配置与组合，动态管理是优化配置和组合的手段与保证。

④在建筑工程项目运行中，合理、节约地使用资源，以降低工程项目成本。

四、建筑工程项目资源管理的主要环节

（一）编制资源配置计划

编制资源配置计划的目的，是根据业主需要和合同要求，对各种资源投入量、投入时间、投入步骤做出合理安排，以满足施工项目实施的需要。计划是优化配置和组合的手段。

（二）资源供应

为保证资源的供应，应根据资源配置计划，安排专人负责组织资源的来源，进行优化选择，并投入到施工项目，使计划得以实现，保证项目的需要 a

（三）节约使用资源

根据各种资源的特性，科学配置和组合，协调投入，合理使用，不断纠正偏差，达到节约资源，降低成本的目的。

（四）对资源使用情况进行核算

通过对资源的投入、使用与产出的情况进行核算，了解资源的投入、使用是否恰当，最终实现节约使用的目的。

（五）进行资源使用效果的分析

一方面对管理效果进行总结，找出经验和问题，评价管理活动；另一方面又为管理提供储备和反馈信息，以指导以后（或下一循环）的管理工作。

五、建筑工程项目人力资源管理

建筑企业或项目经理部进行人力资源管理，根据工程项目施工现场客观规律的要求，合理配备和使用人力资源，并按工程进度的需要不断调整，在保证现场生产计划顺利完成的前提下，提高劳动生产率，达到以最小的劳动消耗，取得最大的社会效益和经济效益。

（一）人力资源优化配置

人力资源优化配置的目的是保证施工项目进度计划的实现，提高劳动力使用效率，降低工程成本。项目经理部应根据项目进度计划和作业特点优化配置人力资源，制定人力需求计划，报企业人力资源管理部门批准。企业人力资源管理部门与劳务分包公司签订劳务分包合同。远离企业本部的项目经理部，可在企业法定代表人授权下与劳务分包公司签订劳务分包合同。

1. 人力资源配置的要求

（1）数量合适

根据工程量的多少和合理的劳动定额，结合施工工艺和工作面的情况确定劳动者的

数量，使劳动者在工作时间内满负荷工作。

（2）结构合理

劳动力在组织中的知识结构、技能结构、年龄结构、体能结构、工种结构等方面，应与所承担的生产任务相适应，满足施工和管理的需要。

（3）素质匹配

素质匹配是指：劳动者的素质结构与物质形态的技术结构相匹配；劳动者的技能素质与所操作的设备、工艺技术的要求相适应；劳动者的文化程度、业务知识、劳动技能、熟练程度和身体素质等与所担负的生产和管理工作相适应。

2. 人力资源配置的方法

人力资源的高效率使用，关键在于制定合理的人力资源使用计划。企业管理部门应审核项目经理部的进度计划和人力资源需求计划，并做好下列工作：

①在人力资源需求计划的基础上编制工种需求计划，防止漏配。必要时根据实际情况对人力资源计划进行调整。

②人力资源配置应贯彻节约原则，尽量使用自有资源；若现在劳动力不能满足要求，项目经理部应向企业申请加配，或在企业授权范围内进行招募，或把任务转包出去；如现有人员或新招收人员在专业技术或素质上不能满足要求，应提前进行培训，再上岗作业。

③人力资源配置应有弹性，让班组有超额完成指标的可能，激发工人的劳动积极性。

④尽量使项目使用的人力在组织上保持稳定，防止频繁变动。

⑤为保证作业需要，工种组合、能力搭配应适当。

⑥应使人力资源均衡配置以便于管理，达到节约的目的。

3. 劳动力的组织形式

企业内部的劳务承包队，是按作业分工组成的，根据签订的劳务合同可以承包项目经理部所辖的一部分或全部工程的劳务作业任务。其职责是接受企业管理层的派遣，承包工程，进行内部核算，并负责职工培训，思想工作，生活服务，支付工人劳动报酬等。

项目经理部根据人力需求计划、劳务合同的要求，接收劳务分包公司提供的作业人员，根据工程需要，保持原建制不变，或重新组合。组合的形式有以下三种：

（1）专业班组

即按施工工艺由同一工种（专业）的工人组成的班组。专业班组只完成其专业范围内的施工过程。这种组织形式有利于提高专业施工水平，提高劳动熟练程度和劳动效率，但各工种之间协作配合难度较大。

（2）混合班组

即按产品专业化的要求由相互联系的多工种工人组成的综合性班组。工人在一个集体中可以打破工种界限，混合作业，有利于协作配合，但不利于专业技能及操作水平的提高。

（3）大包队

大包队实际上是扩大了的专业班组或混合班组，适用于一个单位工程或分部工程的综合作业承包，队内还可以划分专业班组。优点是可以进行综合承包，独立施工能力强，有利于协作配合，简化了项目经理部的管理工作。

（二）劳务分包合同

项目所使用的人力资源无论是来自企业内部，还是企业外部，均应通过劳务分包合同进行管理。

劳务分包合同是委托和承接劳动任务的法律依据，是签约双方履行义务、享受权利及解决争议的依据，也是工程顺利实施的保障。劳务分包合同的内容应包括工程名称，工作内容及范围，提供劳务人员的数量、合同工期，合同价款及确定原则，合同价款的结算和支付，安全施工，重大伤亡及其他安全事故处理，工程质量、验收与保修，工期延误，文明施工，材料机具供应，文物保护，发包人、承包人的权利和义务，违约责任等。

劳务合同通常有两种形式：一是按施工预算中的清工承包；一是按施工预算或投标价承包，一般根据工程任务的特点与性质来选择合同形式。

（三）人力资源动态管理

人力资源的动态管理是指根据项目生产任务和施工条件的变化对人力需求和使用进行跟踪平衡、协调，以解决劳务失衡、劳务与生产脱节的动态过程。其目的是实现人力动态的优化组合。

1. 人力资源动态管理的原则

①以建筑工程项目的进度计划和劳务合同为依据。

②始终以劳动力市场为依托，允许人力在市场内充分合理地流动。

③以企业内部劳务的动态平衡和日常调度为手段。

④以达到人力资源的优化组合和充分调动作业人员的积极性为目的。

2. 项目经理部在人力资源动态管理中的责任

为了提高劳动生产率，充分有效地发挥和利用人力资源，项目经理部应做好以下工作：

①项目经理部应根据工程项目人力需求计划向企业劳务管理部门申请派遣劳务人员，并签订劳务合同。

②为了保证作业班组有计划地进行作业，项目经理部应按规定及时向班组下达施工任务单或承包任务书。

③在项目施工过程中不断进行劳动力平衡、调整，解决施工要求与劳动力数量、工种、技术能力、相互配合间存在的矛盾。项目经理部可根据需要及时进行人力的补充或减员。

④按合同支付劳务报酬。解除劳务合同后，将人员遣归劳务市场。

3. 企业劳务管理部门在人力资源动态管理中的职责

企业劳务管理部门对劳动力进行集中管理，在动态管理中起着主导作用，它应做好以下工作：

①根据施工任务的需要和变化，从社会劳务市场中招募和遣返劳动力。

②根据项目经理部提出的劳动力需要和计划，与项目经理部签订劳务合同，按合同向作业队下达任务，派遣队伍。

③对劳动力进行企业范围内的平衡、调度和统一管理。某一施工项目中的承包任务完成后，收回作业人员，重新进行平衡、派遣。

④负责企业劳务人员的工资、奖金管理，实行按劳分配，兑现奖罚。

（四）人才资源教育培训

作为建筑工程项目管理活动中至关重要的一个环节，人力资源培训与考核起到了及时为项目输送合适的人才，在项目管理在过程中不断提高员工素质和适应力，全力推动项目进展等作用。在组织竞争与发展中，努力使人力资源增值，从长远来说是一项战略任务，而培训开发是人力资源增值的重要途径。

建筑业属于劳动密集型产业，人员素质层次不同，劳动用工中合同工和临时工比重大，人员素质较低，劳动熟练程度参差不齐，专业跨度大，室外作业及高空作业多，使得人力资源管理具有很大的复杂性。只有加强人力资源的教育培训，对拟用的人力资源进行岗前教育和业务培训，不断提高员工素质，才能提高劳动生产率，充分有效地发挥和利用人力资源，减少事故的发生率，降低成本，提高经济效益。

1. 合理的培训制度

（1）计划合理

根据以往培训的经验，初步拟定各类培训的时间周期。认真细致的分析培训需求，初步安排出不同层次员工的培训时间、培训内容和培训方式。

（2）注重实施

在培训过程当中，做好各个环节的记录，实现培训全过程的动态管理。与参加培训的员工保持良好的沟通，根据培训意见反馈情况，对出现的问题和建议，与培训师进行沟通，及时纠偏。

（3）跟踪培训效果

培训结束后，对培训质量、培训费用、培训效果进行科学的评价。其中，培训效果是评价的重点，主要应包括是否公平分配了企业员工的受训机会、通过培训是否提高了员工满意度、是否节约了时间和成本、受训员工是否对培训项目满意等。

2. 层次分明的培训

建筑工程项目人员一般有三个层次，即高层管理者、中层协调者和基层执行者。其职责和工作任务各不相同，对其素质的要求自然也是不同的。因此，在培训过程中，对于三个层次人员的培训内容、方式均要有所侧重。如对进场劳务人员首先要进行入场教育和安全教育，使其具备必要的安全生产知识，熟悉有关安全生产规章制度和操作规程，掌握本岗位的安全操作技能；然后再不断进行技术培训，提高其施工操作熟练程度。

3. 合适的培训时机

培训的时机是有讲究的。在建筑工程项目管理中，鉴于施工季节性强的特点，不能强制要求现场技术人员在施工的最佳时机离开现场进行培训，否则，不仅会影响生产，培训的效果也会大打折扣。因此，合适的培训时机，会带来更好的培训效果。

六、建筑工程项目材料管理

做好建筑工程项目材料管理工作，有利于合理使用和节约材料，保证并提高建筑产品的质量，降低工程成本，加速资金周转，增加企业盈利，提高经济效益。

（一）建筑工程项目材料的分类

一般建筑工程项目中，用到的材料品种繁多，材料费用占工程造价的比重较大，加强材料管理是提高经济效益的最主要途径。材料管理应抓住重点，分清主次，分别管理控制。

材料分类的方法很多。可按材料在生产中的作用，材料的自然属性和管理方法的不同进行分类。

1. 按材料的作用分类

按材料在建筑工程中所起的作用可分为主要材料、辅助材料和其他材料。这种分类方法便于制定材料的消耗定额，从而进行成本控制。

2. 按材料的自然属性分类

按材料的自然属性可分为金属材料和非金属材料。这种分类方法便于根据材料的物理、化学性能进行采购、运输和保管。

3. 按材料的管理方法分类

ABC 分类法是按材料价值在工程中所占比重来划分的，这种分类方法便于找出材料管理的重点对象，针对不同对象采取不同的管理措施，以便取得良好的经济效益。

ABC 分类法是把成本占材料总成本 75%～80%，而数量占材料总数量 10%～15%的材料列为 A 类材料；成本占材料总成本 10%～15%，而数量占材料总数量 20%～25%的材料列为 B 类材料；成本占材料总成本 5%～10%，而数量占材料总数量 65%～70%的材料列为 C 类材料。A 类材料为重点管理对象，如钢材、水泥、木材、砂子、石子等，由于其占用资金较多，要严格控制订货量，尽量减小库存，把这类材料控制好，能对节约资金起到重要的作用；B 类材料为次要管理对象，对 B 类材料也不能忽视，应认真管理，定期检查，控制其库存，按经济批量订购，按储备定额储备；C 类材料为一般管理对象，可采取简化方法管理，稍加控制即可。

（二）建筑工程项目材料管理的任务

建筑工程项目材料管理的主要任务，可归纳为保证供应、降低消耗、加速周转、节约费用四个方面，具体内容有：

1. 保证供应

材料管理的首要任务是根据施工生产的要求，按时、按质、按量供应生产所需的各种材料。经常保持供需平衡，既不短缺导致停工待料，也不超储积压造成浪费和资金周转失灵。

2. 降低消耗

合理地、节约地使用各种材料，提高它们的利用率。为此，要制定合理的材料消耗定额，严格地按定额计划平衡材料、供应材料、考核材料消耗情况，在保证供应时监督材料的合理使用、节约使用。

3. 加速周转

缩短材料的流通时间，加速材料周转，这也意味着加快资金的周转。为此，要统筹安排供应计划，搞好需衔接；要合理选择运输方式和运输工具，尽量就近组织供应，力争直达直拨供应，减少二次搬运；要合理设库和科学地确定库存储备量，保证及时供应，加快周转。

4. 节约费用

全面地实行经济核算，不断降低材料管理费用，以最少的资金占用，最低的材料成本，完成最多的生产任务。为此，在材料供应管理工作中，必须明确经济责任，加强经济核算，提高经济效益。

（三）建筑工程项目材料的供应

1. 企业管理层的材料采购供应

建筑工程项目材料管理的目的是贯彻节约原则，降低工程成本。材料管理的关键环节在于材料的采购供应。工程项目所需要的主要材料和大宗材料，应由企业管理层负责采购，并按计划供应给项目经理部，企业管理层的采购与供应直接影响着项目经理部工程项目目标的实现。

企业物流管理部门对工程项目所需的主要材料、大宗材料实行统一计划、统一采购、统一供应、统一调度和统一核算，并对使用效果进行评估，实现工程项目的材料管理目标。企业管理层材料管理的主要任务有：

①综合各项目经理部材料需用量计划，编制材料采购和供应计划，确定并考核施工项目的材料管理目标。

②建立稳定的供货渠道和资源供应基地，在广泛搜集信息的基础上，发展多种形式的横向联合，建立长期、稳定、多渠道可供选择的货源，组织好采购招标工作，以便获取优质低价的物质资源，为提高工程质量、降低工程成本打下牢固的物质基础。

③制定企业的材料管理制度，包括材料目标管理制度，材料供应和使用制度，并进行有效的控制、监督和考核。

2. 项目经理部的材料采购

供应为了满足施工项目的特殊需要，调动项目管理层的积极性，企业应授权项目经理部必要的材料采购权，负责采购授权范围内所需的材料，以利于弥补相互间的不足，保证供应。随着市场经济的不断完善，建筑材料市场必将不断扩大，项目经理部的材料采购权也会越来越大。此外，对于企业管理层的采购供应，项目管理层也可拥有一定的建议权。

3. 企业应建立内部材料市场

为了提高经济效益，促进节约，培养节约意识，降低成本，提高竞争力，企业应在专业分工的基础上，把商品市场的契约关系、交换方式、价格调节、竞争机制等引入企业，建立企业内部的材料市场，满足施工项目的材料需求。

在内部材料市场中，企业材料部门是卖方，项目管理层是买方，各方的权限和利益由双方签订买卖合同予以明确。主要材料和大宗材料、周转材料、大型工具、小型及随手工具均应采取付费或租赁方式在内部材料市场解决。

（四）建筑工程项目材料的现场管理

1. 材料的管理责任

项目经理是现场材料管理的全面领导者和责任者；项目经理部材料员是现场材料管理的直接责任人；班组料具员在主管材料员业务指导下，协助班组长并监督本班组合理领料、用料、退料。

2. 材料的进场验收

材料进场验收能够划清企业内部和外部经济责任，防止进料中的差错事故和因供货单位、运输单位的责任事故给企业造成不应有的损失。

（1）进场验收要求

材料进场验收必须做到认真、及时、准确、公正、合理；严格检查进场材料的有害物质含量检测报告，按规范应复验的必须复验，无检测报告或复验不合格的应予以退货；严禁使用有害物质含量不符合国家规定的建筑材料。

（2）进场验收

材料进场前应根据施工现场平面图进行存料场地及设施的准备，保持进场道路畅通，以便运输车辆进出。验收的内容包括单据验收、数量验收和质量验收。

（3）验收结果处理

①进场材料验收后，验收人员应按规定填写各类材料的进场检测记录。

②材料经验收合格后，应及时办理入库手续，由负责采购供应的材料人员填写《验收单》，经验收人员签字后办理入库，并及时登账、立卡、标识。

③经验收不合格，应将不合格的物资单独码放于不合格区，并进行标识，尽快退场，

以免用于工程。同时做好不合格品记录和处理情况记录。

④已进场（入库）材料，发现质量问题或技术资料不齐时，收料员应及时填报《材料质量验收报告单》报上一级主管部门，以便及时处理，暂不发料，不使用，原封妥善保管。

3. 材料的储存与保管

材料的储存，应根据材料的性能和仓库条件，按照材料保管规程，采用科学的方法进行保管和保养，以减少材料保管损耗，保持材料原有使用价值。进场的材料应建立台账，要日清、月结、定期盘点、账实相符。

材料储存应满足下列要求：

①入库的材料应按型号、品种分区堆放，并分别编号、标识。

②易燃易爆的材料应专门存放、专人负责保管，并有严格的防火、防爆措施：

③有防湿、防潮要求的材料，应采取防湿、防潮措施，并做好标识。

④有保质期的库存材料应定期检查，防止过期，并做好标识。

⑤易损坏的材料应保护好外包装，防止损坏。

4. 材料的发放和领用

材料领发标志着料具从生产储备转入生产消耗，必须严格执行领发手续，明确领发责任。控制材料的领发，监督材料的耗用，是实现工程节约，防止超耗的重要保证。

凡有定额的工程用料，都应凭定额领料单实行限额领料，限额领料是指在施工阶段对施工人员所使用物资的消耗量控制在一定的消耗范围内，是企业内开展定额供应，提高材料的使用效果和企业经济效益，降低材料成本的基础和手段。超限额的用料，用料前应办理手续，填写超限额领料单，注明超耗原因，经项目经理部材料管理人员审批后实施。

材料的领发应建立领发料台账，记录领发状况和节超状况，分析、查找用料节超原因，总结经验，吸取教训，不断提高管理水平。

5. 材料的使用监督

对材料的使用进行监督是为了保证材料在使用过程中能合理地消耗，充分发挥其最大效用。监督的内容包括：是否认真执行领发手续，是否严格执行配合比，是否按材料计划合理用料，是否做到随领随用、工完料净、工完料退、场退地清，谁用谁清，是否按规定进行用料交底和工序交接，是否做到按平面图堆料，是否按要求保护材料等。检查是监督的手段，检查要做好记录，对存在的问题应及时分析处理。

第二节　项目机械设备管理

随着工程施工机械化程度的不断提高，机械设备在施工生产中发挥着不可替代的决定性作用。施工机械设备的先进程度及数量，是施工企业的主要生产力，是保持企业在市场经济中稳定协调发展的重要物质基础。加强建筑工程项目机械设备管理，对于充分发挥机械设备的潜力，降低工程成本，提高经济效益起着决定性的作用。

一、机械设备管理的内容

机械设备管理的具体工作内容包括：机械设备的选择及配套、维修和保养、检查和修理、制定管理制度、提高操作人员技术水平、有计划地做好机械设备的改造和更新。

二、建筑工程项目机械设备的来源

建筑工程项目所需用的机械设备通常由以下方式获得：

（一）企业自有

建筑企业根据本身的性质、任务类型、施工工艺特点和技术发展趋势购置部分企业常年大量使用的机械设备，达到较高的机械利用率和经济效果项目经理部可调配或租赁企业自有的机械设备。

（二）租赁方式

某些大型、专用的特殊机械设备，建筑企业不适宜自行装备时，可以租赁方式获得使用。租用施工机械设备时，必须注意核实以下内容：出租企业的营业执照、租赁资质、机械设备安装资质、安全使用许可证、设备安全技术定期检定证明、机械操作人员作业证等。

（三）机械施工承包

某些操作复杂、工程量较大或要求人与机械密切配合的工程，如大型土方、大型网架安装、高层钢结构吊装等，可由专业机械化施工公司承包。

（四）企业新购

根据施工情况需要自行购买的施工机械设备、大型机械及特殊设备，应充分调研，制定出可行性研究报告，上报企业管理层和专业管理部门审批。

施工中所需的机械设备具体采用哪种方式获得，应通过技术经济分析确定。

三、机械设备管理的特点

建筑机械设备的特点包括：①建筑机械设备施工对象容易发生变动，设备的品种、规格复杂，时常存在装备配套性不佳的情况，这使得机械设备的保修工作相对复杂；②建筑机械设备时常采用临时固定的方式，其稳定性不强，设备工作时存在工作负荷不均匀的现象，这造成设备磨损较快；③建筑机械设备的作业条件主要是露天作业，时常难以采取完善的遮盖防护措施，因此容易受到尘污侵蚀以及受到大风、强降水等自然条件的影响，造成机械设备容易被损耗；④建筑工程的建设具有流动性，因此机械设备的拆装以及搬迁现象是非常常见的，机械设备存在有效作业时间较少的问题，利用度并不高。

四、建筑工程项目机械设备的合理使用

要使施工机械正常运转，在使用过程中经常保持完好的技术状况，就要尽量避免机件的过早磨损及消除可能产生的事故，延长机械的使用寿命，提高机械的生产效率。合理使用机械设备必须做好以下工作：

（一）合理配置器械

配置施工项目机械设备时，要对机械设备数量以及品种进行合理配置，在能够满足施工需要的前提下尽可能节省资金的投入。总原则是经济合理、技术先进、生产适用。可以采取的措施包括：第一，合理购置设备，机动性不强、需要固定安装的机械设备需要购置，购置设备之前，先科学计算需要购置的数量，结合市场上的设备现状来进行分析，分析各种厂商提供的机械设备的性价比、技术性能、灵活性、使用功、维护成本以及售后服务等，对机械设备的工艺商进行确定，之后再进行机械设备需求量的计算，要注意确保购置的设备数量合理。第二，租赁设备，对一些施工过程的少数环节才需要使用的设备，可以采用租赁的方式来满足工程需要，这种做法在满足了工程建设需求的同时，还能减少设备闲置的发生。

（二）强化日常管理

机械设备日常管理是管理工作的重要组成部分，强化机械设备的日常管理主要从以下着手。

1. 建立并完善设备使用管理制度

建立设备的使用管理责任制度，对设备的日常管理责任予以明确，从而确保设备使用过程中，时刻都有人对设备管理负责。建立专人定设备定岗的管理制度，由固定操作人员来对每台设备进行操作，同时由固定管理人员来负责设备的维护管理。这种做法优势在于，设备管理人员以及操作人员的职责明确，能够熟悉机械设备的现实状况以及设备的技术性能，能很专业地操作设备以及保养、维护设备。当操作人员有事需要他人替班时，此时要求操作人员将交接手续落实到位，对设备操作过程中的注意事项以及设备的具体状况予以明确，这样能分清责任，杜绝相互扯皮现象的发生。

2. 对设备档案资料予以完善

购置机械设备的时候，就要注意开始进行设备档案资料建立，要确保建筑工程施工项目每一台机械设备的档案资料都完整，其中包括设备的参数、说明书以及日常检查、维修以及保养记录等。安排专人检查、维修以及保养设备，同时将记录工作做好。

（三）人机固定

实行机械使用、保养责任制，指定专人使用、保养，实行专人专机，以便操作人员

更好地熟悉机械性能和运转情况，更好地操作设备。非本机人员严禁上机操作。

（四）实行操作证制度

对所有机械操作人员及修理人员都要进行上岗培训，建立培训档案，让他们既掌握实际操作技术又懂得基本的机械理论知识和机械构造，经考核合格后持证上岗。

（五）遵守合理使用规定

严格遵守合理的使用规定，防止机件早期磨损，延长机械使用寿命和修理周期。

（六）实行单机或机组核算

将机械设备的维护、机械成本与机车利润挂钩进行考核，根据考核成绩实行奖惩，这是提高机械设备管理水平的重要举措。

（七）合理组织机械设备施工

加强维修管理，提高单机效率和机械设备的完好率，合理组织机械调配，搞好施工计划工作。

（八）做好机械设备的综合利用

施工现场使用的机械设备尽量做到一机多用，充分利用台班时间，提高机械设备利用率。如垂直运输机械，也可在回转范围内运输、装卸等。

（九）机械设备安全作业

在机械作业前项目经理部应向操作人员进行安全操作交底，使操作人员清楚地了解施工要求、场地环境、气候等安全生产要素。项目经理部应按机械设备的安全操作规程安排工作和进行指挥，不得要求操作人员违章作业，也不得强令机械设备带病操作，更不得指挥和允许操作人员野蛮施工。

（十）为机械设备的施工创造良好条件

现场环境、施工平面布置应满足机械设备作业要求，道路交通应畅通、无障碍，夜间施工要安排好照明。

五、建筑工程项目机械设备的保养与维修

为保证机械设备经常处于良好的技术状态，必须强化对机械设备的维护保养工作。机械设备的保养与维修应贯彻“养修并重、预防为主”的原则，做到定期保养，强制进行，正确处理使用、保养和修理的关系，不允许只用不养，只修不养。

（一）机械设备的保养

机械设备的保养坚持推广以“清洁、润滑、调整、紧固、防腐”为主要内容的“十字”作业法，实行例行保养和定期保养制，严格按使用说明书规定的周期及检查保养项目进行。

1. 例行（日常）保养

例行保养属于正常使用管理工作，不占用机械设备的运转时间，例行保养是在机械运行的前后及过程中进行的清洁和检查，主要检查要害、易损零部件（如机械安全装置）的情况、冷却液、润滑剂、燃油量、仪表指示等。例行保养由操作人员自行完成，并认真填写机械例行保养记录。

2. 强制保养

所谓强制保养，是按一定的周期和内容分级进行，需占用机械设备运转时间而停工进行的保养。机械设备运转到了规定的时限，不管其技术状态好坏，任务轻重，都必须按照规定作业范围和要求进行检查和维护保养，不得借故拖延。

企业要开展现代化管理教育，使各级领导和广大设备使用工作者认识到：机械设备的完好率和使用寿命，很大程度上决定于保养工作的好坏。如忽视机械技术保养，只顾眼前的需要和方便，直到机械设备不能运转时才停用，则必然会导致设备的早期磨损、寿命缩短，各种材料消耗增加，甚至危及安全生产。不按照规定保养设备是粗野的使用、愚昧的管理，与现代化企业的科学管理是背道而驰的。

（二）机械设备的维修

机械设备修理是对机械设备的自然损耗进行修复，排除机械运行的故障，对损坏的零部件进行更换、修复。对机械设备的维修可以保证机械设备的使用效率，延长使用寿命。机械设备修理分为大修理、中修理和小修理。

1. 大修理

大修理是对机械设备进行全面的解体检查修理，保证各零部件质量和配合要求，使其达到良好的技术状态，恢复可靠性和精度等工作性能，以延长机械的使用寿命。

2. 中修理

中修理是更换与修复设备的主要零部件和数量较多的其他磨损件，并校正机械设备的基准，恢复设备的精度、性能和效率，以延长机械设备的大修间隔。

3. 小修理

小修理一般指临时安排的修理，目的是消除操作人员无力排除的突然故障、个别零件损坏或一般事故性损坏等问题，一般都和保养相结合，不列入修理计划。而大修、中修需列入修理计划，并按计划的预检修制度执行。

第三节　项目技术与资金管理

一、建筑工程项目技术管理

（一）建筑工程项目技术管理工作的内容

建筑工程项目技术管理工作包括技术管理基础工作、施工过程的技术管理工作、技术开发管理工作三方面的内容。

1. 技术管理基础工作

技术管理基础工作包括：实行技术责任制、执行技术标准与规程、制定技术管理制度、开展科学研究、开展科学实验、交流技术情报和管理技术文件等。

2. 施工过程技术管理工作

施工过程的技术管理工作包括：施工工艺管理、材料试验与检验、计量工具与设备的技术核定、质量检查与验收和技术处理等。

3. 技术开发管理工作

技术开发管理工作包括：技术培训、技术革新、技术改造、合理化建议和技术攻关等。

（二）建筑工程项目技术管理基本制度

1. 图纸自审与会审制度

建立图纸会审制度，明确会审工作流程，了解设计意图，明确质量要求，将图纸上存在的问题和错误、专业之间的矛盾等，尽可能地在工程开工之前解决。

施工单位在收到施工图及有关技术文件后，应立即组织有关人员学习研究施工图纸。在学习、熟悉图纸的基础上进行图纸自审。

图纸会审是指在开工前，由建设单位或其委托的监理单位组织、设计单位和施工单位参加，对全套施工图纸共同进行的检查与核对。图纸会审的程序为：

①设计单位介绍设计意图和图纸、设计特点及对施工的要求。

②施工单位提出图纸中存在的问题和对设计的要求。

③三方讨论与协商，解决提出的问题，写出会议纪要，交给设计人员，设计人员对会议纪要提出的问题进行书面解释或提出设计变更通知书。

图纸会审是施工单位领会设计意图，熟悉设计图纸的内容，明确技术要求，及早发现并消除图纸中的技术错误和不当之处的重要手段，它是施工单 & 在学习和审查图纸的基础上，进行质量控制的一种重要而有效的方法。

2. 建筑工程项目管理实施规划与季节性施工方案管理制度

建筑工程项目管理实施规划是整个工程施工管理的执行计划，必须由项目经理组织项目经理部在开工前编制完成，旨在指导施工项目实施阶段的管理和施工。

由于工程项目生产周期长，一般项目都要跨季施工，又因施工为露天作业，所以跨季连续施工的工程项目必须编制季节性施工方案，遵守相关规范，采取一定措施保证工程质量。如工程所在地室外平均气温连续5天稳定低于5℃时，应按冬期施工方案施工。

3. 技术交底制度

制定技术交底制度，明确技术交底的详细内容和施工过程中需要跟踪检查的内容，以保证技术责任制的落实、技术管理体系正常运转以及技术工作按标准和要求运行。

技术交底是在正式施工前，对参与施工的有关管理人员、技术人员及施工班组的工人交代工程情况和技术要求，避免发生指导和操作错误，以便科学地组织施工，并按合理的工序、工艺流程进行作业。技术交底包括整个工程、各分部分项工程、特殊和隐蔽工程，应重点强调易发生质量事故和安全事故的工程部位或工序，防止发生事故。技术交底必须满足施工规范、规程、工艺标准、质量验收标准和施工合同条款。

（1）技术交底形式

①书面交底。把交底的内容和技术要求以书面形式向施工的负责人和全体有关人员交底，交底人与接受人在交底完成后，分别在交底书上签字。

②会议交底。通过组织相关人员参加会议，向到会者进行交底。

③样板交底。组织技术水平较高的工人作出样板，经质量检查合格后，对照样板向施工班组交底。交底的重点是操作要领、质量标准和检验方法。

④挂牌交底。将交底的主要内容、质量要求写在标牌上，挂在操作场所。

⑤口头交底。适用于人员较小，操作时间比较短，工作内容比较简单的项目。

⑥模型交底。对于比较复杂的设备基础或建筑构件，可做模型进行交底，使操作者加深认识。

（2）设计交底

由设计单位的设计人员向施工单位交底，一般和图纸会审一起进行。内容包括：设计文件的依据，建设项目所处规划位置、地形、地貌、气象、水文地质、工程地质、地震烈度，施工图设计依据，设计意图以及施工时的注意事项等。

（3）施工单位技术负责人向下级技术负责人交底

施工单位技术负责人向下级技术负责人交底的内容包括：工程概况一般性交底，工程特点及设计意图，施工方案，施工准备要求，施工注意事项，包括地基处理、主体施工、装饰工程的注意事项及工期、质量、安全等。

（4）技术负责人对工长、班组长进行技术交底

施工项目技术负责人应按分部分项工程对工长、班组长进行技术交底，内容包括：设计图纸具体要求，施工方案实施的具体技术措施及施工方法，土建与其他专业交叉作业的协作关系及注意事项，各工种之间协作与工序交接质量检查，设计要求，规范、规

程、工艺标准，施工质量标准及检验方法，隐蔽工程记录、验收时间及标准，成品保护项目、办法与制度以及施工安全技术措施等。

（5）工长对班组长、工人交底

工长主要利用下达施工任务书的时间对班组长、工人进行分项工程操作交底。

4. 隐蔽、预检工作管理制度

隐蔽、预检工作实行统一领导，分专业管理。各专业应明确责任人，管理制度要明确隐蔽、预检的项目和工作程序，参加的人员制定分栋号、分层、分段的检查计划，对遗留问题的处理要有专人负责。确保及时、真实、准确、系统，资料完整具有可追溯性。

隐蔽工程是指完工后将被下一道工序掩盖，其质量无法再次进行复查的工程部位。隐蔽工程项目在隐蔽前应进行严密检查，做好记录，签署意见，办理验收手续，不得后补。如有问题需复验的，必须办理复验手续，并由复验人作出结论，填写复验日期。

施工预检是工程项目或分项工程在施工前所进行的预先检查。预检是保证工程质量、防止发生质量事故的重要措施。除施工单位自身进行预检外，监理单位还应对预检工作进行监督并予以审核认证。预检时要做好记录。建筑工程的预检项目如下：

①建筑物位置线。包括水准点、坐标控制点和平面示意图，重点工程应有测量记录。

②基槽验线。包括轴线、放坡边线、断面尺寸、标高（槽底标高、垫层标高）和坡度等。

③模板：包括几何尺寸、轴线、标高、预埋件和留孔洞位置、模板牢固性、清扫口留置、模板清理、脱膜剂涂刷和止水要求等。

④楼层放线。包括各层墙柱轴线和边线。

⑤翻样检查。包括几何尺寸和节点做法等。

⑥楼层 50cm 水平线检查。

⑦预制构件吊装。包括轴线位置、构件型号、堵孔、清理、标高、垂直偏差及构件裂缝和损伤处理等。

⑧设备基础。包括位置、标高、几何尺寸、预留孔和预埋件等。

⑨混凝土施工缝留置的方法和位置和接槎的处理。

5. 材料、设备检验和施工试验制度

由项目技术负责人明确责任人和分专业负责人，明确材料、成品、半成品的检验和施工试验的项目，制定试验计划和操作规程，对结果进行评价。确保项目所用材料、构件、零配件和设备的质量，进而保证工程质量。

6. 工程洽商、设计变更管理制度

由项目技术负责人指定专人组织制定管理制度，经批准后实施。明确工程洽商内容、技术洽商的责任人及授权规定等。涉及影响规划及公用、消防部门已审定的项目，如改变使用功能，增减建筑高度、面积，改变建筑外廓形态及色彩等项目时，应明确其变更需具备的条件及审批的部门。

7. 技术信息和技术资料管理制度

技术信息和技术资料的形成，须建立责任制度，统一领导，分专业管理。做到及时、准确、完整，符合法规要求，无遗留问题。

技术信息和技术资料由通用信息、资料（法规和部门规章、材料价格表等）和本工程专项信息资料两大部分组成。前者是指导性、参考性资料，后者是工程归档资料，是为工程项目交工后，给用户在使用维护、改建、扩建及给本企业再有类似的工程施工时做参考。工程归档资料是在生产过程中直接产生和自然形成的，内容有：图纸会审记录、设计变更，技术核定单，原材料、成品、半成品的合格证明及检验记录，隐蔽工程验收记录等；还有工程项目施工管理实施规划、研究与开发资料、大型临时设施档案、施工日志和技术管理经验总结等。

8. 技术措施管理制度

技术措施是为了克服生产中的薄弱环节，挖掘生产潜力，保证完成生产任务，获得良好经济效果，在提高技术水平方面采取的各种手段或办法。技术措施不同于技术革新，技术革新强调一个“新”字、而技术措施则是综合已有的先进经验或措施。要做好技术措施工作，必须编制并执行技术措施计划。

（1）技术措施计划的主要内容

①加快施工进度方面的技术措施。

②保证和提高工程质量的技术措施。

③节约劳动力、原材料、动力、燃料和利用“三废”等方面的技术措施。

④推广新技术、新工艺、新结构、新材料的技术措施。

⑤提高机械化水平，改进机械设备的管理以提高完好率和利用率的措施。

⑥改进施工工艺和施工技术以提高劳动生产率的措施。

⑦保证安全施工的措施。

（2）技术措施计划的执行

①技术措施计划应在下达施工计划的同时，下达到工长及有关班组。

②对技术组织措施计划的执行情况应认真检查，督促执行，发现问题及时处理。如无法执行，应查明原因，进行分析。

③每月月底，施工项目技术负责人应汇总当月的技术措施计划执行情况，填写报表上报，进行总结并公布成果。

⑨计量、测量工作管理制度

制定计量、测量工作管理制度，明确需计量和测量的项目及其所使用的仪器、工具，规定计量和测量操作规程，对其成果、工具和仪器设备进行管理。

⑩其他技术管理制度

除以上几项主要技术管理制度外，施工项目经理部还应根据实际需要，制定其他技术管理制度，保证相关技术工作正常运行。如土建与水电专业施工协作技术规定、技术革新与合理化建议管理制度和技术发明奖励制度等。

二、建筑工程项目资金管理

建筑工程项目的资金，是项目资源的重要组成内容，是项目经理部在项目实施阶段占用和支配其他资源的货币表现，是保证其他资源市场流通的手段，是进行生产经营活动的必要条件和基础。资金管理直接关系到施工项目的顺利实施和经济效益的获得。

（一）建筑工程项目资金管理的目的

建筑工程项目资金管理的目的是保证收入、节约支出、防范风险和提高经济效益。

1. 保证收入

目前我国工程造价多采用暂定量或合同价款加增减账结算，因此抓好工程预算结算工作，尽快确定工程价款，以保证工程款的收入。开工后，必须随工程施工进度抓好已完工工程量的确认及变更、索赔等工作，及时同建设单位办理工程进度款的结算。在施工过程中，保证工程质量，消除质量隐患和缺陷，以保证工程款足额拨付。同时还要注意做好工程的回访和保修，以利于工程尾款（质量保证金）在保修期满后及时回收。

2. 节约支出

工程项目施工中各种费用支出须精心计划，节约使用，保证项目经理部有足够的资金支付能力。必须加强资金支出的计划控制，工、料、机的投入采用定额管理，管理费用要有开支标准。

3. 防范风险

项目经理部要合理预测项目资金的收入和支出情况，对各种影响因素进行正确评估，最大限度地避免资金的收入和支出风险（如工程款拖欠、施工方垫付工程款等）。

注意发包方资金到位情况，签好施工合同，明确工程款支付办法和发包方供料范围。关注发包方资金动态，在已经发生垫资的情况下，要适当控制施工进度，以利资金的回收。如垫资超出计划，应调整施工方案，压缩规模，甚至暂缓或停止施工，同时积极与发包主协商，保住工程项目以利收回垫资。

4. 提高经济效益

项目经济效益的好坏，在很大程度上取决于能否管好、用好资金。节约资金可降低财务费用，减少银行贷款利息支出。在支付工、料、机生产费用时，应考虑资金的时间因素，签好相关付款协议，货比三家，尽量做到所购物物美价廉。承揽施工任务，既要保证质量，按期交工，又要加强施工管理，做好预决算，按期回收工程价款，提高经济效益和企业竞争力。

（二）建筑工程项目资金收支的预测与分析

编制项目资金收支计划，是项目经理部在资金管理工作中首先要完成的工作，因为一方面要及时上报企业管理层审批，另一方面，项目资金收支计划是实现项目资金管理目标的重要手段。

1. 资金收入预测

施工项目的资金收入一般指预测收入。在施工项目实施过程中，应从按合同规定收取工程预付款开始，每月按工程进度收取工程进度款，直到最终竣工结算。所以应根据施工进度计划及合同规定按时测算出价款数额，作出项目收入预测表，绘出项目资金按月收入图及项目资金按月累加收入图。

施工项目资金收入主要来源有：

①按合同规定收取的工程预付款。

②每月按工程进度收取的工程进度款。

③各分部分项、单位工程竣工验收合格和工程最终验收合格后的竣工结算款。

④自有资金的投入或为弥补资金缺口而获得的有偿资金。

2. 资金支出预测

施工项目资金的支出主要用于其他资源的购买或租赁、劳动者工资的支付、施工现场的管理费用等。资金的支出预测依据主要有：施工项目的责任成本控制计划、施工管理规划及材料和物资的储备计划。

施工项目资金预测支出包括：

①消耗人力资源的支付。

②消耗材料及相关费用的支付。

③消耗机械设备、工器具等的支付。

④其他直接费用和间接费用的支付。

⑤自有资金投入后利息的损失或投入有偿资金后利息的支付。

3. 资金预测结果分析

将施工项目资金收入预测累计结果和支出预测累计结果绘制在同一坐标图上进行分析。

（三）建筑工程项目资金的使用管理

项目实施过程中所需资金的使用由项目经理部负责管理，资金运作全过程要接受企业内部银行的管理。

1. 企业内部银行

内部银行即企业内部各核算单位的结算中心，按照商业银行运行机制，为各核算单位开立专用账号，核算各单位货币资金的收支情况。内部银行对存款单位负责，“谁账户的资金谁使用”，不许透支、存款有息、贷款付息，违规罚款，实行金融市场化管理。

内部银行同时行使企业财务管理职能，进行项目资金的收支预测，统一对外收支与结算，统一对外办理贷款筹集资金和内部单位的资金借款，并负责组织企业内部各单位利税和费用上缴等工作，发挥企业内部的资金调控管理职能。

项目经理部在施工项目所需资金的运作上具有相当的自主性，项目经理部以独立身份在企业内部银行设立项目专用账号，包括存款账号和贷款账号。

2. 项目资金的使用管理

项目资金的管理实际上反映了项目施工管理的水平，从施工方案的选择、进度安排，到工程的建造，都要用先进的施工技术，科学的管理方法提高生产效率、保证工程质量、降低各种消耗，努力做到以较少的投入，创造较大的经济效益。

建立健全项目资金管理责任制，明确项目资金的使用管理由项目经理负责，明确财务管理人员负责组织日常管理工作，明确项目预算员、计划员、统计员、材料员、劳动定额员等管理人员的资金管理职责和权限，做到统一管理，归口负责。

明确了职责和权限，还需要有具体的落实。管理方式讲求经济手段，针对资金使用过程中的重点环节，在项目经理部管理层与操作层之间可运用市场和经济的手段，其中在管理层内部主要运用经济手段。总之，一切有市场规则性的、物质的、经济的、带有激励性的手段，均可供项目经理部在管理工作中选择并合法而有效地加以利用。

第六章 BIM 技术与工程管理

第一节 BIM 技术基本概述

进入 21 世纪，一个被称为 BIM 的新事物出现在全世界建筑业中。BIM 是 Building Information Modeling 的缩写，中文译为“建筑信息模型”。BIM 问世后，不断在各国建筑界中施展“魔力”。许多接纳 BIM、应用 BIM 的建设项目不同程度地出现了建设质量和劳动生产率提高、返工和浪费现象减少、建设成本得到节省等现象，从而提高了建设企业的经济效益。

一、BIM 的含义

BIM 的含义应当包括三个方面。

第一，BIM 是设施所有信息的数字化表达，是一个可以作为设施虚拟替代物的信息化电子模型，是共享信息的资源，即 Building Information Model。在本书后面的内容中，将把 Building Information Model 称为 BIM 模型。

第二，BIM 是在开放标准和互用性基础之上建立、完善和利用设施的信息化电子模型的行为过程，设施有关的各方可以根据各自职责对模型插入、提取、更新和修改信息，以支持设施的各种需要，即 Building Information Modeling，称为 BIM 建模。

第三，BIM 是一个透明的、可重复的、可核查的、可持续的协同工作环境。在这个环境中，各参与方在设施全生命周期中都可以及时联络，共享项目信息，并通过分析信息作出决策和改善设施的交付过程，使项目得到有效的管理。这也就是 Building Information Management，称为建筑信息管理。

二、BIM 技术特征

（一）BIM 技术的概念

BIM 技术是一项应用于设施全生命周期的 3D 数字化技术，它以一个其全生命周期都通用的数据格式，创建、收集该设施所有相关的信息，建立起信息协调的信息化模型作为项目决策的基础和共享信息的资源。

应用 BIM 要实现的目标之一是，在设施全生命周期中，所有与设施有关的信息只需要一次输入，便可通过信息的流动应用到设施全生命周期的各个阶段。信息的多次重复输入不但耗费大量人力、物力成本，而且增加了出错的机会。

如果只需要一次输入，又面临如下问题：设施的全生命周期要经历从前期策划到设计、施工、运营等多个阶段，每个阶段又分为不同专业的多项不同工作（例如，设计阶段可分为建筑创作、结构设计、节能设计等；施工阶段也可分为场地使用规划、施工进度模拟、数字化建造等），每项工作用到的软件都不相同，这些不同品牌、不同用途的软件都需要从 BIM 模型中提取源信息进行计算、分析，提供决策数据给下一阶段计算、分析，这就需要一种在设施全生命周期各种软件都通用的数据格式，以方便信息的储存、共享、应用和流动。

什么样的数据格式能达到这样的要求？那就是 IFC（Industry Foundation Classes，工业基础类）标准的格式，目前 IFC 标准的数据格式已经成为全球不同品牌、不同专业的建筑工程软件之间创建数据交换的标准数据格式。

世界著名的工程软件开发商为了保证其软件产品所配置的 IFC 格式正确并能够与其他品牌的软件产品通过 IFC 格式正确交换数据，它们都把其开发的软件产品送到 BSI 进行 IFC 认证。一般认为，软件产品通过了 BSI 的 IFC 认证，就标志着其真正采用了 BIM 技术。

（二）BIM 技术的基本特征

1. 模型信息的完备性

BIM 是设施的物理和功能特性的数字化表达，包含设施的所有信息。BIM 的这个定义就体现了信息的完备性，其包含以下内容。

第一，工程对象 3D 几何信息及拓扑关系。

第二，工程对象完整的工程信息描述。例如，对象名称、结构类型、建筑材料、工程性能等设计信息；施工工序、进度、成本、质量及人力、机械、材料资源等施工信息；工程安全性能、材料耐久性能等维护信息等。

第三，工程对象之间的工程逻辑关系。例如，在创建建筑信息模型的过程中，设施的前期策划、设计、施工、运营维护各个阶段都连接了起来，把各阶段产生的信息都存入 BIM 模型中，使 BIM 模型的信息来自单一的工程数据源，包含设施的所有信息。BIM 模型内的所有信息均以数字化形式保存在数据库中，以便更新和共享。信息的完备性使得 BIM 模型具有良好的基础条件，支持可视化操作、优化分析、模拟仿真等功能，可在可视化条件下进行各种优化分析（体量分析、空间分析、采光分析、能耗分析、成本分析等）和模拟仿真（碰撞检测、虚拟施工、紧急疏散模拟等）提供了条件。

2. 模型信息的关联性

模型信息的关联性体现在两个方面：一是工程信息模型中的对象是可识别且相互关联的；二是模型中某个对象发生变化，与之关联的所有对象会随之更新。在数据之间创建实时的、一致性的关联，对数据库中任何数据的更改，都可以立刻在其他关联的地方反映出来。

模型信息的关联性这一技术特点很重要。对设计师来说，设计建立起的信息化建筑模型就是设计的成果，至于各种平面、立面、剖面 2D 图纸及门窗表等图表都可以根据模型随时生成。这些源于同一数字化模型的所有图纸、图表均相互关联，避免了用 2D 绘图软件画图时易出现的不一致现象。在任何视图（平面图、立面图、剖视图）上对模型的任何修改都视同对数据库的修改，会立刻在其他视图或图表上关联的地方反映出来，并且这种关联变化是实时的。这样就保持了 BIM 模型的完整性和健壮性，在实际生产中大大提高了项目的工作效率，消除了不同视图之间的不一致现象，保证了项目的工程质量。

这种关联变化还表现在各构件实体之间可以实现关联显示、智能互动。例如，模型中的屋顶是和墙相连的，如果要把屋顶升高，墙的高度就会跟着变高。又如，门窗都是开在墙上的，如果把模型中的墙平移，墙上的门窗也会平移；如果把模型中的墙删除，墙上的门窗也立刻被删除，而不会出现墙被删除了而窗还悬在半空的不协调现象。这种关联显示、智能互动表明了 BIM 技术能够支持对模型的信息进行计算和分析，并生成相应的图形及文档。信息的协调性使 BIM 模型中各个构件之间具有良好的协调性。这种协调性为建设工程带来了极大的方便，例如，在设计阶段，不同专业的设计人员可以通过应用 BIM 技术发现彼此不协调甚至相冲突的地方，及早修正设计，避免造成返工与浪费；在施工阶段，可以通过应用 BIM 技术合理地安排施工计划，保证整个施工阶段衔接紧密、合理，使施工能够高效地进行。

3. 模型信息的一致性

全生命周期不同阶段的模型信息是一致的，同一信息无须重复输入。应用 BIM 技术可以实现信息的互用性，充分保证了经过传输与交换以后信息前后的一致性。

具体来说，实现互用性就是 BIM 模型中所有数据只需要一次性采集或输入，就可以在整个设施的全生命周期中实现信息的共享、交换与流动，使 BIM 模型能够自动演化，避免出现信息不一致的错误。在建设项目的不同阶段免除对数据的重复输入，可以大大降低成本、节省时间、减少错误、提高效率。这一点也表明，BIM 技术提供了良好的信息共享环境。在 BIM 技术的应用过程中，不应当因为项目参与方使用不同专业的软件或者不同品牌的软件而产生信息交流的障碍，更不应当在信息交流的过程中发生损耗，导致部分信息丢失，而应保证信息自始至终的一致性。

实现互用性最主要的一点就是 BIM 支持 IFC 标准。另外，为方便模型通过网络进行传输，BIM 技术也支持 XML（Extensible markup Language，可扩展标记语言）。

4. 模型信息的可视化

模型信息能够自动演化，动态描述生命期各阶段的过程。可视化是 BIM 技术最显而易见的特点。BIM 技术的一切操作都是在可视化的环境下完成的，在可视化环境下进行建筑设计、碰撞检测、施工模拟、避灾路线分析等一系列的操作。

传统的 CAD 技术只能提交 2D 的图纸。业主和用户看不懂建筑专业图纸，为了便于其理解，就需要委托相关公司制作 3D 效果图，甚至需要委托模型公司做一些实体建筑模型。虽然 3D 效果图和实体建筑模型提供了可视化的视觉效果，但仅仅是展示设计的效果，却不能进行节能模拟、碰撞检测和施工仿真。总之，传统技术不能帮助项目团队进行工程分析以提高整个工程的质量。究其原因，是这些传统方法缺乏信息的支持。

现在建筑物的规模越来越大，空间划分越来越复杂，人们对建筑物功能的要求也越来越高。面对这些问题，如果没有可视化手段，光是靠设计师的脑袋来记忆、分析是不可能的，许多问题在项目团队中也不一定能够清晰地交流，更不用说深入地分析，以寻求合理的解决方案了。BIM 技术的出现为实现可视化操作开辟了广阔的前景，其附带的构件信息（几何信息、关联信息、技术信息等）为可视化操作提供了有力的支持，不但使一些比较抽象的信息（如应力、温度、热舒适性）用可视化的方式表达出来，还可以将设施建设过程及各种相互关系动态地表现出来。可视化操作为项目团队的一系列分析提供了方便，有利于提高生产效率、降低生产成本和提高工程质量。

BIM 模型的可视化是一种能够使同构件之间形成互动性和反馈性的可视。在 BIM 建筑信息模型中，整个过程都是可视化的，所以可视化的结果不仅可以用来展示效果图及生成报表，更重要的是，项目设计、建造、运营过程中的沟通、讨论、决策都在可视化的状态下进行。

5. 模型信息的协调性

如果各专业设计师之间的沟通不到位，就会出现各种专业之间的碰撞问题，例如，暖通等专业中的管道在进行布置时常遇到碰撞问题。BIM 的协调性服务就可以帮助处理这种问题，BIM 建筑信息模型可以在建筑物建造前期对各专业的碰撞问题进行协调，生成和提供协调数据。当然，BIM 的协调作用并不是只能解决各专业间的碰撞问题，它还可以解决诸如电梯井布置与其他设计布置及净空要求的协调、防火分区与其他设计布置的协调、地下排水布置与其他设计布置的协调等问题。

6. 模型信息的模拟性

BIM 并不是只能模拟设计出的建筑物模型，还可以模拟不方便在真实世界中进行操作的事物。在设计阶段，BIM 可以进行节能模拟、紧急疏散模拟、日照模拟、热能传导模拟等。在招投标和施工阶段，BIM 可以进行 4D 模拟（三维模型 + 项目的发展时间），也就是根据施工的组织设计模拟实际施工，从而确定合理的施工方案来指导施工，还可以进行 5D 模拟（基于 4D 模型的造价控制），从而实现成本控制。在后期运营阶段，BIM 可以进行日常紧急情况处理方式的模拟，如地震人员逃生模拟及消防人员疏散模拟等。

7. 模型信息的优化性

事实上，项目的整个设计、施工、运营过程就是两个不断优化的过程，虽然优化和 BIM 不存在实质性的必然联系，但在 BTM 的基础上可以做更好的优化。优化受三个因素的制约——信息、复杂程度和时间，没有准确的信息，就做不出合理的优化结果。BIM 模型提供了建筑物实际存在的信息，包括几何信息、物理信息、规则信息，还提供了建筑物变化以后的实际存在。复杂程度过高，参与人员无法掌握所有信息，必须借助一定的科学技术和设备。现代建筑物的复杂程度大多超过参与人员本身的能力极限，BIM 及其配套的各种优化工具提供了对复杂项目进行优化的可能。基于 BIM 的优化可以做以下工作。

首先，项目方案优化。把项目设计和投资回报分析结合起来，设计变化对投资回报的影响可以实时计算出来，这样业主就会清楚地知道哪种项目设计方案更有利于满足自身的需求。

其次，特殊项目的设计优化。例如，裙楼、幕墙、屋顶、大空间到处可看到异形设计，这些内容看起来占整个建筑的比例不大，但是其投资和工作量所占比例往往要大得多，而且通常是施工难度比较大和施工问题比较多的地方，对这些内容的设计施工方案进行优化，可以带来显著的工期和造价改进。

8. 模型信息的可出图性

BIM 模型通过对建筑物进行可视化展示协调、模拟、优化以后，可以帮助业主出如下图纸：综合管线图（经过碰撞检查和设计修改，消除了相应错误以后）、综合结构留洞图（预埋套管图）、碰撞检查侦错报告和建议改进方案。

9. 模型信息的一体化性

基于 BIM 技术可进行从设计到施工再到运营的一体化管理，贯穿了工程项目的全生命周期。BIM 的技术核心是一个由计算机三维模型所形成的数据库，其不仅包含了建筑的设计信息，还可以容纳从设计到建成使用，甚至是使用周期终结的全过程信息。

BIM 技术大大改变了传统建筑业的生产模式。利用 BIM 模型，建筑项目的信息在其全生命周期中实现无障碍共享、无损耗传递，为建筑项目全生命周期中的所有决策及生产活动提供可靠的信息基础。BIM 技术较好地解决了建筑全生命周期中多工种、多阶段的信息共享问题，使整个工程的成本大大降低、质量和效率显著提高，为传统建筑业在信息时代的发展展现了光明的前景。

（三）BIM 技术的关键特征

BIM 技术的关键特征主要有以下几点：基于三维几何模型；以面向对象的方式表示建筑构件，并具有可计算的图形及资料属性，使用软件可识别构件，并且可以被自动操控；建筑构件包括可描述其行为的数据，支持分析和工作流程；数据一致且无冗余，如构件信息更改，会表现在构件及其视图中；模型所有视图都是协调一致的。

（四）BIM 技术的辨别

目前，BIM 在工程软件界中是一个非常热门的概念，但是很多用户对什么是 BIM 技术、什么不是 BIM 技术认识模糊。许多软件开发商声称自己开发的软件是采用 BIM 技术。那么，到底这些软件是不是使用了 BIM 技术呢？以下列举了四种不属于 BIM 技术的建模技术。

第一，模型只包含 3D 几何信息，没有或只有几个属性信息。这种模型仅能用于图形可视化，无法支持信息整合和性能分析。这些模型确实可用于图形可视化，但在对象级别并不具备智能支持。它们的可视化做得较好，但对数据集成和设计分析只有很少的支持，甚至没有支持。例如，非常流行的 SketehUp，它在快速设计造型上很优秀，但对任何其他类型的分析的应用非常有限，这是因为在它的建模过程中没有知识的注入，是一个欠缺信息完备性的模型，因而不算是 BIM 技术建立的模型。它的模型只能算是可视化的 3D 模型，而不是包含丰富的属性信息的信息化模型。

第二，模型不支持动态操作。这些模型定义了对象，但因为它们没有使用参数化的智能设计，所以不能调节其位置或比例。这带来的后果是需要大量的人力进行调整，并且可导致其创建出不一致或不准确的模型视图。

BIM 的模型架构是一个包含数据模型和行为模型的复合结构，其行为模型支持集成管理环境、支持各种模拟和仿真的行为。在支持这些行为时，需要进行数据共享与交换。不支持行为的模型，其模型信息不具有互用性，无法进行数据共享与交换，不属于用 BIM 技术建立的模型。

第三，模型由多个 2D 参照图档组成。这类模型的组成基础是 2D 图形，不可能确保所得到的 3D 模型是一个切实可行的、协调一致的、可计算的模型，因此，该模型所包含的对象也不可能实现关联显示、智能互动。

第四，模型允许在单一视图中更改，无法自动反映到其他视图中。这说明该视图与模型欠缺关联，反映出模型里面的信息协调性差，这样就会难以发现模型中的错误。一个信息协调性差的模型，不能算是 BIM 技术建立的模型。

目前，确实有一些号称应用 BIM 技术的软件使用了上述不属于 BIM 技术的建模技术，这些软件能满足某个阶段计算和分析的需要，但由于其本身的技术缺陷，可能会导致某些信息的丢失，从而影响到信息的共享、交换和流动，难以支持在设施全生命周期中的应用。

三、BIM 技术体系与评价体系

BIM 对建筑业的绝大部分同行来说还是一种比较新的技术和方法，在 BIM 产生和普及应用之前及其过程中，建筑行业已经使用了不同种类的数字化及相关技术和方法，包括可视化、参数化、CAE、协同、BIM、IPD、VDC、精益建造、流程、互联网、移动通信、HF 量等，下面对 BIM 技术体系进行简要介绍。

（一）BIM 和可视化

可视化是创造图像、图表或动画来进行信息沟通的各种技巧，自从人类产生以来，无论是沟通抽象的还是具体的想法，利用图画的可视化方法都已经成为一种有效手段。

从这个意义上来说，实物的建筑模型、手绘效果图、照片、电脑效果图、电脑动画都属于可视化的范畴，符合“用图画沟通思想”的定义，但是二维施工图不是可视化的，因为施工图本身只是一系列抽象符号的集合，是一种建筑业专业人士的“专业语言”，而不是一种“图画”，因此施工图属于“表达”范畴，也就是把一件事情的内容讲清楚，但不包括把一件事情讲得容易沟通。

当然，这里说的可视化是指电脑可视化，包括电脑动画和效果图等。有趣的是，大家约定成俗地对电脑可视化的定义与维基百科的定义完全一致，也和建筑业本身有史以来的定义不谋而合。

如果我们把 BIM 定义为建设项目所有几何、物理、功能信息的完整数字表达或者称之为建筑物的 DNA，那么 2D 的 CAD 平、立、剖面图纸可以比作是该项目的心电图、B 超和 X 光，而可视化就是这个项目特定角度的照片或者录像，即 2D 图纸和可视化都只是表达或表现了项目的部分信息，但不是完整信息。

在目前 CAD 和可视化作为建筑业主要数字化工具的时候，CAD 图纸是项目信息的抽象表达，可视化是对 CAD 图纸表达的项目部分信息的图画式表现。可视化需要根据 CAD 图纸重新建立三维可视化模型，因此时间和成本的增加及错误的发现就成为这个过程的必然结果，更何况 CAD 图纸是在不断调整和变化的，这种情形要让可视化的模型和 CAD 图纸始终保持一致，成本会非常高。一般情形下，效果图看完也就算了，不会去更新保持和 CAD 图纸的一致。这也就是目前情况项目建成的结果和可视化效果不一致的主要原因之一。

使用BIM以后，这种情况就变了。第一，BIM本身就是一种可视化程度比较高的工具，而可视化是在 BIM 基础上更高程度的可视化表现。第二，由于 BIM 包含了项目的几何、物理和功能等完整信息，可视化可以直接从 BIM 模型中获取需要的几何、材料、光源、视角等信息，不需要重新建立可视化模型，可视化的工作资源可以集中到提高可视化效果上来，而且可视化模型可以随着 BIM 设计模型的改变而动态更新，保证了可视化与设计的一致性。第三，BIM 信息的完整性及与各类分析计算模拟软件的集成，拓展了可视化的表现范围，如 4D 模拟、突发事件的疏散模拟、日照分析模拟等。

（二）BIM 和参数化建模

1. 什么不是参数化建模

一般的 CAD 系统，确定图形元素尺寸和定位的是坐标，这不是参数化。为了提高绘图效率，在上述功能基础上可以定义规则来自动生成一些图形，如复制、阵列、垂直、平行等，这也不是参数化。道理很简单，这样生成的两条垂直的线，其关系是不会被系统内部维护的，用户编辑其中的一条线，另外一条不会随之变化。在 CAD 系统基础上，开发对特殊工程项目（如水池）的参数化自动设计应用程序，用户只需输入几个参数（如直径、高度等），程序就可以自动生成这个项目的所有施工图、材料表等，这还不是参数化。有两点原因：这个过程是单向的，生成的图形和表格已经完全没有智能；这个时候如果修改某个图形，其他相关的图形和表格不会自动更新。这种程序对能处理的项目限制极其严格，也就是说，嵌入其中的专业知识极其有限。为了使通用的 CAD 系统更好地服务于某个行业或专业，定义和开发面向对象的图形实体（被称为“智能对象”），然后在这些实体中存放非几何的专业信息（如墙厚、墙高等），这些专业信息可用于后续的统计分析报表等工作，这仍然不是参数化，理由有两点：用户自己不能定义对象（如一种新的门），这个工作必须通过 API 编程才能实现；用户不能定义对象之间的关系（如把两个对象组装起来变成一个新的对象）。

非几何信息附着在图形实体（智能对象）上，几何信息和非几何信息本质上是分离的，因此需要专门的工作或工具来检查几何信息和非几何信息的一致性和同步性，当模型大到一定程度以后，这个工作就无法实现了。

2. 什么是参数化建模

图形由坐标确定，这些坐标可以通过若干参数来确定。例如，要确定一扇窗的位置，我们可以简单地输入窗户的定位坐标，也可以通过几个参数来定位，如放在某段墙的中间、窗台高度 900mm、内开，这样，这扇窗在项目的生命周期中就跟这段墙发生了永恒的关系，除非被重新定义。系统则会把这种永恒的关系记录下来。

参数化建模是用专业知识和规则（而不是几何规则，用几何规则确定的是一种图形生成方法，如两个形体相交得到一个新的形体等）来确定几何参数和约束的一套建模方法，宏观层面我们可以总结出参数化建模的如下几个特点。

参数化对象是有专业性或行业性的，如门、窗、墙等，而不是纯粹的几何图形。因此，基于几何元素的 CAD 系统可以为所有行业所用，而参数化系统只能为某个专业或行业所用。

这些参数化对象（在这里就是建筑对象）的参数是由行业知识（Domain Knowledge）来驱动的，例如，门窗必须放在墙里面、钢筋必须放在混凝土里面、梁必须要有支撑等。

行业知识表现为建筑对象的行为，即建筑对象对内部或外部刺激的反应，如层高变化，楼梯的踏步数量就会自动变化等。

参数化对象对行业知识广度和深度的反应模仿能力决定了参数化对象的智能化程度，也就是参数化建模系统的参数化程度。

微观层面，参数化模型系统应该具备下列特点。

参数化模型系统可以通过用户界面（而不是像传统 CAD 系统那样必须通过 API 编程接口）创建形体，以及对几何对象定义、附加参数关系和约束，创建的形体可以通过改变用户定义的参数值和参数关系进行处理。

用户可以在系统中对不同的参数化对象（如一堵墙和一扇窗）之间施加约束。

对象中的参数是显式的，某个对象中的一个参数可以用来推导其他空间上相关的对象的参数。

施加的约束能被系统自动维护（如两墙相交，一墙移动时，另一墙体需自动缩短或增长以保持与之相交），应该是 3D 实体模型，应该是同时基于对象和特征的。

3. BIM 和参数化建模

BIM 是一个创建和管理建筑信息的过程，而这个信息是可以互用和重复使用的。BIM 系统应该有这样几个特点：基于对象的；使用三维实体几何造型；

具有基于专业知识的规则和程序；使用一个集成和中央的数据仓库。

从理论上说，BIM 和参数化并没有必然联系，不用参数化建模也可以实现 BIM，但从系统实现的复杂性、操作的易用性、处理速度的可行性、软硬件技术的支持性等几个角度综合考虑，就目前的技术水平和能力来看，参数化建模是 BIM 真正成为生产力的不可或缺的基础。

（三）BIM 和 CAE

简单地讲，CAE 就是国内同行常说的工程分析、计算、模拟、优化等软件，这些软件是项目设计团队决策信息的主要提供者。CAE 的历史比 CAD 早，更比 BIMB，电脑的最早期应用事实上是从 CAE 开始的，包括历史上第一台用于计算炮弹弹道的 ENIAC 计算机。

CAE 涵盖的领域包括以下几个方面：使用有限元法，进行应力分析，如结构分析等；使用计算流体动力学进行热和流体的流动分析；运动学，如建筑物爆破倾倒历时分析等；过程模拟分析，如日照、人员疏散等；产品或过程优化，如施工计划优化等；机械事件仿真。

一个 CAE 系统通常由前处理、求解器和后处理三个部分组成。

前处理：根据设计方案定义用于某种分析、模拟、优化的项目模型和外部环境因素（统称为作用，如荷载、温度等）。

求解器：计算项目对于上述作用的反应（例如，变形、应力等）。

后处理：以可视化技术、数据 CAE 集成等方式把计算结果呈现给项目团队，作为调整、优化设计方案的依据。

目前大多数情况下，CAD 作为主要设计工具，其图形本身没有或极少包含各类 CAE 系统所需要的项目模型非几何信息（如材料的物理、力学性能）和外部作用信息，在能够进行计算以前，项目团队必须参照 CAD 图形使用 CAE 系统的前处理功能重新建立 CAE 需要的计算模型和外部作用；在计算完成以后，需要人工根据计算结果用 CAD

调整设计，然后进行下一次计算。

上述过程工作量大、成本过高且容易出错，因此大部分CAE系统只好被用来对已经确定的设计方案做一种事后计算，然后根据计算结果配备相应的建筑、结构和机电系统，至于这个设计方案的各项指标是否达到了最优效果，反而较少有人关心。也就是说，CAE作为决策依据的根本作用并没有得到很好发挥。

CAE在CAD及前CAD时代的状况，可以用一句话来描述：有心杀贼，无力回天。

由于BIM包含了一个项目完整的几何、物理、性能等信息，CAE可以在项目发展的任何阶段从BIM模型中自动抽取各种分析、模拟、优化所需要的数据进行计算，这样项目团队根据计算结果对项目设计方案调整以后又立即可以对新方案进行计算，直到满意的设计方案产生为止。

因此可以说，正是BIM的应用给CAE带来了第二个春天（电脑的发明是CAE的第一个春天），让CAE回归了真正作为项目设计方案决策依据的角色。

（四）BIM和GIS

在GIS（地理信息系统）及以其为基础发展起来的领域，有三个流行名词（GIS、数字城市、智慧地球）与下面要谈的话题有关。

任何技术归根结底都是为人类服务的，人类基本上有两种生存状态：不是在房子里，就是在去房子的路上。抛开精确的定义，用最简单的概念进行划分。GIS是管房子外面的（道路、燃气、电力、通信、供水）；BIM（建筑信息模型）是管房子里面的（建筑、结构、机电）；CAD不是用来“管”的，而是用来“画”的，既能画房子外面的，也能画房子里面的。

技术是为人类服务的，人类是生活在地球上某个具体位置上的，按照GIS的定义，GIS应该是房子外面和里面都能管的。

但是在BIM出现以前，CIS始终只能待在房子外面，因为房子里面的信息是没有的。BIM的应用让这个局面有了根本性的改变，而且这个改变的影响是双向的。

对GIS而言，在CAD时代无法提取房子里面的信息，因此把房子画成一个实心的盒子天经地义。但现在，如果有人提供的不是CAD图，而是BIM模型，GIS总不能把这些信息都扔了，仍用实心盒子代替房子吧？

对BIM而言，房子是在已有的自然环境和人为环境中建设的，新建的房子需要考虑与周围环境和已有建筑物的互相影响，不能只管房子里面的事情，而房子外面的信息，GIS系统里面早已经存在了，BIM应该如何利用这些GIS信息避免重复工作，从而建设和谐新房子呢？

BIM和GIS的集成和融合能给人类带来的价值将是巨大的，方向也是明确的。但从实现情况来看，无论在技术上还是管理上，都还有许多需要讨论和解决的问题，至少一点是明确的，简单地在GIS系统中使用BIM模型，目前还不是解决问题的办法。

（五）BIM和BLM

工程建设项目的生命周期主要由两个过程组成：第一是信息过程，第二是物质过程。

施工开始前的项目策划、设计、招投标的主要工作就是信息的生产、处理、传递和应用；施工阶段的工作重点虽然是物质生产（把房子建造起来），但是其物质生产的指导思想却是信息（施工阶段以前产生的施工图及相关资料），同时伴随施工过程还在不断生产新的信息（材料、设备的明细资料等）；使用阶段实际上也是一个信息指导物质使用（空间利用、设备维修保养等）和物质使用产生新的信息（空间租用信息、设备维修保养信息等）的过程。

BIM 的服务对象就是上述建设项目的信息过程，可以从三个维度进行描述。第一维度——项目发展阶段：策划、设计、施工、使用、维修、改造、拆除。第二维度——项目参与方：投资方、开发方、策划方、估价师、银行、律师、建筑师、工程师、造价师、专项咨询师、施工总包、施工分包、预制加工商、供货商、建设管理部门、物业经理、维修保养、改建扩建、拆除回收、观测试验模拟、环保、节能、空间和安全、网络管理、CIO、风险管理、物业用户等。据统计，一般高层建筑项目的合同数在 300 个左右，由此大致可以推换、共享、验证等。用一个形象的例子来说明工程建设行业对 BIM 功能的需求：在项目的任何阶段（如设计阶段），任何一个参与方（如结构工程师），在完成专业工作时（如结构计算），需要和 BIM 系统进行的交互可以描述如下。

①从 BIM 系统中提取结构计算所需要的信息（如梁柱墙板的布置、截面尺寸、材料性能、荷载、节点形式、边界条件等）。

②利用结构计算软件进行分析计算，利用结构工程师的专业知识进行比较决策，得到结构专业的决策结果（例如，需要调整梁柱截面尺寸）。

③把上述决策结果及决策依据等返回增加或修改到 BIM 系统中。

在这个过程中，BIM 需要自动处理好这样一些工作：每个参与方需要提取的信息和返回增加或修改的信息是不一样的，系统需要保证每个参与方增加或修改的信息在项目所有相关的地方生效，即保持项目信息的始终协调一致。

BIM 对建设项目的影响有多大呢？美国和英国的相应研究都认为这样的系统真正实施可以减少项目 30% ~ 35% 的建设成本。

虽然从理论上来看，BIM 并没有规定使用什么样的技术手段和方法，但是从实际成为生产力的角度来分析，下列条件将是 BIM 得以实现的基础。

需要支持项目所有参与方的快速和准确决策，因此这个信息一定是三维形象容易理解，不容易产生歧义的；对于任何参与方返回的信息增加和修改必须自动更新整个项目范围内所有与之相关联的信息，非参数化建模不足以胜任；需要支持任何项目参与各自专业工作的信息需要，系统必须包含项目的所有几何、物理、功能等信息。

对于数百甚至更多不同类型参与方各自专业的不同需要，没有一个单个软件可以完成所有参与方的所有专业需要，必须由多个软件去分别完成整个项目开发、建设、使用过程中各种专门的分析、统计、模拟、显示等任务，因此软件之间的数据互用必不可少。

建设项目的参与方来自不同的企业、不同的地域甚至讲不同的语言，项目开发和建设阶段需要持续若干年，项目的使用阶段需要持续几十年甚至上百年，如果缺少一个统一的协同作业和管理平台其结果将无法想象。

因此，也许可以这样说互用 + 协同。但是 BIM 离我们很遥远，需要我们把 BIM、互用、协同做好，一步一个脚印地走下去，实现这个目标。

（六）BIM 和 RFID

RFID（无线射频识别、电子标签）并不是什么新技术，在金融、物流、交通、环保、城市管理等很多行业都已经有了广泛应用，如我国居民的二代身份证就使用了 RFID。

RFID 还是一个正在成为现实的梦想 —— 物联网的基础元素。当然，还有一个比物联网更“美好”的未来 —— 智慧地球。互联网把地球上任何一个角落的人相互联系起来，靠的是人的智慧和学习能力，因为人有头脑。但是物体没有人的头脑，因此物体（包括动物，应该说除人类以外的任何物体）无法靠纯粹的互联网联系起来。而 RFID 作为某一个物体带有信息的具有唯一性的身份特征，通过信息阅读设备和互联网联系起来，就成为人与物、物与物相连的物联网。从这个意义来说，我们可以把 RFID 看作是物体的“脑”简单介绍了 RFID 以后，再看影响建设项目按时、按价、按质完成的因素，基本上可以分为以下两大类。

第一，设计和计划过程没有考虑到施工现场问题（如管线碰撞、可施工性差、工序冲突等），导致现场窝工、待工。这类问题可以通过建立项目的 BIM 模型，进行设计协调和可施工性模拟，以及对施工方案进行 4D 模拟等手段，在电脑中把计划要发生的施工活动都虚拟地做一遍来解决。

第二，施工现场的实际进展和计划进展不一致，现场人员手工填写报告，管理人员不能实时得到现场信息，不到现场无法验证现场信息的准确度，导致发现问题和解决问题不及时，从而影响整体效率。BIM 和 RFID 的配合可以很好地解决这类问题。没有 BIM 以前，RFID 在项目建设过程中的应用主要限于物流和仓储管理，和 BIM 技术的集成能够让 RFID 发挥的作用大大超越传统的办公和财务自动化应用，直指施工管理中的核心问题 —— 实时跟踪和风险控制。

RFID 负责信息采集的工作，将结果通过互联网传输到信息中心进行信息处理，使经过处理的信息满足不同需求的应用。如果信息中心用 Excel 表格或者关系数据库来处理 RFID 收集来的信息，那么这个信息的应用基本上只能满足统计库存、打印报表等纯粹数据操作层面的要求；反之，如果使用 BIM 模型来处理信息，在 BIM 模型中建立所有部品部件与 RFID 信息一致的唯一编号，那么这些部品部件的状态就可以通过智能手机、互联网技术在 BIM 模型中实时表示出来。

在没有 RFID 的情况下，施工现场的进展和问题依靠现场人员填写表格，再把表格信息通过扫描或录入方式报告给项目管理团队，这样的现场跟踪报告实时吗？不可能。准确吗？不知道。在只使用 RFID，没有使用 BIM 的情况下，可以实时报告部品部件的现状，但是这些部品部件包含了整个项目的哪些部分？有了这些部品部件施工还缺少其他部品部件吗？是否有多余的部品部件过早到位而需要在现场积压比较长的时间呢？这些问题都不容易回答。

当 RFID 的现场跟踪与 BIM 的信息管理和表现结合在一起的时候，上述问题就能迎刃而解。部品部件的状况通过 RFID 的信息收集形成了 BIM 模型的 4D 模拟，现场人员对施工进度、重点部位、隐蔽工程等需要特别记录的部分，根据 RFID 传递的信息，把现场的照片资料等自动记录到 BIM 模型的对应部品部件上，使管理人员对现场发生的情况和问题了如指掌。

四、BIM 技术的价值

（一）BIM 技术的价值体现

项目应用 BIM 技术的价值主要体现在以下六大方面。

①性能：更好理解设计概念，各参与方共同解决问题。

②效率：减少信息转换错误和损失，项目总体周期缩短 5%。

③质量：减少错漏碰缺，减少浪费和重复劳动。

④安全：提升施工现场安全。

⑤可预测性：可以预测建设成本和时间。

⑥成本：节省工程成本 5%。

（二）BIM 技术应用的广度和深度

BIM 技术作为目前建筑业的主流技术，已经在建筑工程项目的多个方面得到了广泛应用。

不只是房屋建筑在应用 BIM 技术，各种类型的基础设施建设项目也在应

用 BIM 技术，在桥梁工程、水利工程、铁路交通、机场建设、市政工程、风景园林建设等各类工程建设中，都可以找到 BIM 技术应用的范例。

BIM 技术应用的广度还体现在应用 BIM 技术的人群相当广泛。当然，各类基础设施建设的从业人员是 BIM 技术的直接使用者，但是，建筑业以外的人员也有不少需要用到 BIM 技术。在与 BIM 技术应用有关的人员中，其中不仅有业主、设计师、工程师、承包商、分包商这些和工程项目有着直接关系的人员，也有房地产经纪、房屋估价师、贷款抵押银行、律师等服务类的人员，还有法规执行检查、环保、安全与职业健康等政府机构的人员，以及废物处理回收商、抢险救援人员等其他行业相关的人员。由此可以看出，BIM 技术的应用面十分宽广。可以说，在建设项目的全生命周期中，BIM 技术无处不在、无人不用。

第二节　BIM 在工程管理中的应用

一、数字化集成交付

（一）数字化集成交付概念

信息是物理的，即“万物皆比特”，数字化集成交付即是在机电工程三维图形文件的基础上，以建筑及其产品的数字化表达为手段，集成了规划、设计、施工和运营各阶段工程信息的建筑信息模型文件传递。

施工阶段及此前阶段积累的 BIM 数据最终是需要为建筑物、构筑物增加附加价值的，需要在交付后的运营阶段再现或再处理交付前的各种数据信息，以便更好地服务于运营。

在集成应用了 BIM 技术、计算机辅助工程（Computer Aided Engineering，CAE）技术、虚拟现实、人工智能、工程数据库、移动网络、物联网以及计算机软件集成技术，通过建立机电设备信息模型（Machine Electric Plumbing Building Information Modeling，MEP-BIM），可形成一个面向机电设备的全信息数据库，实现信息模型的综合数字化集成。

（二）数字化集成交付特点

建筑工程竣工档案具有可视化、结构化、智能化、集成化的特点，采用全数字化表达方法，对建筑机电工程进行详细的分类梳理，建立数字化三维图形。建筑、结构、钢结构等构件分类包括场地、墙、柱、梁、散水、幕墙、建筑柱、门、窗、屋顶、楼板、天花板、预埋吊环、桁架等。建筑给水排水及采暖、建筑电气、智能建筑、通风与空调工程的构件分类包括管道、阀门、仪器仪表、管件、管件附件、卫生器具、线槽、桥架、管路、设备等。构件几何信息、技术信息、产品信息、维护维修信息与构件三维图形关联。

集成交付需要一个基于 BIM 的数据库平台，通过这样一个平台提供网络环境下多维图形的操作，构件的图形显示效果不限于二维 XY 图形，亦包括三维 XYZ 图形不同方向的显示效果。建筑机电工程系统图、平面图均可实现立体显示，施工方案、设备运输路线、安装后的整体情况等均可进行三维动态模拟演示、漫游。

1. 智能化

智能化要求建筑机电工程三维图形与施工工程信息高度相关，可快速对构件信息、模型进行提取、加工。利用二维码、智能手机、无线射频等移动终端实现信息的检索交换，快速识别构件系统属性、技术参数，定位构件现场位置，实现现场高效管理。

2. 结构化

数字化集成交付系统在网络化的基础上，对信息在异构环境进行集成、统一管理，通过构件编码和构件成组编码，将构件及其关键信息提取出来，实现数据的高效交换和共享。

3. 集成化

规划、设计信息、施工信息、运维信息在工程各个阶段通常是孤立的，给同一项目各个专业信息传达造成了极大的不便。通过对各阶段信息进行综合，并与模型集成，可达到工程数据信息的集成管理。

（三）数字化集成交付的应用

1. 集成交付总体流程

由施工方主导，依据相关勘察设计和其他工程资料，对信息进行分类，对模型进行规划，制定相关信息文件、模型文件格式、技术、行为标准。应用支持 IFC 协议的不同建筑机电设计软件虚拟建造出信息模型。将竣工情况完整而准确地记录在 BIM 模型中。

通过数字化集成交付系统内置的 IFC 接口，将三维模型和相关的工程属性信息一并导入，形成 MEP-BIM，将所建立的三维模型和建模过程中所录入的所有工程属性同时保留下来，避免信息的重复录入，提高信息的使用效率。

通过基于 BIM 的集成交付平台，将设备实体和虚拟的 MEP-BIM 一起集成交付给业主，实现机电设备安装过程和运维阶段的信息集成共享、高效管理。

2. 机电工程数字化集成交付的应用

MEP 模型以构件为基础单位组成，对构件及其逻辑结构进行定义和描述，包括构件定义、构件空间结构、构件间关系、系统定义和系统与构件间关系：

①构件定义包括构件的类型以及名称等基本属性；

②空间结构是根据建筑楼层和分区等空间信息定义的模型结构；

③构件间关系描述系统中各个构件之间的连接关系：

④系统定义包括系统类型及其基本属性；

⑤系统与构件间关系定义各个构件所属的系统。

建筑构件的分类依据分部工程、子分部工程划分，其中分部工程包括建筑给水排水及采暖、建筑电气、智能建筑、通风与空调系统，其中建筑给水排水及采暖包括室内给水系统、室内排水系统、室内热水供应系统、卫生器具安装、室内采暖系统、室外给水管网、室外排水管网、室外供热管网、建筑中水系统及游泳池系统以及供热锅炉及辅助设备安装工程；建筑电气包括室外电气、变配电室、供电干线、电气动力、电气照明安装、备用和不间断电源安装、防雷及接地安装；智能建筑包括通信网络系统、办公自动化系统、建筑设备监控系统、火灾报警及消防联动系统、安全防范系统、综合布线系统、智能化集成系统、电源与接地、环境、住宅（小区）智能化系统；通风与空调系统包括送排风系统、防排烟系统、除尘系统、空调风系统、净化空调系统、制冷设备系统、空调水系统等。

信息模型的文件导入集成交付平台的数据格式处理流程如下：支持 IFC 协议的设计软件→相关模型设计文件→转换为 IFC 格式数据文件→导入集成交付平台→数字化集成交付。

导入集成交付平台后，即可实现信息模型的查看、数据的提取、导入导出。此时集成交付前阶段的信息数据即可转入到物业设施设备的管理运营中去。

二、BIM 在物业设备管理中的应用

（一）物业设备管理概述

物业管理指受物业所有人的委托，依据物业管理委托合同，对物业所属建筑物、构筑物及其设备，市政公用设施、绿化、卫生、交通、治安和环境容貌等管理项目进行维护、修缮和整治，并向物业所有人和使用人提供综合性的有偿服务。物业管理中设施设备综合管理是其重要部分。

一般意义上的物业设施与设备包括建筑给排水、采暖通风及空调和建筑电气，传统的物业设备管理侧重于现场管理，主要是在物业管理过程中对上述水暖电设备进行维护保养，把各种设备能够正常运行作为工作目标，着眼于有故障的设备，具有“维持”的特点。但随着网络技术的运用和建筑智能化建设的推进，信息化的现代建筑设备更快地进入各种建筑，使物业管理范围内的设备设施形成庞大而复杂的系统，各项传统产业的业务也由于结合了信息技术而出现很大的变化。物业设备设施营运过程中的成本花费占物业管理成本的比重越来越大，“维持”水平上的管理已越来越不适应物业管理智能化、信息化的需求。

在20世纪80年代末90年代初，设施设备的管理从传统的物业管理范围内脱离出来，其被视为新兴行业，称为物业设施管理（Facility management，FM），定义为从建筑物业主、管理者和使用者的利益出发，对所有的设施与环境进行规划、管理的经营活动。这一经营管理活动的基础是为使用者提供服务，为管理人员提供创造性的工作条件以使其得以尊重和满足，为建筑物业主保证其投资的有效回报并不断地得到资产升值，为社会提供一个安全舒适的工作场所并为环境保护作出贡献。

FM 管理的特征从现场管理上升到经营战略，主要工作目标从维持保养上升到寻求服务品质与服务成本的最优化，管理的着眼点从发生问题的设备到全部固定资产，管理对象的时间从当前扩大到物业管理范围全生命周期内及未来的更新设施，管理所需的知识与技术从单纯地与建筑物本身的水暖电设备相关延展到与建筑、设备、不动产、经营、财务、心理、环境、信息等相关，承担 FM 工作的部门也从单一的设施运行维护部门发展到需要多部门交叉、协调，进行复合管理。

（二）BIM 在物业设备管理中的优势

BIM 实现了知识资源的共享，为设施设备从概念到拆除的全生命周期中的所有决策

提供了可靠依据。该技术已经多次应用在国家项目中，并取得了一定成效。设施设备管理中机电设备（Mechanical Electrical and Plumbing，MEP）工程是建筑给排水、采暖、通风与空调、建筑电气、智能建筑、建筑节能和电梯等专业工程的总称。MEP系统是一个建筑的主要组成部分，直接影响到建筑的安全性、运营效率、能源利用以及结构和建筑设计的灵活性等。传统的MEP运维信息主要来源于纸质的竣工资料，在设备属性查询，维修方案和检测计划确定，以及对紧急事件应急处理时，往往需要从海量的纸质图纸和文档中寻找所需的信息，这一过程无疑费时费力。BIM通过3D数字化技术为运维管理提供虚拟模型，直观形象地展示各个机电设备系统的空间布局和逻辑关系，并将其相关的所有工程信息电子化和集成化，对MEP的运维管理起到非常重要的作用。

（三）BIM与设施设备管理的结合

为了将BIM与设施设备管理结合，首先需要对BIM模型进行轻量化处理，便于BIM模型能够快速的在手机移动端进行展示，同时需要将BIM模型中设备构件与设施设备管理平台中的设备档案信息进行关联，在设备管理运维平台中需要标注出每个设备对应BIM模型中的设备构件，将双方的设备数据进行一致化处理。

1. BIM轻量化模型处理

采用HTML5/WebGL技术将包含建筑信息和建筑体量的原始BIM模型进行解析，用WebGL技术在浏览器端或移动端对BIM模型进行轻量化处理，以获取BIM轻量化模型。

2. 结合BIM的设备运维平台架构

通过在原有的设备运维平台的基础上，集成轻量化的BIM模型以及三维渲染引擎，并将BIM模型中的设备构件ID与设备管理中的设备档案ID进行对应，通过接口或者数据表方式，可以在BIM模型中获取设备运维平台中的设备运行参数，也可以在设备运维平台中通过BIM空间链接的方式跳转打开所选设备所在空间的三维模型信息。

（四）BIM在设施设备管理中的创新性应用

1. 员工培训及应急模拟演练

①目前物业企业基层员工的流动性比较大，社区环境复杂，新入职的员工需要花费较长的时间才能熟悉社区的空间位置和设施设备的具体位置，且熟悉环境只有实地考察这一单一手段，导致效率低下，且容易造成安全漏洞－而通过BIM模型，整个社区的建筑信息包括空间、管线、构件等都已经通过建模以3D的形式展现出来，结合3D渲染引擎，可以使新入职员工沉浸在虚拟建筑模型中，进行虚拟漫游，全方位的可视化直观的了解社区环境和物业设备，这样能极大的缩短新员工熟悉环境的时间，提高工作效率。

②在物业管理中，经常要进行消防演练或者针对一些自然灾害制定应急管理计划，比如制定疏散路线等，通过BIM模型，对于应急方案的制定，可以提前在计算机中的三维环境下进行模拟比较，能更低成本的获取更优的方案。

2. 设备位置及状态可视化展示

基于 BIM 的设备运维平台除了有精确的建筑信息外，社区内的各种设施设备也被建模在 BIM 的三维模型中，包括设备所在的位置，设备的形状大小、材质等都与实物完全匹配，这样便于物业人员通过可视化、形象直观的方式，从各个视角查看设施设备的分布情况，并结合设备运维平台中的设备基本信息管理，能在 3D 场景中查看整个社区的概览情况，包括设备总类、设备总数、完好设备数、故障设备数等，也能导航到某个具体空间，如设备机房，查看机房内分布设备的情况，包括设备的基本参数和业务数据如巡检记录、维保记录，最近巡检时间等。

3. 三维漫游巡检

基于 BIM 的设备运维平台可通过网络、传感器、接口等形式与各个终端设备如风机、水泵、摄像头、门禁、电梯等进行连通，并能实时获取各终端设备的运行参数，通过 BIM 的建筑模型以三维可视化的方式显示在设备上，同时可以设定漫游场景，可以让物业管理人员以虚拟角色的视角在整个建筑物中进行漫游移动，并点击查看各监控设备的台账信息和实时运行参数，能提供设施设备的管理效率，直观发现是否存在问题，及时进行处理。

4. 故障位置快速定位，现场状况提前预知

当设施设备出现故障时，系统可自动定位到 BIM 模型中故障设备所在空间的区域，并以 3D 形式可多角度预览设备位置的空间模型，这样能便于处理人员提前了解到设施设备的现场环境，并可以提前规划到达现场的最优路径，通过获取的设备实时参数，能初步预估设备的故障原因，并准备相应的修复工具和备品备件。

通过轻量化模型的链接，当出现需要外部人员处理的问题，比如消防火警时，可以通过提前将预警位置的空间模型链接发给处理人员，处理人员通过移动端浏览器可以提前获知现场操作环境和相关的设备位置，便于提前制定现场应对的处理方案。

综上所述，通过将前期项目建设阶段的 BIM 模型通过轻量化处理，并结合到物业设施设备运维平台中，我们能通过极小的代价，使原有传统的设施设备运维平台具备可视化运维、虚拟漫游巡检等创新功能，并通过在实际项目的试点应用，效果显著，能够极大的提高原有设备管理的效率，降低工程巡检人员的工作负荷，保证了设备的完好率－通过目前这些创新应用的经验总结，在接下来的物业管理中，我们可以考虑进一步结合数字孪生、虚拟现实仿真、人工智能等先进技术，更好的助力物业企业的数字化转型－如通过读取物联网设备传感器或者控制系统的各种实时参数，构建可视化的远程监控；并结合采集的历史数据，构建设备的健康指标体系，并使用人工智能算法实现趋势预测；基于预测的结果，对维修策略以及备品备件的管理策略进行优化，降低和避免因非计划停机带来的损失。

三、基于 BIM 技术的绿色施工管理

BIM 是信息技术在建筑中的应用，赋予建筑“绿色生命”。应当以绿色为目的、以 BIM 技术为手段，用绿色的观念和方式进行建筑的规划、设计，在施工和运营阶段采用 BIM 技术促进绿色指标的落实，促进整个行业的进一步资源优化整合。

在建筑设计阶段，利用 BIM 可进行能耗分析，选择低环境影响的建筑材料等，还可以进行环境生态模拟，包括日照模拟、日照热的情境模拟及分析、二氧化碳排放计算、自然通风和混合系统情况仿真、通风设备及控制系统效益评估、采光情境模拟、环境流体力学情境模拟等，达到保护环境、资源充分及可持续利用的目的，并且能够给人们创造一种舒适的生活环境。

一座建筑的全生命周期应当包括前期的规划，设计，建筑原材料的获取，建筑材料的制造、运输和安装，建筑系统的建造、运行、维护以及最后的拆除等全过程。所以，要在建筑的全生命周期内施行绿色理念，不仅要在规划设计阶段应用 BIM 技术，还要在节地、节水，节材、节能及施工管理、运营维护管理五个方面深入应用 BIM，不断推进整体行业向绿色方向行进。下面将介绍以绿色为目的、以 BIM 技术为手段的施工阶段节地、节水、节材、节能管理。

（一）节水与水资源利用

水是人类最珍贵的资源之一。用好这有限而又宝贵的水十分重要。

在建筑的施工过程中，用水量极大，混凝土的浇筑、搅拌、养护等都要大量用水。一些施工单位由于在施工过程中没有计划，肆意用水，往往造成水资源的大量浪费，不仅浪费了资源，也会因此上交罚款。所以，在施工中节约用水是势在必行的。

BIM 技术在节水方面的应用体现在协助土方量的计算，模拟土地沉降、场地排水设计，以及分析建筑的消防作业面，设置最经济合理的消防器材。设计规划每层排水地漏位置，雨水等非传统水源的收集和循环利用。

利用 BIM 技术可以对施工用水过程进行模拟。比如处于基坑降水阶段、肥槽未回填时，采用地下水作为混凝土养护用水。使用地下水作为喷洒现场降尘和混凝土罐车冲洗用水。也可以模拟施工现场情况，根据施工现场情况，编制详细的施工现场临时用水方案，使施工现场供水管网根据用水量设计布置，采用合理的管径，有效地减少管网和用水器具的漏损。

（二）节地与室外环境

节地不仅仅是能工用地的合理利用，建筑设计前期的场地分析、运营管理中的空间管理也同样包含在内。BIM 在节地中的主要应用内容有场地分析，上方量计算，施用地管理及空间管理等，下面将分别进行介绍。

1. 场地分析

场地分析是研究影响建筑物定位的主要因素，是确定建筑物的空间方位和外观、建立建筑物与周围景观联系的过程、BIM 结合地理信息系统（Geographic Information

System,GIS),对现场及拟建的建筑物空间数据进行建模分析,结合场地使用条件和特点,做出最理想的现场规划和交通流线组织关系。利用计算机可分析出不同坡度的分布及场地坡向，建设地域发生自然灾害的可能性，区分适宜建设与不适宜建设区域，对前期场地设计可起到至关重要的作用。

2. 土方量计算

利用场地合并模型，在三维中直观查看场地挖填方情况，对比原始地形图与规划地形图得出各区块原始平均高程,设计高程、平均开挖高程,然后计算出各区块挖、填方量。

3. 施工用地管理

建筑施工是一个高度动态的过程。随着建筑工程规模不断扩大,复杂程度不断提高,施工项目管理也变得极为复杂。施工用地、材料加工区、堆场也随着工程进度的变换而调整。BIM 的 4D 施工模拟技术可以在项目建造过程中合理制定施工计划、精确掌握施工进度，优化使用施工资源以及科学地进行场地布置。

（三）节能与能源利用

以 BIM 技术推进绿色施工，节约能源，降低资源消耗和浪费，减少污染是建筑发展的方向和目的。节能在绿色环保方面具体有两种体现：一是帮助建筑形成资源的循环使用，包括水能循环、风能流动、自然光能的照射，科学地根据不同功能、朝向和位置选择最适合的构造形式。二是实现建筑自身的减排。构建时，以信息化手段减少工程建设周期；运营时，不仅能够满足使用需求，还能保证最低的资源消耗。

在方案论证阶段，项目投资方可以使用 BIM 来评估设计方案的布局、视野、照明、安全、人体工程学、声学、纹理、色彩及规范的遵守情况。BIM 甚至可以做到建筑局部的细节推敲，迅速分析设计和施工中可能需要应对的问题。BIM 包含建筑几何形体的很多专业信息，其中也包括许多用于执行生态设计分析的信息，能够很好地将建筑设计和生态设计紧密联系在一起，设计将不单单是体量、材质、颜色等，而且也是动态的、有机的。Au-todesk Ecotect Analysis 是市场上比较全面的概念化建筑性能分析工具，软件提供了许多即时性分析功能，如光照、日光阴影、太阳辐射、遮阳、热舒适度、可视度分析等，而得到的分析结果往往是实时的、可视化的，很适合建筑师在设计前期把握建筑的各项性能。

建筑系统分析是对照业主使用需求及设计规定来衡量建筑物性能的过程，包括机械系统如何操作和建筑物能耗分析、内外部气流模拟、照明分析、人流分析等涉及建筑物性能的评估。BIM结合专业的建筑物系统分析软件避免了重复建立模型和采集系统参数。通过 BIM 可以验证建筑物是否按照特定的设计规定和可持续标准建造，通过这些分析模拟，最终确定、修改系统参数甚至系统改造计划，以提高整个建筑的性能。

（四）节材与资源利用

基于 BIM 技术，重点从钢材、混凝土、木材、模板、围护材料、装饰装修材料及生活办公用品材料 7 个主要方面进行施工节材与材料资源利用控制：通过 5D-BIM 安排材料采购的合理化，建筑垃圾减量化，可循环材料的多次利用化，钢筋配料、钢构件下料以及安装工程的预留、预埋，管线路径的优化等措施；同时根据设计的要求，结合施工模拟，达到节约材料的目的。BIM 在施工节材中的主要应用内容有管线综合设计、复杂工程预加工预拼装，物料跟踪等。

1. 管线综合设计

目前大体量的建筑如摩天大楼等机电管网错综复杂，在大量的设计面前很容易出现管网交错、相撞及施工不合理等问题，以往人工检查图纸比较单一，不能同时检测平面和剖面的位置，BIM 软件中的管网检测功能为工程师解决了这个问题。检调功能可生成管网三维模型，并基于建筑模型中，系统可自动检查出“碰撞”部位并标注，这样使得大量的检查工作变得简单。空间净高是与管线综合相关的一部分检测工作，基于 BIM 信息模型对建筑内不同功能区城的设计高度进行分析，在找不符合设计规划的缺失，将情况反馈给施工人员，以此提高工作效率，避免错、漏、碰、缺的出现，减少原材料的浪费。

2. 复杂工程预加工预拼装

复杂的建筑形体如曲面墙及复杂钢结构的拼装是难点，尤其是复杂曲面幕墙，由于组成幕墙的每一块玻璃面板形状都有差异，给幕墙的安装带来一定困难。BIM 技术最拿手的是复杂形体设计及建造应用，可针对复杂形体进行数据验证，使得多维曲面的设计得以实现。工程师可利用计算机对复杂的建筑形体进行拆分。拆分后利用三维信息模型进行解析，在电脑中进行预排装，分成网格块编号，进行设计，然后送至工厂按模块加工，再送到现场排装即可。同时数字模型也可提供大量建筑信息，包括曲面面积统计、经济形体设计及成本估算等。

3. 物料跟踪

随着建筑行业标准化、工厂化、数字化水平的提升，以及建筑使用设备复杂性的提高，越来越多的建筑及设备构件通过工厂加工并运送到施工现场进行高效的组装。根据 BIM 中得出的进度计划，可提前计算出合理的物料进场数目。BIM 结合施工计划和工程量造价，可以实现 5D（三维模型 + 时间成本）应用，做到零库存施工。

（五）减排途径

利用 BIM 技术可以对施工场地废弃物的排放、放置进行模拟，达到减排的目的。具体方法如下：

①用 BIM 模型编制专项方案对工地的废水、废弃、废渣的三废排放进行识别、评价和控制，安排专人、专项经费，制定专项措施，减少工地现场的三废排放。

②根据 BIM 模型对施工区域的施工废水设置沉淀池，进行沉淀处理后重复使用或合规排放，对泥浆及其他不能简单处理的废水集中交由专业单位处理。在生活区设置隔油池、化粪池，对生活区的废水进行收集和清理。

③禁止在施工现场焚烧垃圾，使用密目式安全网、定期浇水等措施减少施工现场的

扬尘。

④利用 BIM 模型合理安排噪声源的放置位置及使用时间，采用有效的噪声防护措施，减少噪声排放，并满足施工场界环境噪声排放标准的限制要求。

⑤生活区垃圾按照有机、无机分类收集，与垃圾站签合同，按时收集垃圾。

四、基于 BIM 技术的工程变更管理

（一）工程变更

工程变更（Engineering Change，EC），指的是针对已经正式投入施工的工程进行的变更。在工程项目实施过程中，按照合同约定的程序对部分或全部工程在材料、工艺、功能、构造、尺寸、技术指标、工程数量及施工方法等方面做出的改变。

工程变更主要是工程设计变更，但施工条件变更、进度计划变更等也会引起工程变更。设计变更是指设计部门对原施工图纸和设计文件中所表达的设计标准状态的改变和修改。设计变更和现场签证两者的性质是截然不同的。现场签证是指业主与承包商根据合同约定，就工程施工过程中涉及合同价之外的实施额外施工内容所作的签认证明，不包含在施工合同中的价款，具有临时性和无规律性等特点，涉及面广，如设计变更、隐蔽工程、材料代用、施工条件变化等，它是影响工程造价的关键因素之一。凡属设计变更的范畴，必须按设计变更处理，而不能以现场签证处理。

设计变更应尽量提前，变更发生得越早则损失越小，反之则越大。若变更发生在设计阶段，则只需修改图纸，其他费用尚未发生，损失有限；若变更发生在采购阶段，在需要修改图纸的基础上还需重新采购设备及材料；若变更发生在施工阶段，则除上述费用外，已施工的工程还须增加拆除费用，势必造成重大变更损失。设计变更费用一般应控制在工程总造价的 5% 以内，由设计变更产生的新增投资额不得超过基本预备费的 1/3。

（二）工程变更的影响因素与基本原则

1. 工程变更的影响因素

工程中由设计缺陷和错误引起的修正性变更居多，它是由于各专业各成员之间沟通不当或设计师专业局限性所致。有的变更则是需求和功能的改善，无计划的变更是项目中引起工程的延期和成本增加的主要原因。

2. 工程变更的基本原则

几乎所有的工程项目都可能发生变更甚至是频繁的变更，有些变更是有益的，而有些却是非必要和破坏性的。在实际施工过程中，应综合考虑实施或不实施变更给项目带来的风险，以及对项目进度、造价、质量方面等产生的影响来决定是否实施工程变更。造价师应在变更前对变更内容进行测算和造价分析，根据概念、说明和蓝图进行专业判断，分析变更必要性，并在功能增加与造价增加之间寻求新的平衡；评估设计单位设计变更的成本效应，针对设计变更内容给集团合约采购部提供工程造价费用增减估算；根

据实际情况、地方性法规及定额标准，配合甲方做好项目施工索赔内容的合理裁决、判断、审定、最终测算及核算；审核、评估承包商、供货商提出的索赔，分析、评估合同中甲方可以提出的索赔，为甲方谈判提供策略和建议。工程变更应遵循以下原则：

①设计文件是安排建设项目和组织施工的主要依据，设计一经批准，不得随意变更，不得任意扩大变更范围。

②工程变更对改善功能、确保质量、降低造价、加快进度等方面要有显著效果。

③工程变更要有严格的程序，应申述变更设计理由、变更方案、与原设计的技术经济比较，报请审批，未经批准的不得按变更设计施工。

④工程变更的图纸设计要求和深度等同原设计文件。

（三）BIM 技术在工程变更管理中的应用

引起工程变更的因素及变更产生的时间是无法掌控的，但变更管理可以减少变更带来的工期和成本的增加。设计变更直接影响工程造价，施工过程中反复变更会导致工期和成本的增加，而变更管理不善导致进一步的变更，会使得成本和工期目标处于失控状态。BIM 应用有望改变这一局面，通过在工程前期制定一套完整、严密的基于 BIM 的变更流程来把关所有因施工或设计变更而引起的经济变更。美国斯坦福大学整合设施工程中心（CIFE）根据对 32 个项目的统计分析总结了使用 BIM 技术后产生的效果，认为它可以消除 40% 预算外更改，即从根本上从源头上减少变更的发生。

①可视化建筑信息模型更容易在形成施工图前修改完善，设计师直接用三维设计更容易发现错误并修改。三维可视化模型能够准确地再现各专业系统的空间布局、管线走向，实现三维校审，大大减少“错、碰、漏、缺”现象，在设计成果交付前消除设计错误，以减少设计变更。而使用 2D 图纸进行协调综合则事倍功半，虽花费大量的时间去发现问题，却往往只能发现部分表面问题，很难发现根本性问题，“错、碰、漏、缺”几乎不可避免，必然会带来工程后续的大量设计变更。

② BIM 能增加设计协同能力，更容易发现问题，从而减少各专业间冲突。单个专业的图纸本身发生错误的比例较小，设计各专业之间的不协调、设计和施工之间的不协调是设计变更产生的主要原因。一个工程项目设计涉及总图、建筑、结构、给排水、电气、暖通、动力，除此之外还包括许多专业分包，如幕墙、网架、钢结构、智能化、景观绿化等，他们之间如何交流协调协同。用 BIM 协调流程进行协调综合，能够彻底消除协调综合过程中的不合理方案或问题方案，使设计变更大大减少。BIM 技术可以做到真正意义上的协同修改，改变以往“隔断式”设计方式、依赖人工协调项目内容和分段交流的合作模式，大大节省开发项目的成本。

③在施工阶段，用共享 BIM 模型能够实现对设计变更的有效管理和动态控制。通过设计模型文件数据关联和远程更新，建筑信息模型随设计变更而即时更新，减少设计师与业主、监理、承包商、供应商间的信息传输和交互时间，从而使索赔签证管理更有时效性，实现造价的动态控制和有序管理。

第七章　地基与基础工程施工

第一节　土方工程

一、土方工程概述

（一）土方工程的内容及施工要求

1. 内容

（1）场地平整

将天然地面改造成所要求的设计平面时所进行的土石方施工全过程。（厚度在 3m 以内的土方挖填和找平工作）

特点：工作量大，劳动繁重，施工条件复杂。

施工准备：详细分析、核对各种技术资料——实测地形图、工程地质及水文勘察资料；原有地下管道、电缆和地下构筑物资料；土石方施工图。

（2）地下工程的开挖

指开挖宽度在 3m 以内且长度大于（或等于）宽度 3 倍或开挖底面积在 $20m^2$ 且长为宽 3 倍以内的土石方工程，是为浅基础、桩承台及沟等施工而进行的土石方开挖。

特点：开挖的标高、断面、轴线要准确；土石方量少；受气候影响较大。

（3）大型地下工程的开挖

指人防工程、大型建筑物的地下室、深基础等施工时进行的地下大型土石方开挖。（宽度大于 3m；开挖底面积大于 20m²；场地平整土厚大于 3m）

特点：涉及降低地下水位、边坡稳定与支护、地面沉降与位移、邻近建筑物的安全与防护等一系列问题。

（4）土石方填筑

将低洼处用土石方分层填平。回填分为夯填和松填两种。

特点：要求严格选择土质，分层回填压实。

2. 施工要求

标高、断面准确；土体有足够的强度和稳定性；工程量小；工期短；费用省。

3. 资料准备

建设单位应向施工单位提供场地实测地形图，原有地下管线、构筑物竣工图，土石方施工图，工程地质、水文、气象等技术资料，以便编制施工组织设计（或施工方案），并应提供平面控制桩和水准点，作为工程测量和验收的依据。

4. 施工方案

①根据工程条件，选择适宜的施工方案和效率高、费用低的机械。

②合理调配土石方，使工程量最小。

③合理组织机械施工，保证机械发挥最大的使用效率。

④安排好道路、排水、降水、土壁支撑等一切准备工作和辅助工作。

⑤合理安排施工计划，尽量避免雨季施工。

⑥保证工程质量，对施工中可能遇到的问题如流砂、边坡失稳等进行技术分析，并提出解决措施。

⑦有确保施工安全的措施。

（二）土的工程分类

土的分类方法较多，如根据土的颗粒级配或塑性指数、沉积年代和工程特点等分类。根据土的坚硬程度和开挖方法将土分为八类，依次为松软土、普通土、坚土、砂砾坚土、软石、次坚石、坚石、特坚石。前四类属一般土，后四类属岩石。

（三）土的基本性质

1. 土的组成

土由土颗粒（固相）、水（液相）和空气（气相）三部分组成。

2. 土的物理性质

（1）土的可松性与可松性系数

天然土经开挖后，其体积因松散而增加，虽经振动夯实，仍不能完全恢复原状，这种现象称为土的可松性。土的可松性用可松性系数表示：

$$K_S=\frac{V_2}{V_1}\quad K_S'=\frac{V_3}{V_1}$$

式（7–1）

式中：

K_S—— 土的最初可松性系数；

K_S'—— 土的最终可松性系数；

V_1—— 土在天然状态下的体积；

V_2—— 土被挖出后松散状态下的体积；

V_3—— 土经压（夯）实后的体积。

（2）土的天然含水量

在天然状态下，土中水的含水量，ω 指土中水的质量与固体颗粒的质量之比，用百分率表示。

$$\omega=\frac{m_w}{m_s}\times100\%$$

式（7–2）

式中：

m_w—— 土中水的质量；

m_s—— 土中固体颗粒经烘干后（105℃）的质量。

土的含水量测定方法：将土样称量后放入烘箱内进行烘干（100℃ ~ 105℃），直至重量不再减少时称量。

一般土的干湿程度用含水量表示：含水量 < 5% 为干土；含水量在 5% ~ 30% 之间为潮湿土；含水量 > 30% 为湿土。

在一定含水量的条件下，用同样的机具，可使回填土达到最大的干密度，此含水量称为最佳含水量。一般砂土为 8% ~ 12%，粉土为 9% ~ 15%，粉质黏土为 12% ~ 15%，黏土为 19% ~ 23%。

（3）土的天然密度（ρ）和干密度（ρ_d）

土的天然密度指土在天然状态下单位体积的质量，用 $\rho=\frac{m}{n}$ 表示。

土的干密度是指土的固体颗粒质量与总体积的比值，用 $\rho_d=\frac{m_s}{v}$ 表示。

土的干密度愈大，表示土愈密实。工程上常把干密度作为评定土体密实程度的标准，以控制填土工程的质量。同类土在不同状态下（如不同的含水量、不同的压实程度等），其紧密程度也不同。工程上用土的干密度来反映相对紧密程度：

$$\lambda_c = \frac{\rho_d}{\rho_{d\max}}$$

式（7–3）

式中：

λ_c—— 土的密实度（压实系数）；

ρd—— 土的实际干密度；

$\rho_{d\max}$—— 土的最大干密度。

土的实际干密度可用环刀法测定。先用环刀取样，测出土的天然密度（ρ），后烘干测出含水量（ω），用下式计算土的实际干密度。

$$\rho_d = \frac{\rho}{1 + 0.01\omega}$$

式（7–4）

土的最大干密度用击实试验测定。

（4）土的孔隙比和孔隙率

土的孔隙比和孔隙率反映了土的密实程度。孔隙比和孔隙率越小，土越密实。

孔隙比 e 是土的孔隙体积 V_v 与固体体积 V_s 的比值，用 $e=V_v/V_s$ 表示。

孔隙率 n 是土的孔隙体积 V_v 与总体积 V 的比值，用 $n=V_v/V\times100\%$ 表示。

（5）土的渗透系数

土的渗透系数表示单位时间内水穿透土层的能力。

$$v=k \cdot i$$

式（7–5）

式中：

k —— 渗透系数（m/d）；

v —— 渗流速度（m/d）；

i —— 水力梯度。

当 i=1 时，v=k。

二、土方工程的机械化施工

土（石）方工程有人工开挖、机械开挖和爆破三种开挖方法。人工开挖只适用于小型基坑（槽）、管沟及土方量少的场所，土方量大时一般选择机械开挖。当开挖难度很大时，如冻土、岩石土的开挖，也可采用爆破技术进行爆破。土方工程的施工过程主要包括土方开挖、运输、填筑与压实等。常用的施工机械有推土机、铲运机、单斗挖掘机、装载机等，施工时应正确选用施工机械，加快施工进度。

（一）推土机施工

1. 特点

推土机操纵灵活，运转方便，所需工作面较小，行驶速度快，易于转移，能爬30° 左右的缓坡，因此应用较广。推土机多用于场地清理和平整，开挖深度1.5m以内的基坑，填平沟坑，配合铲运机、挖掘机工作等。此外，在推土机后面可安装松土装置，也可拖挂羊足辗进行土方压料工作。推土机可以推挖一至三类土，运距在100m以内的平土或移挖作填宜采用推土机，尤其是当运距在30 ~ 60m时效率最高。

2. 作业方法

推土机可以完成铲土、运土和卸土三个工作行程和空载回驶行程。铲土时应根据土质情况，尽量采用最大切土深度并在最短距离（6 ~ 10m）内完成，以便缩短低速运行时间，然后直接推运到预定地点。回填土和填沟渠时，铲刀不得超出土坡边沿。上下坡坡度不得超过35° ，横坡不得超过10° 。几台推土机同时作业时，前后距离应大于8m。

（二）铲运机施工

1. 特点

铲运机能综合完成铲土、运土、平土或填土等全部土方施工工序，对行驶道路要求较低，操纵灵活，运转方便，生产率高。铲运机常应用于大面积场地平整，开挖大基坑、沟槽以及填筑路基、堤坝等工程。铲运机适合铲运含水率不大于27%的松土和普通土，不适合在砾石层、冻土地带及沼泽区工作，当铲运三、四类较坚硬的土时，宜用推土机助铲或用松土机配合将土翻松0.2 ~ 0.4m，以减少机械磨损，提高生产率。

2. 开行路线

铲运机的基本作业是铲土、运土、卸土三个工作行程和一个空载回驶行程。在施工中，由于挖、填区的分布情况不同，为了提高生产效率，应根据不同的施工条件（工程大小、运距长短、土的性质和地形条件等），选择合理的开行路线和施工方法。铲运机的开行路线有环形路线、大环形路线、8字形路线等。

（三）单斗挖掘机施工

1. 正铲挖掘机

挖掘能力强，生产率高，适用于开挖停机面以上的一至四类土，它与运输汽车配合能完成整个挖运任务，可用于开挖大型干燥基坑以及土丘等。

（1）适用范围

①含水率不大于27%的一至四类土和经爆破后的岩石与冻土碎块。

②大型场地整平土方。

③工作面狭小且较深的大型管沟和基槽、路堑。

④独立基坑。

⑤边坡开挖。

（2）开挖方式

正铲挖掘机的挖土特点是“前进向上，强制切土”。根据开挖路线与运输汽车相对位置的不同，一般有以下两种开挖方式。

①正向开挖，侧向卸土：正铲向前进方向挖土，汽车位于正铲的侧向装土。本法铲臂卸土回转角度小于90°，装车方便，循环时间短，生产效率高，用于开挖工作面较大、深度不大的边坡、基坑（槽）、沟渠和路堑等，为最常用的开挖方法。

②正向开挖，后方卸土：正铲向前进方向挖土，汽车停在正铲的后面。本法开挖工作面较大，但铲臂卸土回转角度较大，约180°，且汽车要侧向行车，增加循环时间，降低生产效率（回转角度180°，效率降低约23%；回转角度130°，效率降低约13%），用于开挖工作面较大且较深的基坑（槽）、管沟和路堑等。

2. 反铲挖掘机

特点：操作灵活，挖土、卸土均在地面作业，不用开运输道。

适用范围：

①含水率大的一至三类砂土或黏土。

②管沟和基槽。

③独立基坑。

④边坡开挖。

3. 拉铲挖掘机

拉铲挖掘机的挖土特点是“后退向下，自重切土”。其挖土半径和挖土深度较大，能开挖停机面以下的一、二类土。工作时，利用惯性将铲斗甩出去，挖得比较远，但不如反铲灵活准确，宜用于开挖大而深的基坑或水下挖土。

4. 抓铲挖掘机

抓铲挖掘机的挖土特点是直上直下，自重切土，挖掘力较小，适用于开挖停机面以下的一、二类土，如挖窄而深的基坑、疏通旧有渠道以及挖淤泥等，或用于装卸碎石、矿渣等松散材料。在软土地基的地区，常用于开挖基坑等。

5. 选择机械原则

①土的含水率较小，可结合运距长短、挖掘深浅，分别采用推土机、铲运机或正铲挖掘机配合自卸汽车进行施工。当基坑深度在1～2m、基坑不太长时可采用推土机；深度在2m以内、长度较大的线状基坑，宜由铲运机开挖；当基坑较大、工程量集中时，可选用正铲挖掘机挖土。

②如地下水位较高，又不采用降水措施，或土质松软，可能造成正铲挖掘机和铲运机陷车时，则采用反铲、拉铲或抓铲挖掘机配合自卸汽车较为合适，挖掘深度见有关机械的性能表。

总之，土方工程综合机械化施工就是根据土方工程工期要求，适量选取完成该施工过程的土方机械，并以此为依据，合理配备完成其他辅助施工过程的机械，做到土方工程各施工过程均实现机械化施工。主导机械与所配备的辅助机械的数量及生产率应尽可能协调一致，以充分发挥施工机械的效能。

三、土方填筑与压实

（一）土料的选择及填筑要求

一般设计要求素土夯实，当设计无要求时，应满足规范和施工工艺的要求：碎石类土、砂土和爆破石渣可用作表层以下的填料，当填方土料为黏土时，填筑前应检查其含水量是否在控制范围内。含水量大的黏土不宜作为填土。含有大量有机杂质的土，吸水后容易变形，承载能力降低；含水溶性硫酸盐大于5%的土，在地下水的作用下，硫酸盐会逐渐溶解消失，形成孔洞，影响土的密实度。这两种土以及淤泥、冻土、膨胀土等均不应作为填土。填土应分层进行，并尽量采用同类土填筑。如采用不同类土填筑时，应将透水性同较大的土层置于透水性较小的土层之下，不能将各种土混杂在一起使用，以免填方内形成水囊。

碎石类土或爆破石渣用作填料时，其最大粒径不得超过每层铺土厚度的2/3，使用振动碾时，不得超过每层铺土厚度的3/4；铺填时，大块料不应集中，且不得填在分段接头处或填方与山坡连接处。

填方基底处理应符合设计要求。当设计无要求时，应符合规范和施工工艺要求。

填方前，应根据工程特点、填料种类、设计压实系数、施工条件等合理选择压实机具，并确定填料含水量控制范围、铺土厚度和压实遍数等参数。对于重要的填方工程或采用新型压实机具时，上述参数应通过填土压实试验确定。

填土施工应接近水平状态，并分层填土、压实和测定压实后土的干密度，检验其压实系数和压实范围符合设计要求后，才能填筑上层。

在施工现场，土方一般分层回填，机械为蛙式打夯机，铺土厚度控制在250mm以内。分段填筑时，每层接缝处应做成斜坡形，碾迹重叠0.5 ~ 1m。上下层错缝距离不应小于1m。

（二）填土压实方法

填土压实方法有碾压、夯实和振动三种，此外还可利用运土工具压实。

1. 碾压法

碾压法是由沿着表面滚动的鼓筒或轮子的压力压实土壤。一切拖动和自动的碾压机具，如平碾、羊足碾和气胎碾等都属于同一工作原理。

适用范围：主要用于大面积填土。

（1）平碾

适用于碾压黏性土和非黏性土。平碾机又叫压路机，是一种以内燃机为动力的自行式压路机。

平碾的运行速度决定其生产率，在压实填方时，碾压速度不宜过快，一般不超过

2km/h。

（2）羊足碾

羊足碾和平碾不同，其碾轮表面装有许多羊蹄形的碾压凸脚，一般用拖拉机牵引作业。

羊足碾有单筒和双筒之分，筒内根据要求可分为空筒、装水筒、装砂筒，以提高单位面积的压力，增强压实效果。由于羊足碾单位面积压力较大，压实效果、压实深度均较同重量的光面压路机高，但工作时羊足碾的羊蹄压入土中，又从土中拔出，致使上部土翻松，不宜用于非黏性土、砂及面层的压实。一般羊足碾适用于压实中等深度的粉质黏土、粉土、黄土等。

2. 夯实法

夯实法是利用夯锤自由下落的冲击力来夯实土壤，主要用于压实小面积的回填土。夯实机具类型较多，有木夯、石夯、蛙式打夯机以及利用挖土机或起重机装上夯板后的夯土机等。其中蛙式打夯机轻巧灵活，构造简单，在小型土方工程中应用最广。

夯实法的优点是可以夯实较厚的土层。采用重型夯土机（如1t以上的重锤）时，其夯实厚度可达1 ~ 1.5m。但木夯、石夯或蛙式打夯机等夯土工具，夯实厚度较小，一般均在200mm以内。

人力打夯前应将填土初步整平，打夯要按一定方向进行，一夯压半夯，夯夯相接，行行相连，两遍纵横交叉，分层夯打。夯实基槽及地坪时，行夯路线应由四边开始，然后再夯向中间。

用蛙式打夯机等小型机具夯实时，一般填土厚度不宜大于25cm，打夯之前应将填土初步整平，打夯机应依次夯打，均匀分布，不留间隙。

基槽（坑）应在两侧或四周同时回填与夯实。

3. 振动法

振动法是将重锤放在土层表面或内部，借助振动设备使重锤振动，土壤颗粒即发生相对位移从而达到紧密状态。此法用于振实非黏性土效果较好。

近年来，又将碾压和振动结合而设计和制造出振动平碾、振动凸块碾等新型压实机械，振动平碾适用于填料为爆破碎石渣、碎石类土、杂填土或粉土的大型填方，振动凸块碾则适用于粉质黏土或黏土的大型填方。当压实爆破石渣或碎石类土时，可选用8 ~ 15t重的振动平碾，铺土厚度为0.6 ~ 1.5m，宜先静压、后振压，碾压遍数应由现场试验确定，一般为6 ~ 8遍。

填土压实的质量检查：填土压实后要达到一定的密实度要求。填土的密实度要求和质量指标通常以压实系数λ_c表示。压实系数λ_c是土的施工控制干密度ρ_d和土的最大干密度ρ_{dmax}的比值。压实系数一般根据工程结构性质、使用要求以及土的性质确定。

填土必须具有一定的密实度，以避免建筑物的不均匀沉陷。填土密实度以设计规定的控制干密度ρ_d或规定压实系数λ_c作为检查标准。各种填土的最大干密度乘以设计的压实系数即得到施工控制干密度，即$\rho_d=\lambda_c \rho_{dmax}$。

填土压实后的实际干密度应有90%以上符合设计要求，其余10%的最低值与设计值的差不得大于 0.08g/cnP，且差值应较为分散。

（三）影响填土压实质量的因素

1. 压实功

填土压实后的密度与压实机械在其上所施加的功有一定的关系。当土的含水量一定，在开始压实时，土的密度急剧增加，待接近土的最大密度时，压实功虽然增加许多，但土的密度变化甚小。在实际施工中，砂土只需碾压 2 ~ 3 遍，亚砂土只需 3 ~ 4 遍，亚黏土或黏土只需 5 ~ 6 遍。

2. 土的含水量

当土具有适当含水量时，水起润滑作用，土颗粒之间的摩阻力减少，易压实。

压实过程中土应处于最佳含水量状态，当土过湿时，应预先翻松晾干，也可掺入同类干土或吸水性材料；当土过干时，则应预先洒水润湿。

3. 铺土厚度

土在压实功的作用下，其应力随深度增加而逐渐减小，其影响深度与压实机械、土的性质和含水量等有关。

填方每层铺土厚度和压实遍数见表 7-1。

表 7-1　填方每层铺土厚度和压实遍数

压实机具	每层铺土厚度 /mm	每层压实遍数 / 遍
平碾	200 ~ 30	6 ~ 8
羊足碾	200 ~ 350	8 ~ 16
蛙式打夯机	200 ~ 250	3 ~ 4
推土机	200 ~ 300	6 ~ 8
拖拉机	200 ~ 300	8 ~ 16
人工打夯	不大于 200	3 ~ 4

注：人工打夯时，土块的粒径不应大于 30mm。

四、基坑（槽）施工

（一）放线

分基槽放线和柱基放线。主要控制开挖边界线，定轴线，设龙门板，用石灰撒开挖边界线。

（二）基坑（槽）开挖

建筑物基坑面积较大及较深时，如地下室、人防防空洞等，在施工中会涉及边坡稳定、基坑稳定、基坑支护、防止流砂、降低地下水位、土方开挖方案等一系列问题。

1. 基坑边坡及其稳定

$$基坑(土方)边坡坡度=\frac{H}{B}=\frac{1}{B/H}=1:m$$

m 是指坡度系数。

边坡可做成直线形、折线形、阶梯形。当地质条件良好、土质均匀且地下水位低于基坑底面标高时，挖方边坡可做成直立壁而不加支撑，但深度不超过下列规定：

密实、中密的砂土和碎石类土 1m；硬塑、可塑的粉土及粉质黏土 1.25m；硬塑、可塑的黏土及碎石类土（填充物为黏性土）1.5m；坚硬的黏土 2m。

挖土深度超过上述规定时，应考虑放坡或做成直立壁加支撑。

2. 边坡稳定分析

边坡的滑动一般是指土方边坡在一定范围内整体沿某一滑动面向下或向外移动而丧失稳定性，主要原因是土体剪应力增加或抗剪强度降低。

引起土体剪应力增加的主要因素有：坡顶堆物、行车；基坑边坡太陡；开挖深度过大；雨水或地面水渗入土中，使土的含水量增加而造成土的自重增加，地下水的渗流产生一定的动水压力，土体竖向裂缝中的积水产生侧向静水压力等。

引起土体抗剪强度降低的主要因素有：土质本身较差或因气候影响使土质变软；土体内含水量增加而产生润滑作用；饱和细砂、粉砂受振动而液化等。

边坡稳定安全系数：$K>1.0$，边坡稳定；

$K=1.0$，边坡处于极限平衡状态；

$K<1.0$，边坡不稳定。

一级基坑（$H>15m$），$K=1.43$；二级基坑（$8m<H<15m$），$K=1.30$；三级基坑（$H<8m$），$K=1.25$。

3. 深基坑支护结构

（1）重力式支护结构

通过加固基坑周边土形成一定厚度的重力式墙，以达到挡土目的。宜用于场地开阔、挖深不大于 7m、土质承载力标准值小于 140kPa 的软土或较软土中。

（2）桩墙式支护结构

由围护墙和支撑系统组成，采用支护结构的基坑开挖的原则：开槽支撑，先撑后挖，分层开挖，严禁超挖，并作好监测，对出现的异常情况，要采取针对性措施。

第二节　施工排水

为了保持基坑干燥，防止由于水浸泡发生边坡塌方和地基承载力下降问题，必须做好基坑的排水、降水工作，常采用的方法是明沟排水法和井点降水法。

一、施工排水概述

在基坑开挖过程中，当基底低于地下水位时，由于土的含水层被切断，地下水会不断渗入坑内。雨期施工时，地面水也会不断流入坑内。如果不采取降水措施，把流入基坑内的水及时排出或降低地下水位，不仅施工条件会恶化，而且地基土被水泡软后，容易造成边坡塌方并使地基的承载力下降。另外，当基坑下遇有承压含水层时，若不降水减压，则基底可能被冲溃破坏。因此，为了保证工程质量和施工安全，在基坑开挖前或开挖过程中，必须采取措施，控制地下水位，使地基土在开挖及基础施工时保持干燥。

影响：地下水渗入基坑，挖土困难；边坡塌方；地基浸水，影响承载力 6

方法：集水井降水，轻型井点降水。

（一）集水井降水

方法：沿坑壁边缘设排水沟，隔段设集水井，由水泵将井中水抽出坑外

1. 水坑设置

平面：设在基础范围外，地下水上游。

排水沟：宽 0.2 ~ 0.3m，深 0.3 ~ 0.6m，沟底设纵坡 0.2% ~ 0.5%，始终比挖土面低 0.4 ~ 0.5m。

集水井：宽径 0.6 ~ 0.8m，低于挖土面 0.7 ~ 1m，每隔 20–40m 设置一个；当基坑挖至设计标高后，集水井底应低于基坑底面 1 ~ 2m，并铺设碎石滤水层（0.2 ~ 0.3m 厚），或下部砾石（0.05 ~ 0.1m 厚）、上部粗砂（0.05 ~ 0.1m 厚）的双层滤水层，以免由于抽水时间过长而将泥沙抽出，并防止坑底土被扰动。

2. 泵的选用

（1）离心泵

离心泵依靠叶轮在高速旋转时产生的离心力将叶轮内的水甩出，形成真空状态，河水或井水在大气压力下被压入叶轮，如此循环往复，水源源不断地被甩出去。离心泵的叶轮分为封闭式、半封闭式和敞开式 3 种。封闭式叶轮的相邻叶片和前后轮盖的内壁构成一系列弯曲的叶槽，其抽水效率高，多用于抽送清水。半封闭式叶轮没有前盖板，目前较少使用。敞开式叶轮没有轮盘，叶片数目亦少，多用于抽送浆类液体或污水。

（2）潜水泵

潜水泵是一种将立式电动机和水泵直接装在一起的配套水泵，具有防水密封装置，可以在水下工作，故称为潜水泵。按所采用的防水技术措施，潜水泵分为干式、充油式和湿式 3 种。潜水泵由于体积小、质量轻、移动方便和安装简便，在农村井水灌溉、牧场和渔场输送液体饲料、建筑施工等方面得到广泛应用。

（二）井点降水

1. 原理

基坑开挖前，在基坑四周预先埋设一定数量的滤水管（井），在基坑开挖前和开挖过程中，利用抽水设备不断抽出地下水，使地下水位降到坑底以下，直至土方和基础工程施工结束。

2. 作用

①防止地下水涌入坑内；

②防止边坡由于地下水的渗流而引起塌方；

③使坑底的土层消除地下水位差引起的压力，因而可防止坑底管涌现象；

④降水后，使板桩减少横向荷载；

⑤消除地下水的渗流，防止流砂现象；

⑥降低地下水位后，还能使土壤固结，增加地基土的承载能力。

3. 分类

降水井点有两大类：轻型井点和管井类。一般根据土的渗透系数、降水深度、设备条件及经济条件等因素确定。

（1）轻型井点

轻型井点就是沿基坑周围或一侧以一定间距将井点管（下端为滤管）埋入蓄水层内，将井点管上部与总管连接，利用抽水设备使地下水经滤管进入井管，经总管不断抽出，从而将地下水位降至坑底以下。

轻型井点适用于土壤渗透系数为 0.1 ~ 50m/d 的土层中。降低水位深度：一级轻型井点 3 ~ 6m，二级轻型井点可达 6 ~ 9m。

①轻型井点设备：轻型井点设备由管路系统和抽水设备组成。管路系统包括滤管、井点管、弯联管及总管。

A. 管路系统：滤管为进水设备，通常采用长 1 ~ 1.5m、直径 38mm 或 51mm 的无缝钢管，管壁钻有直径为 12 ~ 19mm 的滤孔。骨架管外面包以两层孔径不同的生丝布或塑料布滤网。为使流水畅通，在骨架管与滤网之间用塑料管或梯形铅丝隔开，塑料管沿骨架绕成螺旋形。滤网外面再绕一层粗铁丝保护网，滤管下端为一铸铁塞头，滤管上端与井点管连接。

井点管为直径 38mm 和 51mm、长 5 ~ 7m 的钢管每井点管的上端用弯联管与总管相连。

总管为直径 100 ~ 127mm 的无缝钢管，每段长 4m，其上端有与井点管连接的短接头，间距 0.8m 或 1.2m。

B. 抽水设备：常用的抽水设备有干式真空泵、射流泵等。

干式真空泵由真空泵、离心泵和水气分离器（又叫集水箱）等组成。抽水时先开动真空泵，将水气分离器内部抽成一定程度的真空，使土中的水分和空气受真空吸力作用而被吸出，进入水气分离器。当进入水气分离器内的水达一定高度后，即可开动离心泵。水气分离器内水和空气向两个方向流去：水经离心泵排出；空气集中在上部由真空泵排出，少量由空气中带来的水从放水口排出。

一套抽水设备的负荷长度（即集水总管长度）为 100m 左右。常用的 W5、W6 型干式真空泵，最大负荷长度分别为 80m 和 100m，有效负荷长度为 60m 和 80m。

②轻型井点设计。

A. 平面布置：根据基坑（槽）形状，轻型井点可采用单排布置、双排布置、环形布置，当土方施工机械需进出基坑时，也可采用 U 形布置。

单排布置适用于基坑（槽）宽度小于 6m，且降水深度不超过 5m 的情况，井点管应布置在地下水的上游一侧，两端的延伸长度不宜小于基坑（槽）的宽度。

双排布置适用于基坑宽度大于 6m 或土质不良的情况。

环形布置适用于大面积基坑，如采用 U 形布置，则井点管不封闭的一段应在地下水的下游方向。

B. 高程布置：高程布置要确定井点管埋深，即滤管上口至总管埋设面的距离，主要考虑降低后的水位应控制在基坑底面标高以下，保证坑底干燥。

井点管的埋深应满足水泵的抽吸能力，当水泵的最大抽吸深度不能达到井点管的埋设深度时，应考虑降低总管埋设位置或采用二级井点降水。如采用降低总管埋设深度的方法，可以在总管埋设的位置处设置集水井降水。但总管不宜埋在地下水位以下过深的位置，否则，总管以上的土方开挖往往会发生涌水现象而影响土方施工。

C. 涌水量计算：确定井点管数量时，需要知道井点管系统的涌水量。根据地下水有无压力，水井分为无压井和承压井。当水井布置在具有潜水自由面的含水层中时（即地下水面为自由面），称为无压井；当水井布置在承压含水层中时（含水层中的水在两层不透水层间，含水层中的地下水面具有一定水压），称为承压井。根据水井底部是否达到不透水层，水井分为完整井和非完整井。当水井底部达到不透水层时称为完整井，否则称为非完整井。因此，井分为无压完整井、无压非完整井、承压完整井、承压非完整井四大类。各类井的涌水量计算方法不同，实际工程中应分清水井类型，采用相应的计算方法。

a. 无压完整井涌水量计算。

$$Q = 1.366K\frac{(2H-S)S}{\lg R - \lg X_0}$$

式（7-6）

式中：

Q —— 井点系统涌水量；

K —— 土壤渗透系数（m/d）；

H —— 含水层厚度；

S —— 降水深度；

X_0 —— 环状井点系统的假想半径，$X_0=F\div\pi F$（井点管所围成的面积）；

R —— 抽水影响半径，$R=1.95\times S\times H\times K(M)$。

b. 无压非完整井涌水量计算。在实际工程中往往会遇到无压非完整井的井点系统，这时地下水不仅从井面流入，还从井底渗入，因此涌水量要比无压完整井大。为了简化计算，仍可采用无压完整井涌水量的计算公式，此时，式中 H 换成有效含水深度 H_0，其意义是，假定水在 H_0 范围内受到抽水影响，而在 H_0 以下的水不受抽水影响，因而也可将 H_0 视为抽水影响深度。

于是，无压非完整井（单井）的涌水量计算公式为：

$$Q=\pi K\frac{(2H_0-S)S}{\ln R-\ln r}\text{或}Q=1.364K\frac{(2H_0-S)S}{\lg R-\lg r}$$

式（7-7）

由于基坑大多不是圆形，因而不能直接得到 X_0。当矩形基坑长宽比不大于 5 时，环形布置的井点可作为近似圆形井来处理，并用面积相等原则确定，此时将近似圆的半径作为矩形水井的假想半径：

$$X_0=\sqrt{\frac{F}{\pi}}$$

式（7-8）

式中：

X_0 —— 环形井点系统的假想半径，m；

F —— 环形井点所包围的面积，m^2。

抽水影响半径与土的渗透系数、含水层厚度、水位降低值及抽水时间等因素有关。在抽水 2 ~ 5d 后，水位降落漏斗基本稳定，此时抽水影响半径可近似地按下式计算：

$$R=1.95S\sqrt{HK}$$

式（7-9）

式中，S、H 的单位为 m；K 的单位为 m/d。

渗透系数 K 值对计算结果影响较大。K 值可经现场抽水试验或实验室测定。对重大工程，宜采用现场抽水试验以获得较准确的值。

承压井的涌水量计算较为复杂，在此不一一分析。

D. 井点管数量计算

井点管最少数量由下式确定：

$$n'=\frac{Q}{q}\,(\text{根})$$

式（7-10）

式中，q 为单根井点管的最大出水量，由下式确定：

$$q = 65\pi dl\sqrt[3]{K} \quad \left(m^3 / d\right)$$

式（7-11）

式中，d、l 分别为滤管的直径及长度，m；其他符号同前。

根据布置的井点总管长度及井点管数量，便可得出井点管间距 &

实际采用的井点管间距〃应当与总管上接头尺寸相适应，即尽可能采用 0.8、1.2、1.6、2.0m，实际采用的井点管数量一般应当增加 10%左右，以防井点管堵塞等影响抽水效果。

（2）喷射井点

当基坑较深而地下水位又较高时，采用轻型井点要用多级井点，这样会增加基坑挖土量、延长工期并增加设备数量，显然不经济。因此，当降水深度超过 8m 时，宜采用喷射井点，降水深度可达 8 ～ 20m。喷射井点的设备主要由喷射井管、高压水泵和管路系统组成。

（3）电渗井点

电渗井点是将井点管作为阴极，在其内侧相应地插入钢筋或钢管作为阳极，通入直流电后，在电场的作用下，土中的水流加速向阴极渗透，流向井点管。这种方法适用于渗透系数很小的土（K < 0.1m/d），但耗电多，只在特殊情况下使用。

（4）管井井点

原理：基坑每隔 20 ～ 50m 设一个管井，每个管井单独用一台水泵不断抽水，从而降低地下水位。

适用于 K = 20 ～ 200m/d、地下水量大的土层。当降水深度较大，在管井井点内采用一般离心泵或潜水泵不能满足要求时，可采用特制的深井泵，其降水深度大于 15m，故又称深井泵法。

二、流砂的防止

（一）流砂现象及其危害

①流砂现象：指粒径很小、无塑性的土壤，在动水压力推动下，极易失去稳定，而随地下水流动的现象。

②流砂的危害：土完全丧失承载能力，土边挖边冒，且施工条件恶劣，难以达到设计深度，严重时会造成边坡塌方及附近建筑物下沉、倾斜、倒塌。

（二）产生流砂的原因

流砂是水在土中渗流所产生的动水压力对土体作用的结果。动水压力的大小与水力坡度成正比，即水位差愈大，渗透路径愈短，动水压力愈大。当动水压力大于土的浮重度时，土颗粒处于悬浮状态，往往会随渗流的水一起流动，涌入基坑内，形成流砂。细颗粒、松散、饱和的非黏性土特别容易发生流砂现象。

（三）管涌冒砂现象

基坑底位于不透水层，不透水层下为承压蓄水层，基坑底不透水层的重量小于承压水的顶托力时，基坑底部会发生管涌冒砂现象。

（四）防止流砂的方法

1. 途径

减小、平衡动水压力；截住地下水流（消除动水压力）；改变动水压力的方向。

2. 具体措施

①枯水期施工法：枯水期地下水位较低，基坑内外水位差小，动水压力小，不易产生流砂。

②抢挖土方并抛大石块法：分段抢挖土方，使挖土速度超过冒砂速度，在挖至标高后立即铺竹席、芦席，并抛大石块，以平衡动水压力，将流砂压住。此法适用于治理局部的或轻微的流砂。

③设止水帷幕法：将连续的止水支护结构（如连续板桩、深层搅拌桩、密排灌筑桩等）打入基坑底面以下一定深度，形成封闭的止水帷幕，从而使地下水只能从支护结构下端向基坑渗流，增加地下水从坑外流入基坑内的渗流路径，减小水力坡度，从而减小动水压力，防止流砂产生。

④冻结法：将出现流砂区域的土进行冻结，阻止地下水渗流，从而防止流砂产生。

⑤人工降低地下水位法：采用井点降水法（如轻型井点、管井井点、喷射井点等），使地下水位降低至基坑底面以下，地下水的渗流向下，则动水压力的方向也向下，水不渗入基坑内，可有效防止流砂产生。

第三节　土壁支护与地基处理

一、土壁支护

（一）深层搅拌水泥土桩挡墙

深层搅拌法是利用特制的深层搅拌机在边坡土体需要加固的范围内，将软土与固化剂强制拌和，使软土硬结成具有整体性、水稳性和足够强度的水泥加固土。

深层搅拌法利用的固化剂为水泥浆或水泥砂浆，水泥的掺量为加固土重的7%～15%，水泥砂浆的配合比为1∶1或1∶2。

1. 深层搅拌水泥土桩挡墙的施工工艺流程

（1）定位

用起重机悬吊搅拌机到达指定桩位，对中。

（2）预拌下沉

待深层搅拌机的冷却水循环正常后，启动搅拌机，放松起重机钢丝绳，使搅拌机沿导向架搅拌切土下沉。

（3）制备水泥浆

待深层搅拌机下沉到一定深度时，按设计确定的配合比拌制水泥浆，压浆前将水泥浆倒入集料斗中。

（4）提升、喷浆、搅拌

待深层搅拌机下沉到设计深度后，开启灰浆泵将水泥浆压入地基，且边喷浆、边搅拌，同时按设计确定的提升速度提升深层搅拌机。

（5）重复上下搅拌

为使土和水泥浆搅拌均匀，可再次将搅拌机边旋转边沉入土中，至设计深度后再提升出地面。桩体要互相搭接 200mm，以形成整体。

（6）清洗、移位

向集料斗中注入适量清水，开启灰浆泵，清除全部管路中残存的水泥浆，并将黏附在搅拌头的软土清洗干净。移位后进行下一根桩的施工。

2. 提高深层搅拌水泥土桩挡墙支护能力的措施

深层搅拌水泥土桩挡墙属重力式支护结构，主要由抗倾覆、抗滑移和抗剪强度控制截面和入土深度。目前这种支护的体积都较大，可采取以下措施提高其支护能力。

（1）卸荷

如条件允许可将顶部的土挖去一部分，以减少主动土压力。

（2）加筋

可在新搅拌的水泥土桩内压入竹筋等，有助于提高其稳定性。但加筋与水泥土的共同作用问题有待研究。

（3）起拱

将水泥土桩挡墙做成拱形，在拱脚处设钻孔灌注桩，可大大提高支护能力，减小挡墙的截面。或对于边长大的基坑，于边长中部适当起拱以减少变形。目前这种形式的水泥土桩挡墙已在工程中应用。

（4）挡墙变厚度

对于矩形基坑，由于边角效应，角部的主动土压力有所减小，可将角部水泥土桩挡墙的厚度适当减薄，以节约投资。

（二）非重力式支护墙

1. H 型钢支柱挡板支护挡墙

这种支护挡墙支柱按一定间距打入土中，支柱之间设木挡板或其他挡土设施（随开挖逐步加设），支护和挡板可回收使用，较为经济。它适用于土质较好、地下水位较低的地区。

2. 钢板桩

（1）槽形钢板桩

这是一种简易的钢板桩支护挡墙，由槽钢正反扣搭接组成。槽钢长 6 ~ 8m，型号由计算确定。由于抗弯能力较弱，一般用于深度不超过 4m 的基坑，顶部设一道支撑或拉锚。

（2）热轧锁口钢板桩

形式有 U 型、Z 型（又叫“波浪型”或“拉森型”）、一字型（又叫“平板桩”）、组合型。

常用者为 U 型和 Z 型两种，基坑深度很大时才用组合型。一字型在建筑施工中基本上不用，在水工等结构施工中有时用来围成圆形墩隔墙。U 型钢板桩可用于开挖深度 5 ~ 10m 的基坑。在软土地基地区钢板桩打设方便，有一定的挡水能力，施工迅速，且打设后可立即开挖，当基坑深度不太大时往往是考虑的方案之一。

（3）单锚钢板桩常见的工程事故及其原因

①钢板桩的入土深度不够。当钢板桩长度不足或挖土超深或基底土过于软弱，在土压力作用下，钢板桩入土部分可能向外移动，使钢板桩绕拉锚点转动失效，坑壁滑坡。

②钢板桩本身刚度不足。钢板桩截面太小，刚度不足，在土压力作用下失稳而弯曲破坏。

③拉锚的承载力不够或长度不足。拉锚承载力过低被拉断，或锚碇位于土体滑动面内而失去作用，使钢板桩在土压力作用下向前倾倒。

因此，入土深度、锚杆拉力和截面弯矩被称为单锚钢板桩设计的三要素。

（4）钢板桩的施工

第一，钢板桩打设前的准备工作。

①钢板桩的检验与矫正。

A. 表面缺陷矫正。先清洗缺陷附近表面的锈蚀和油污，然后用焊接修补的方法补平，再用砂轮磨平。

B. 端部矩形矫正。一般用氧乙炔切割桩端，使其与轴线保持垂直，然后用砂轮对切割面进行磨平修整。当修整量不大时，也可直接用砂轮进行修整。

C. 桩体挠曲矫正。腹向弯曲矫正是将钢板桩弯曲段的两端固定在支承点上，用设置在龙门式顶梁架上的千斤顶顶压钢板桩凸处进行冷弯矫正。侧向弯曲矫正通常在专门的矫正平台上进行，将钢板桩弯曲段的两端固定在矫正平台的支座上，在钢板桩弯曲段侧面的矫正平台上间隔一定距离设置千斤顶，用千斤顶顶压钢板桩凸处进行冷弯矫正。

D. 桩体扭曲矫正。这种矫正较复杂，可视扭曲情况，采用桩体挠曲矫正的方法矫正。

E. 桩体截面局部变形矫正。对局部变形处用千斤顶顶压、大锤敲击与氧乙炔焰热烘相结合的方法进行矫正。

F. 锁口变形矫正。用标准钢板桩作为锁口整形胎具，采用慢速卷扬机牵拉的方法进行调整处理，或采用氧乙炔焰热烘和大锤敲击胎具推进的方法进行调直处理。

②导架安装。为保证沉桩轴线位置的正确和桩的竖直，控制桩的打入精度，防止板桩屈曲变形和提高桩的灌入能力，一般都需要设置一定刚度的、坚固的导架。

导架通常由导梁和围檩桩等组成。导架在平面上有单面和双面之分，在高度上有单层和双层之分，一般常用的是单层双面导架。围檩桩的间距一般为 2.5 ~ 3.5m，双面围檩之间的间距一般比板桩墙厚度大 8 ~ 15mm。

导架的位置不能与钢板桩相碰。围檩桩不能随着钢板桩的打设而下沉或变形。导梁的高度要适宜，要有利于控制钢板桩的施工高度和提高工效，要用经纬仪和水平仪控制导梁的位置和标高。

第二，沉桩机械的选择。

①钢板桩打设方式的选择。

A. 单独打入法。这种方法是从板桩墙的一角开始，逐块（或两块为一组）打设，直至工程结束。这种打入方法简便、迅速，不需要其他辅助支架，但是易使板桩向一侧倾斜，且误差积累后不易纠正。为此，这种方法只适用于板桩墙要求不高且板桩长度较小（如小于 10m）的情况。

B. 屏风式打入法。这种方法是将 10 ~ 20 根钢板桩成排插入导架内，呈屏风状，然后分批施打。施打时先将屏风墙两端的钢板桩打至设计标高或一定深度，成为定位板桩，然后在中间按顺序分 1/3、1/2 板桩高度呈阶梯状打入。

这种打桩方法的优点是可以减少倾斜误差积累，防止过度倾斜，而且易于实现封闭合拢，能保证板桩墙的施工质量；缺点是插桩的自立高度较大，要注意插桩的稳定和施工安全。一般情况下多用这种方法打设板桩墙，它耗费的辅助材料不多，但能保证质量。

钢板桩打设允许误差：桩顶标高 ±100mm，板桩轴线偏差 ±100mm，板桩垂直度 ±1%。

②钢板桩的打设。先用吊车将钢板桩吊至插桩点进行插桩，插桩时锁口要对准，每插入一块即套上桩帽轻轻锤击。在打桩过程中，为保证钢板桩的垂直度，用两台经纬仪在两个方向加以控制。为防止锁口中心线平面位移，可在打桩方向的钢板桩锁口处设卡板，阻止板桩位移。同时在围燃上预先算出每块钢板桩的位置，以便随时检查矫正。

钢板桩分几次打入，如第一次由 20m 高打至 15m，第二次打至 10m，第三次打至导梁高度，待导架拆除后第四次才打至设计标高。

打桩时，开始打设的第一、二块钢板桩的打入位置和方向要确保精度，它可以起样板导向作用，一般每打入 1m 应测量一次。

③钢板桩的拔除。基坑回填后，要拔除钢板桩，以便重复使用。拔除钢板桩前，应仔细研究拔桩顺序、拔桩时间及土孔处理。否则，拔桩的振动影响以及拔桩带土过多引

起的地面沉降和位移，会给已施工的地下结构带来危害，并影响临近原有建筑物、构筑物或底下管线的安全。设法减少拔桩带土十分重要，目前主要采用灌水、灌砂措施。

拔桩起点和顺序：对封闭式钢板桩墙，拔桩起点应离开角桩 5 根以上。可根据沉桩时的情况确定拔桩起点，必要时也可用跳拔的方法。拔桩的顺序最好与打桩时相反。

振打与振拔：拔桩时，可先用振动锤将板桩锁口振松以减少土的黏附，然后边振边拔。对较难拔除的板桩可先用柴油锤将桩振下 100 ~ 300mm，再与振动锤交替振打、振拔。有时，为及时回填拔桩后的土孔，当把板桩拔至比基础底板略高时暂停引拔，用振动锤振动几分钟，尽量让土孔填实一部分。

3. 钢筋水泥桩排桩挡墙

双排式灌注桩支护结构一般采用直径较小的灌注桩作双排布置，桩顶用圈梁连接，形成门式结构以增强挡土能力。当场地条件许可，单排桩悬臂结构刚度不足时，可采用双排桩支护结构。

双排桩在平面上可按三角形布置，也可按矩形布置。前后排桩距 δ = 1.5 ~ 3.0m（中心距），桩顶连梁宽度为（6 + d + 20）m，即比双排桩稍宽一点。

4. 地下连续墙

地下连续墙施工工艺，即在土方开挖前，用特制的挖槽机械在泥浆护壁的情况下每次开挖一定长度（一个单元槽段）的沟槽，待开挖至设计深度并清除沉淀下来的泥渣后，将在地面上加工好的钢筋骨架（一般称为钢筋笼）用起重机械吊放入充满泥浆的沟槽内，用导管向沟槽内浇筑混凝土，由于混凝土是由沟槽底部开始逐渐向上浇筑，所以泥浆随着混凝土的浇筑被置换出来，待混凝土浇至设计标高后，一个单元槽即施工完毕。各个单元槽之间由特制的接头连接，形成连续的地下钢筋混凝土墙。

（三）支护结构的破坏形式

1. 非重力式支护结构的破坏

（1）非重力式支护结构的强度破坏

①拉锚破坏或支撑压曲。

②支护墙底部走动。

③支护墙的平面变形过大或弯曲破坏。

（2）非重力式支护结构的稳定性破坏

①墙后土体整体滑动失稳。

②坑底隆起。

③管涌。

2. 重力式支护结构的破坏

重力式支护结构的破坏亦包括强度破坏和稳定性破坏两方面。其强度破坏只有水泥土抗剪强度不足，产生剪切破坏，为此需验算最大剪应力处的墙身应力。其稳定性破坏包括倾覆、滑移、土体整体滑动失稳、坑底隆起、管涌。

3. 拉锚

拉锚是将钢筋或钢丝绳一端固定在支护板的腰梁上，另一端固定在锚碇上，中间设置花篮螺丝以调整拉杆长度。

锚碇的做法：当土质较好时，可埋设混凝土梁或横木做锚碇；当土质不好时，则在锚碇前打短桩。拉锚的间距及拉杆直径要经过计算确定。

拉锚式支撑在坑壁上只能设置一层，锚碇应设置在坑壁主动滑移面之外。当需要设多层拉杆时，可采用土层锚杆。

4. 土层锚杆

（1）土层锚杆的构造

土层锚杆通常由锚头、锚头垫座、支护结构、钻孔、防护套管、拉杆（拉索）、锚固体、锚底板（有时无）等组成。

（2）土层锚杆的类型

①一般灌浆锚杆。钻孔后放入受拉杆件，然后用砂浆泵将水泥浆或水泥砂浆注入孔内，经养护后，即可承受拉力。

②高压灌浆锚杆（又称预压锚杆）。其与一般灌浆锚杆的不同点是在灌浆阶段对水泥砂浆施加一定的压力，使水泥砂浆在压力下压入孔壁四周的裂缝并在压力下固结，从而使锚杆具有较大的抗拔力。

③预应力锚杆。先对锚固段进行一次压力灌浆，然后对锚杆施加预应力后锚固，并在非锚固段进行不加压二次灌浆，也可一次灌浆（加压或不加压）后施加预应力。这种锚杆可穿过松软地层而锚固在稳定土层中，使结构物变形减小。我国目前大都采用预应力锚杆。

④扩孔锚杆。用特制的扩孔钻头扩大锚固段的钻孔直径，或用爆扩法扩大钻孔端头，从而形成扩大的锚固段或端头，可有效提高锚杆的抗拔力。扩孔锚杆主要用在松软地层中。

在灌浆材料上，可使用水泥浆、水泥砂浆、树脂材料、化学浆液等作为锚固材料。

（3）土层锚杆施工

土层锚杆施工包括钻孔、安放拉杆、灌浆和张拉锚固。在正式开工之前还需进行必要的准备工作。

①选择钻孔机械。土层锚杆钻孔用的钻孔机械，按工作原理分为旋转式钻孔机、冲击式钻孔机和旋转冲击式钻孔机三类，主要根据土质、钻孔深度和地下水情况进行选择。

②土层锚杆钻孔应达到的要求。

孔壁要平直，以便安放钢拉杆和灌注水泥浆。

孔壁不得坍陷和松动，否则影响钢拉杆安放和土层锚杆的承载能力。

钻孔时不得使用膨润土循环泥浆护壁，以免在孔壁上形成泥皮，减少锚固体与土壁间的摩阻力。

土层锚杆的钻孔多数有一定的倾角，因此孔壁的稳定性较差。

③安放拉杆。土层锚杆常用的拉杆有钢管、粗钢筋、钢丝束和钢绞线，主要根据土层锚杆的承载能力和现有材料来选择。承载能力较小时，多用粗钢筋；承载能力较大时，我国多用钢绞线。

第一，钢筋拉杆。钢筋拉杆由一根或数根粗钢筋组合而成，如为数根粗钢筋，则需绑扎或用电焊连接成一个整体。其长度等于锚杆设计长度加张拉长度（等于支撑围檩高度加锚座厚度和螺母高度）。

对有自由段的土层锚杆，钢筋拉杆的自由段要进行防腐和隔离处理。防腐层施工时，宜先清除拉杆上的铁锈，再涂一度环氧防腐漆冷底子油，待其干燥后，再涂二度环氧玻璃钢（或聚氨酯预聚体等），待其固化后，再缠绕两层聚乙烯塑料薄膜。

对于钢筋拉杆，国外常用的几种防腐蚀方法是：

A. 将经润滑油浸渍过的防腐带用粘胶带绕在涂有润滑油的钢筋上。

B. 将半刚性聚氯乙烯管或厚 2 ~ 3mm 的聚乙烯管套在涂有润滑油（厚度大于 2mm）的钢筋拉杆上

C. 将聚丙烯管套在涂有润滑油的钢筋拉杆上，制造时这种聚丙烯管的直径为钢筋拉杆直径的 2 倍左右，装好后加以热处理则收缩紧贴在钢筋拉杆上。

钢筋拉杆的防腐，一般采用将防腐系统和隔离系统结合起来的办法。

土层锚杆的长度一般在 10m 以上，有的达 30m 甚至更长。为了将拉杆安置在钻孔的中心，防止自由段产生过大的挠度和插入钻孔时不搅动土壁，同时增加拉杆与锚固体的握裹力，需在拉杆表面设置定位器（或撑筋环）。钢筋拉杆的定位器用细钢筋制作，在钢筋拉杆轴心按 120。夹角布置，间距一般 2 ~ 2.5m。定位器的外径宜小于钻孔直径 10mm。

第二，钢丝束拉杆。钢丝束拉杆可以制成通长一根，它的柔性较好，向钻孔中沉放较方便。但施工时应将灌浆管与钢丝束绑扎在一起同时沉放，否则放置灌浆管有困难。

钢丝束拉杆的自由段需理顺扎紧，然后进行防腐处理。防腐方法：用玻璃纤维布缠绕两层，外面再用粘胶带缠绕，亦可将钢丝束拉杆的自由段插入特制护管内，护管与孔壁间的空隙可与锚固段同时进行灌浆。

钢丝束拉杆的锚固段亦需用定位器，该定位器为撑筋环。钢丝束的钢丝分为内外两层，外层钢丝绑扎在撑筋环上，撑筋环的间距为 0.5 ~ 1m，这样锚固段就形成一连串的菱形，使钢丝束与锚固体砂浆的接触面积增大，增强粘结力；内层钢丝则从撑筋环的中间穿过。

钢丝束拉杆的锚头要能保证各根钢丝受力均匀，常用锹头锚具等，可按预应力结构锚具选用。

沉放钢丝束时要对准钻孔中心，如有偏斜易将钢丝束端部插入孔壁内，既破坏孔壁，造成坍孔，又可能堵塞灌浆管。为此，可用长 25cm 的小竹筒将钢丝束下端套起来。

第三，钢绞线拉杆。钢绞线拉杆的柔性更好，向钻孔中沉放更容易，因此在国内外应用得比较多，用于承载能力大的土层锚杆。

锚固段的钢绞线要仔细清除其表面的油脂，以保证与锚固体砂浆有良好的粘结。自由段的钢绞线要用聚丙烯防护套等进行防腐处理。

钢绞线拉杆需用特制的定位架。

第四，压力灌浆。压力灌浆是土层锚杆施工中的一道重要工序。施工时，应将有关数据记录下来，以备将来查用。

灌浆的作用是：形成锚固段，将锚杆锚固在土层中；防止钢拉杆腐蚀；充填土层中的孔隙和裂缝。

灌浆的浆液为水泥砂浆（细砂）或水泥浆，水泥一般不宜用高铝水泥。由于氯化物会引起钢拉杆腐蚀，因此其含量不应超过水泥重的 0.1%。由于水泥水化时会生成 SO2，所以硫酸盐的含量不应超过水泥重的 4%。我国多用普通硅酸盐水泥。

拌和水泥浆或水泥砂浆所用的水，一般应避免采用含高浓度氯化物的水，因为它会加速钢拉杆的腐蚀。若对水质有疑问，应事先进行化验。

选定最佳水灰比亦很重要，要使水泥浆有足够的流动性，以便用压力泵将其顺利注入钻孔和钢拉杆周围，同时还应使灌浆材料收缩小和耐久性好，所以一般常用的水灰比为 0.4 ~ 0.45。

灌浆方法有一次灌浆法和二次灌浆法两种。一次灌浆法只用一根灌浆管，利用泥浆泵进行灌浆，灌浆管管端距孔底 20cm 左右，待浆液流出孔口时，用水泥袋等捣塞入孔口，并用湿黏土封堵孔口，严密捣实，再以 2 ~ 4mPa 的压力进行补灌，要稳压数分钟灌浆才告结束。

二次灌浆法要用两根灌浆管，第一次灌浆用灌浆管的管端距离锚杆末端 50mm 左右，管底出口处用黑胶布等封住，以防沉放时土进入管口。第二次灌浆用灌浆管的管端距离锚杆末端 1000mm 左右，管底出口处亦用黑胶布封住，且从管端 500m 处开始向上每隔 2m 左右做出 1m 长的花管，花管的孔眼为 Φ8mm，花管做几段视锚固段长度而定。

第一次灌浆是灌注水泥砂浆，利用普通的单缸活塞式压浆机，其压力为 0.3 ~ 0.5MPa，流量为 100L/min。水泥砂浆在上述压力作用下冲破封口的黑胶布流向钻孔。钻孔后曾用清水洗孔，孔内可能残留有部分水和泥浆，但由于灌入的水泥砂浆相对密度较大，因此能够将残留在孔内的泥浆等置换出来。第一次灌浆量根据孔径和锚固段的长度而定。第一次灌浆后把灌浆管拔出，可以重复使用。

待第一次灌注的浆液初凝后进行第二次灌浆，利用泥浆泵，控制压力为 2mPa 左右，稳压 2min，浆液冲破第一次灌浆体，向锚固体与土的接触面之间扩散，使锚固体直径扩大，增加径向压应力。由于挤压作用，锚固体周围的土压缩，孔隙比减小，含水量减少，土的内摩擦角增大。因此，二次灌浆法可以显著提高土层锚杆的承载能力。

国外对土层锚杆进行二次灌浆多采用堵浆器。我国采用上述方法进行二次灌浆，由于第一次灌入的水泥砂浆已初凝，在钻孔内形成“塞子”，借助这个“塞子”的堵浆作用，可以提高第二次灌浆的压力。

对于二次灌浆，国内外都尝试用化学浆液（如聚氨酯浆液等）代替水泥浆，这些化学浆液渗透能力强，且遇水后产生化学反应，体积可膨胀数倍，既可提高土的抗剪能力，又可形成如树根那样的脉状渗透网。

如果钻孔时利用了外套管，还可利用外套管进行高压灌浆。其顺序是：向外拔几节外套管（一般每节长 1.5m），加上帽盖，加压灌浆一次，压力约 2mPa；再向外拔几个外套管，再加压灌浆，如此反复进行，直至全部外套管拔出。

第五，张拉和锚固。土层锚杆灌浆后，待锚固体强度达到 80%设计强度以上，便可对锚杆进行张拉和锚固。张拉前先在支护结构上安装围檩。张拉用设备与预应力结构张拉所用设备相同。

从我国目前情况看，钢拉杆为变形钢筋者，其端部加焊一螺丝端杆，用螺母锚固。钢拉杆为光圆钢筋者，可直接在其端部攻丝，用螺母锚固。如用精轧钢纹钢筋，可直接用螺母锚固。张拉粗钢筋用一般千斤顶。

钢拉杆和钢丝束者，锚具多为锹头锚，亦用一般千斤顶张拉。

预加应力的锚杆，要正确估算预应力损失，导致预应力损失的因素主要有：

①张拉时由摩擦造成的预应力损失；

②锚固时由锚具滑移造成的预应力损失；

③钢材松弛产生的预应力损失；

④相邻锚杆施工引起的预应力损失；

⑤支护结构（板桩墙等）变形引起的预应力损失；

⑥土体蠕变引起的预应力损失；

⑦温度变化造成的预应力损失。

上述七种预应力损失，应结合工程具体情况进行计算。

二、地基处理及加固

地基是指建筑物荷载作用下的土体或岩体。常用人工地基的处理方法有换土、重锤夯实、强夯、振冲、砂桩挤密、深层搅拌、堆载预压、化学加固等。

（一）换土地基

当建筑物基础下的地基比较软弱，不能满足上部荷载对地基的要求时，常用换土地基来处理。具体方法是挖去弱土，分层回填好土夯实。按回填材料不同分砂地基、碎（砂）石地基、灰土地基等。

1. 砂地基和碎（砂）石地基

这种地基承载力强，可减少沉降，加速软弱土排水固结，防止冻胀，消除膨胀土的胀缩等。常用于处理透水性强的软弱黏性土，但不适用于湿陷性黄土地基和不透水的黏性土地基。

（1）构造要求

其尺寸按计算确定，厚度 0.5 ~ 3m，比基础宽 200 ~ 300mm。

（2）材料要求

土料宜用级配良好、质地坚硬的中砂、粗砂、砂砾、碎石等。

（3）施工要点

①验槽处理。

②分层回填，应先深后浅，保证质量。

③降水及冬期施工。

（4）质量检查

方法有环刀取样法、贯入测定法。

2. 灰土地基

灰土地基是将软土挖去，用一定体积比的石灰和黏性土拌和均匀，在最佳含水量情况下分层回填夯实或压实而成的处理地基。灰土最小干密度一般为：黏土 1.45t/m³，粉质黏土 1.50t/m³，粉土 1.55t/m³。

（1）构造要求

其尺寸按计算确定。

（2）材料要求

配合比一般为 2 ∶ 8 或 3 ∶ 7，土质良好，级配均匀，颗粒直径符合要求等。

（3）施工要点

（1）验槽处理。

②材料准备，控制好含水量。

③控制每层铺土厚度。

④采用防冻措施。

（4）质量检查

用环刀法检查土的干密度。质量标准用压实系数鉴定。

（二）重锤夯实地基

重锤夯实地基是用起重机械将重锤提升到一定高度后，利用自由下落时的冲击力来夯实地基，适用于地下水位以上稍湿的黏性土、砂土、湿陷性黄土、杂填土等地基的加固处理。

1. 机具设备

起重机械和夯锤。

2. 施工要点

①试夯确定夯锤重量、底面积、最后下沉量、遍数、总下沉量、落距等。

②每层铺土厚度以锤底直径为宜，一般铺设不少于两层。

③土以最佳含水量为准，且夯扩面积比基础底面均大 300mm² 以上。

④夯扩方法：基坑或条形基础应一夯接一夯进行；独基应先周边后中间进行；当底面不同高时应先深后浅；最后进行表面处理。

（三）强夯地基

强夯地基是用起重机械将重锤（8 ~ 30t）吊起使其从高处（6 ~ 30m）自由落下，

给地基以冲击和振动，从而提高地基土的强度并降低其压缩性，适用于碎石土、砂土、黏性土、湿陷性黄土及填土地基的加固处理。

1. 机具设备

主要有起重机械、夯锤、脱钩装置。

2. 施工要点

①试夯确定技术参数。

②场地平整、排水，布置夯点、测量定位。

③按试夯确定的技术参数进行。

④注意排水与防冻，作好施工记录等。

3. 质量检查

采用标准贯入、静力触探等方法。

（四）振冲地基

振冲地基可采用振冲置换法和振冲密实法两类。

1. 机具设备

主要有振冲器、起重机械、水泵及供水管道、加料设备、控制设备等。

2. 施工要点

①振冲试验确定水压、水量、成孔速度、填料方法、密实电流、填料量和留振时间。

②确定冲孔位置并编号。

③振冲、排渣、留振、填料等。

3. 质量检查

①位置准确，允许偏差符合有关规定。

②在规定的时间内进行试验检验。

（五）地基局部处理及其他加固方法

1. 地基局部处理

（1）松土坑的处理

①当松土坑的范围在基槽范围内时，挖除坑中松软土，使坑底及坑壁均见天然土为止，然后用与天然土压缩性相近的材料回填。

当天然土为砂土时，用砂或级配砂石分层回填夯实；当天然土为较密实的黏性土时，用3 ∶ 7灰土分层回填夯实；如为中密可塑的黏性土或新近沉积的黏性土时，可用1 ∶ 9或2 ∶ 8灰土分层回填夯实。每层回填厚度不大于200mm。

②当松土坑的范围超过基槽边沿时，将该范围内的基槽适当加宽，采用与天然土压缩性相近的材料回填；用砂土或砂石回填时，基槽每边均应按1 ∶ 1坡度放宽；用1 ∶ 9或2 ∶ 8灰土回填时，基槽每边均应按0 ∶ 5 ∶ 1坡度放宽。

③较深的松土坑（如深度大于槽宽或大于 1.5m 时），槽底处理后，还应适当考虑加强上部结构的强度和刚度。

处理方法：在灰土基础上 1 ~ 2 皮砖处（或混凝土基础内）、防潮层下 1 ~ 2 皮砖处及首层顶板处各配置 3 ~ 4 根直径为 8 ~ 12mm 的钢筋，跨过该松土坑两端各 1m；或改变基础形式，如采用梁板式跨越松土坑、桩基础穿透松土坑等方法。

（2）砖井或土井的处理

当井在基槽范围内时，应将井的井圈拆至地槽下 1m 以上，井内用中砂、砂卵石分层夯填处理，在拆除范围内用 2 ：8 或 3 ：7 灰土分层回填夯实至槽底。

（3）局部软硬土的处理

尽可能挖除，采用与其他部分压缩性相近的材料分层回填夯实，或将坚硬物凿去 300 ~ 500mm，再回填土砂混合物并夯实。

将基础以下基岩或硬土层挖去 300 ~ 500mm，填以中砂、粗砂或土砂混合物做垫层，或加强基础和上部结构的刚度来克服地基的不均匀变形。

2. 地基其他加固方法

（1）砂桩法

砂桩法是利用振动或冲击荷载，在软弱地基中成孔后，填入砂并将其挤压入土中，形成较大直径的密实砂桩的地基处理方法，主要包括砂桩置换法、挤密砂桩法等。

（2）水泥土搅拌法

水泥土搅拌法是一种用于加固饱和黏土地基的常用软基处理技术。该法将水泥作为固化剂与软土在地基深处强制搅拌，固化剂和软土产生一系列物理化学反应，使软土硬结成一定强度的水泥加固体，从而提高地基土承载力并增大变形模量。水泥土搅拌法从施工工艺上可分为湿法和干法两种。

（3）预压法

预压法指的是为提高软土地基的承载力和减少构造物建成后的沉降量，预先在拟建构造物的地基上施加一定静荷载，使地基土压密后再将荷载卸除的压实方法。该法对软土地基预先加压，使大部分沉降在预压过程中完成，相应地提高了地基强度 a 预压法适用于淤泥质黏土、淤泥与人工冲填土等软弱地基。预压的方法有堆载预压和真空预压两种。

（4）注浆法

注浆法指用气压、液压或电化学原理把某些能固化的浆液通过压浆泵、灌浆管均匀地注入各种裂缝或孔隙中，以填充、渗进和挤密等方式驱除裂缝、孔隙中的水分和气体，并填充其位置，硬化后将土体胶结成一个整体，形成一个强度大、压缩性低、抗渗性高和稳定性良好的新的整体，从而改善地基的物理化学性质，主要用于截水、堵漏和加固地基。

第四节 桩基础施工

桩基础是一种高层建筑物和重要建筑物工程中广泛采用的基础形式。桩基础的作用是将上部结构较大的荷载通过桩穿过软弱土层传递到较深的坚硬土层上，以解决浅基础承载力不足和变形较大的问题。

桩基础具有承载力高、沉降量小而均匀、沉降速率缓慢等特点。它能承受垂直荷载、水平荷载、上拔力以及机器的振动或动力作用，广泛应用于房屋地基、桥梁、水利等工程中。

一、桩基础的作用和分类

（一）作用

可以将上部荷载直接传递到下部较好持力层上。

（二）分类

1. 按承台位置高低分类

①高承台桩基础。承台底面高于地面，一般用在桥梁、码头工程中。

②低承台桩基础。承台底面低于地面，一般用于房屋建筑工程中。

2. 按承载性质分类

①端承桩。指穿过软弱土层并将建筑物的荷载通过桩传递到桩端坚硬土层或岩层上。桩侧较软弱土对桩身的摩擦作用很小，其摩擦力可忽略不计。

②摩擦桩。指沉入软弱土层一定深度后通过桩侧土的摩擦作用，将上部荷载传递扩散于桩周围土中，桩端土也起一定的支承作用，桩尖支承的土不甚密实，桩相对于土有一定的相对位移时，即具有摩擦桩的作用。

3. 按桩身材料分类

①钢筋混凝土桩。可以预制，也可以现浇。根据设计，桩的长度和截面尺寸可任意选择。

②钢桩。常用的有直径 250 ~ 1200mm 的钢管桩和宽翼工字形钢桩。钢桩的承载力较大，起吊、运输、沉桩、接桩都较方便，但消耗钢材多，造价高。我国目前只在少数重点工程中使用。

③木桩。目前已很少使用，只在某些加固工程或能就地取材的临时工程中使用。在地下水位以下时，木材有很好的耐久性，而在干湿交替的环境下，极易腐蚀 e

④砂石桩。主要用于地基加固，挤密土壤。

⑤灰土桩。主要用于地基加固。

4. 按桩的使用功能分类

①竖向抗压桩。

②竖向抗拔桩。

③水平荷载桩。

④复合受力桩。

5. 按桩直径大小分类

①小直径桩，$d \leq 250mm$。

②中等直径桩，$250mm < d < 800mm$。

③大直径桩，$d \geq 800mm$。

6. 按成孔方法分类

①非挤土桩：泥浆护壁灌注桩、人工挖孔灌注桩，应用较广。

②部分挤土桩：先钻孔后打入。

③挤土桩：打入桩。

7. 按制作工艺分类

①预制桩。钢筋混凝土预制桩是在工厂或施工现场预制，用锤击打入、振动沉入等方法，使桩沉入地下。

②灌注桩。又叫现浇桩，直接在设计桩位的地基上成孔，在孔内放置钢筋笼或不放钢筋，后在孔内灌注混凝土而成桩。

与预制桩相比，灌注桩可节省钢材，在持力层起伏不平时，桩长可根据实际情况设计。

8. 按截面形式分类

①方形截面桩。制作、运输和堆放比较方便，截面边长一般为250～550mm。

②圆形空心桩。用离心旋转法在工厂中预制，具有用料省、自重轻、表面积大等特点。国内铁道部门已有定型产品，直径有300、450和550mm，管壁厚80mm，每节长度2～12m不等。

二、静力压桩施工工艺

（一）特点及原理

静力压桩法是在软土地基上，利用静力压桩机以无振动的静压力（自重和配重）将预制桩压入土中的一种沉桩工艺。

（二）机械设备

主要有机械压桩机、液压静力压桩机两种。

（三）施工工艺

静力压桩施工，采取分段压入、逐段接长的方法。施工程序为：施工准备→测量定位→压桩机就位→吊桩、插桩→桩身对中调直→静压沉桩→接桩→再静压沉桩→送桩→终止压桩→切割桩头。

整平场地，清除作业范围内的高空、地面、地下障碍物；架空高压线距离压桩机不得小于10m；修设桩机进出行走道路，做好排水设施。

按照图纸布置测量放线，定出桩基轴线（先定出中心，再引出两侧），并将桩的准确位置测设到地面上，每个桩位打一个小木桩；测出每个桩位的实际标高，场地外设2～3个水准点，以便随时检查用。

检查桩的质量，将需要的桩按平面布置图堆放在压桩机附近，不合格的桩不能运至压桩现场。

检查压桩机设备及起重机械；铺设水电管网，进行设备架立组装并试压桩。

准备好桩基工程沉降记录和隐蔽工程验收记录表格，作好记录。

（四）施工要点

压桩时，应始终保持桩轴心受压，若有偏移应立即纠正。接桩应保证上下节桩轴线一致，并应尽量减少每根桩的接头个数，一般不宜超过4个接头。施工中，若压阻力超过压桩能力，使桩架上抬倾斜时，应立即停压，查明原因。

当桩压至接近设计标高时，不可过早停压，应使压桩一次成功，以免发生压不下或超压现象。工程中有少数桩不能压至设计标高，此时可将桩顶截去。

三、现浇混凝土灌注桩施工工艺

灌注桩按成孔方法分为泥浆护壁成孔灌注桩、沉管灌注桩、干作业成孔灌注桩、爆破成孔灌注桩和人工挖孔灌注桩。

灌注桩施工准备工作一般包括以下几点。

第一，确定成孔施工顺序。一般结合现场条件，采用下列方法确定成孔顺序：间隔1个或2个桩位成孔；在相邻混凝土初凝前或终凝后成孔；一个承台下桩数在5根以上时，中间的桩先成孔，外围的桩后成孔。

第二，成孔深度的控制。

摩擦桩：桩管入土深度以标高控制为主，以贯入度控制为辅。

端承桩：沉管深度以贯入度控制为主，以设计持力层标高对照为辅。

第三，钢筋笼的制作。主筋和箍筋直径及间距、主筋保护层、加筋箍的间距等应符合设计要求和规范要求。分段制作接头采用焊接法并使接头错开50%，放置时不得碰撞孔壁。

第四，混凝土的配制。粗骨料可选用卵石或碎石，其最大粒径不得大于钢筋净距的1/3，其他类型的灌注桩或素混凝土见相关规定。混凝土强度等级不小于C15。

（一）钻孔灌注桩

钻孔灌注桩是先成孔，然后吊放钢筋笼，再浇灌混凝土。依据地质条件不同，分为干作业成孔和泥浆护壁（湿作业）成孔两类。

1. 干作业成孔灌注桩施工

成孔时若无地下水或地下水很少，基本上不影响工程施工，称为干作业成孔。主要适用于北方地区和地下水位低的土层。

（1）施工工艺流程

场地清理→测量放线，定桩位→桩机就位一钻孔，取土成孔→清除孔底沉渣→成孔质量检查验收→吊放钢筋笼→浇筑孔内混凝土。

（2）施工注意事项

干作业成孔一般采用螺旋钻成孔，还可采用机扩法扩底。为了确保成桩后的质量，施工中应注意以下几点：

①开始钻孔时，应保持钻杆垂直、位置正确，防止因钻杆晃动导致孔径扩大及孔底虚土增多。

②发现钻杆摇晃、移动、偏斜或难以钻进时，应提钻检查，排除地下障碍物，避免桩孔偏斜和钻具损坏。

③钻进过程中应随时清理孔口黏土，遇到地下水、塌孔、缩孔等异常情况，应停止钻孔，同有关单位研究处理。

④钻头进入硬土层时易造成钻孔偏斜，可提起钻头上下反复扫钻几次，以便削去硬土。若纠正无效，可在孔中局部回填黏土至偏孔处 0.5m 以上，再重新钻进。

⑤成孔达到设计深度后，应保护好孔口，按规定验收，并作好施工记录。

⑥孔底虚土尽可能清除干净，可用夯锤夯击孔底虚土或进行压注水泥浆处理，然后吊放钢筋笼，并浇筑混凝土。混凝土应分层浇筑，每层高度不大于 1.5m。

2. 泥浆护壁成孔灌注桩施工

泥浆护壁成孔灌注桩是利用泥浆护壁，钻孔时通过循环泥浆将钻头切削下的土渣排出孔外而成孔，后吊放钢筋笼，水下灌注混凝土而成桩。成孔方式有正（反）循环回转钻成孔、正（反）循环潜水钻成孔、冲击钻成孔、冲抓锥成孔、钻斗钻成孔等。

泥浆护壁成孔灌注桩施工工艺流程如下：

（1）测定桩位

平整清理好施工场地后，设置桩基轴线定位点和水准点，根据桩位平面布置施工图，确定每根桩的位置，并作好标记。施工前，桩位要检查复核，以防被外界因素影响而造成偏移。

（2）埋设护筒

护筒的作用是：固定桩孔位置，防止地面水流入，保护孔口，提高桩孔内水压力，防止塌孔，成孔时引导钻头方向。护筒用 4 ~ 8mm 厚的钢板制成，内径比钻头直径大 100 ~ 200mm，顶面高出地面 0.4 ~ 0.6m，上部开 1 ~ 2 个溢浆孔。埋设护筒时，先挖去桩孔处表土，将护筒埋入土中，其埋设深度在黏土中不宜小于 1m，在砂土中不宜小于 1.5m。其高度要满足孔内泥浆面高度的要求，孔内泥浆面应保持高出地下水位 1m 以上。挖坑埋设时，坑的直径应比护筒外径大 0.8 ~ 1m。护筒中心与桩位中心线偏差不应大于 50mm，对位后应在护筒外侧填入黏土并分层夯实。

（3）泥浆制备

泥浆的作用是护壁、携砂排土、切土润滑、冷却钻头等，其中以护壁为主。泥浆制备方法应根据土质条件确定：在黏土和粉质黏土中成孔时，可注入清水，以原土造浆，排渣泥浆的密度应控制在 1.1 ~ $1.3g/cm^3$；在其他土层中成孔时，泥浆可选用高塑性的黏土或膨润土；在砂土和较厚夹砂层中成孔时，泥浆密度应控制在 1.1 ~ $1.3g/cm^3$；在穿过砂夹卵石层或容易塌孔的土层中成孔时，泥浆密度应控制在 1.3 ~ $1.5g/cm^3$。施工中应经常测定泥浆密度，并定期测定黏度、含砂率和胶体率。泥浆的控制指标为黏度 18 ~ 22s、含砂率不大于 8%、胶体率不小于 90%。为了提高泥浆质量，可加入外掺料，如增重剂、增黏剂、分散剂等。施工中废弃的泥浆、泥渣应按环保有关规定处理。

（4）成孔方法

①回转钻成孔。回转钻成孔是国内灌注桩施工中最常用的方法之一。按排渣方式不同分为正循环回转钻成孔和反循环回转钻成孔两种。

正循环回转钻成孔由钻机回转装置带动钻杆和钻头回转切削破碎岩土，由泥浆泵往钻杆输送泥浆，泥浆沿孔壁上升，从溢浆孔溢出流入泥浆池，经沉淀处理返回循环池。正循环成孔泥浆的上返速度低，携带土粒直径小，排渣能力差，岩土重复破碎现象严重，适用于填土、淤泥、黏土、粉土、砂土等地层，卵砾石含量不大于 15%、粒径小于 10mm 的部分砂卵砾石层、软质基岩及较硬基岩也可使用。桩孔直径不宜大于 1000mm，钻孔深度不宜超过 40m。正循环钻进主要参数有冲洗液量、转速和钻压，保持足够的冲洗液（指泥浆或水）量是提高正循环钻进效率的关键。一般砂土层用硬质合金钻头钻进时，转速取 40 ~ 80r/min，较硬或非均质地层中转速可适当调慢；用钢粒钻头钻进时，转速取 50 ~ 120r/min，大桩取小值，小桩取大值；用牙轮钻头钻进时，转速一般取 60 ~ 180r/min。在松散地层中钻进时，应以冲洗液畅通和钻渣清除及时为前提，灵活确定钻压；在基岩中钻进时，可以通过配置加重铤或重块来提高钻压；对于硬质合金钻钻进成孔，钻压应根据地质条件、钻杆与桩孔的直径差、钻头形式、切削具数目、设备能力和钻具强度等因素综合确定。

反循环回转钻成孔是指由钻机回转装置带动钻杆和钻头回转切削破碎岩土，利用泵吸、气举、喷射等措施抽吸循环护壁泥浆，挟带钻渣从钻杆内腔抽吸出孔外。根据抽吸原理可分为泵吸反循环、气举反循环和喷射（射流）反循环三种施工工艺泵吸反循环是直接利用砂石泵的抽吸作用使钻杆的水流上升而形成反循环；喷射反循环是利用射流泵射出的高速水流产生的负压使钻杆内的水流上升而形成反循环；气举反循环是利用送入压缩空气使水循环。钻杆内水流上升速度与钻杆内外液柱高度差有关，随孔深增大，效率提高。当孔深小于 50m 时，宜选用泵吸或射流反循环；当孔深大于 50m 时，宜选用气举反循环。

②潜水钻成孔。潜水电钻同样使用泥浆护壁成孔。其排渣方式也分为正循环和反循环两种。

潜水钻正循环是利用泥浆泵将泥浆压入空心钻杆并通过中空的电动机和钻头等射入孔底，然后携带钻头切削下的钻渣在钻孔中上浮，由溢浆孔溢出进入泥浆沉淀池，经沉淀处理后返回循环池。

潜水钻反循环有泵吸法、泵举法和气举法三种。若为气举法出渣，则只能用正循环或泵吸式开孔，钻孔有 6 ~ 7m 深时，才可改用反循环气举法出渣。反循环泵吸法出渣时，吸浆泵可潜入泥浆下工作，因而出渣效率高。

③冲击钻成孔。冲孔是用冲击钻机把带钻刃的重钻头（又称冲击锤）提高，靠自由下落的冲击力来削切岩层，排出碎渣成孔。冲击钻机有钻杆式和钢丝绳式两种。前者钻孔直径较小，效率低，应用较少。后者钻孔直径大，有 800、1000、1200mm 几种。钻头可锻制或用铸钢制造，钻刃用 T18 号钢制造，与钻头焊接。钻头有十字钻头及三翼钻头等。锤重 500 ~ 3000kg。冲孔施工时，首先准备好护壁料，若表层为软土，则在护筒内加片石、砂砾和黏土（比例为 3 ∶ 1 ∶ 1）；若表层为砂砾卵石，则在护筒内加小石子和黏土（比例为 1 ∶ 1）。冲孔时，开始低锤密击，落距为 0.4 ~ 0.6m，直至开孔深度达护筒底以下 3 ~ 4m 时，将落距提高至 1.5 ~ 2m。掏渣采用抽筒，用以掏取孔内岩屑和石渣，也可进入稀软土、流砂、松散土层排土和修平孔壁。掏渣每台班 1 次，每次 4 ~ 5 桶。用冲击钻冲孔，冲程为 0.5 ~ 1m，冲击次数为 40 ~ 50 次 /min，孔深可达 300m。冲击钻成孔适用于风化岩及各种软土层成孔。但由于冲击锤自由下落时导向不严格，扩孔率大，实际成孔直径比设计桩径要增大 10% ~ 20%。若扩孔率增大，应查明原因后再成孔。

④抓孔。抓孔即用冲抓锥成孔机将冲抓锥斗提升到一定高度，锥斗内有压重铁块和活动抓片，松开卷扬机刹车时，抓片张开，钻头便以自由落体冲入土中，然后开动卷扬机提升钻头，这时抓片闭合抓土，冲抓锥整体被提升到地面上将土渣卸去，如此循环抓孔。该法成孔直径为 450 ~ 600mm，成孔深度为 10m 左右，适用于有坚硬夹杂物的黏土、砂卵石土和碎石类土。

（5）清孔

当钻孔达到设计要求深度并经检查合格后，应立即清孔，目的是清除孔底沉渣以减少桩基的沉降量，提高桩基承载能力，确保桩基质量。清孔方法有真空吸泥渣法、射水法、换浆法和掏渣法。

空气吸泥机或抓斗用于土质较好、不易塌孔的碎石类、风化岩等硬土中清孔。因孔底沉渣颗粒大，采用空气吸泥机或抓斗可将颗粒较大的沉渣吸出或抓出。

射水法是在孔口接清孔导管，分段连接后吊入孔内。清孔靠抽水机和空气压缩机进行。空气压缩机使导管内压力达 0.6 ~ 0.7mPa，在导管内形成强大中气流，同时向孔内注入清水，使孔底的泥渣、杂物被喷翻、搅动，随高压气流上涌，从喷嘴喷出。这样可将孔底沉渣清出，直到孔口喷出清水为止。清孔后，泥浆容重为 1∶ 1 左右为清孔合格。该法适用于在原土造浆的黏土以及制浆的碎石类土和风化岩土层中清孔。

换浆法又叫置换法，是用新搅拌的泥浆置换孔底泥浆，即用泥浆循环方法清孔。清孔后泥浆容重应控制在 1.15 ~ 1.25 之间，泥浆取样均应选在距孔底 0.2 ~ 0.5m 处。置换法适用于在孔壁土质较差的软土、砂土以及黏土中清孔。

清孔应达到如下标准才算合格：一是孔内排出或抽出的泥浆，用手捻应无粗粒感，孔底 500mm 以内的泥浆密度小于 1.25g/cm³（原土造浆的孔则应小于 1.1g/cm³）；二是在浇筑混凝土前，孔底沉渣允许厚度符合标准规定，即端承桩 W50mm，摩擦端承桩、端承摩擦桩≤ 100mm，摩擦桩≤ 300mm。

（6）吊放钢筋笼

清孔后应立即安放钢筋笼，浇混凝土。钢筋笼一般都在工地制作，制作时要求主筋环向均匀布置，箍筋直径及间距、主筋保护层、加筋箍的间距等均符合设计要求。分段制作的钢筋笼，其接头采用焊接法且应符合施工及验收规范的规定。钢筋笼主筋净距必须大于 3 倍的骨料粒径，加筋箍宜设在主筋外侧，钢筋保护层厚度不应小于 35mm（水下混凝土不得小于 50mm）。可在主筋外侧安设钢筋定位器，以确保钢筋保护层厚度。为了防止钢筋笼变形，可在钢筋笼上每隔 2m 设置一道加强箍，并在钢筋笼内每隔 3 ~ 4m 装一个可拆卸的十字形临时加筋架，在吊放入孔后拆除。吊放钢筋笼时应垂直，缓缓放入，防止碰撞孔壁。

若造成塌孔或安放钢筋笼时间太长，应进行二次清孔后再浇筑混凝土。

（二）沉管灌注桩

施工方法：锤击沉管灌注桩、振动沉管灌注桩、静压沉管灌注桩、沉管夯扩灌注桩和振动冲击沉管灌注桩等。

施工工艺：使用锤击式桩锤或振动式桩锤将一定直径的钢管沉入土中，形成桩孔，然后放入钢筋笼，浇筑混凝土，最后拔出钢管，形成所需要的灌注桩。

1. 锤击沉管灌注桩

锤击沉管灌注桩适用于一般黏性土、淤泥质土、砂土和人工填土地基。

（1）施工设备

桩架、桩锤及动力设备等。

（2）施工方法

有单打法和复打法两种。

①桩管上端扣上桩帽，检查桩管与桩锤是否在同一垂直线上，桩管偏斜≤ 0.5%时，可锤击桩管。

②拔管要均匀，第一次拔管不宜过高，应保持桩管内有不少于 2m 高的混凝土，然后灌注混凝土。

③拔管时应保持连续密锤不停低击，并控制拔出速度，对一般土层，以不大于 1m/min 为宜，在软弱土层及软硬土层交界处，应控制在 0.8m/min.

（3）质量要求

成孔、下钢筋笼和灌注混凝土是灌注桩质量的关键工序，每一道工序完成时，均应进行质量检查，上道工序不合格，严禁下道工序施工。

2. 振动沉管灌注桩

（1）施工设备

桩架、激振器、动力设备等。

（2）施工方法

有单振法和复振法两种。

①单振法施工：在沉入土中的桩管内灌满混凝土，开动激振器，振动 5 ~ 10s，开始拔管，边振边拔。

②复振法施工：施工方法与单振法相同，施工时要注意前后两次沉管的轴线应重合，复振施工必须在第一次灌注的混凝土初凝之前进行，钢筋笼应在第二次沉管后放入；混凝土强度不低于 C20，坍落度、钢筋保护层厚度、桩位允许偏差等见混凝土结构规范。

振动沉管灌注桩适用于砂土、稍密及中密的碎石土地基，边振边拔是其主要特征。

第八章 砌体结构工程施工

第一节 砖砌体工程

一、施工准备

（一）砖块准备

砖应按设计要求的数量、品种、强度等级及时组织进场，并按砖的外观、几何尺寸和强度等级进行验收，并检验出厂合格证。对每一生产厂家，烧结普通砖、混凝土实心砖每 150000 块为一验收批，烧结多孔砖、混凝土多孔砖、蒸压灰砂砖及蒸压粉煤灰砖每 100000 块为一验收批。不足上述数量时按一批计，抽检数量为一组。

常温施工时，为避免砖吸收砂浆中过多的水分而影响黏结力，砖应提前 1 ~ 2d 浇水湿润，以水浸入砖内 10mm 左右为宜，并可除去砖面上的粉末。烧结普通砖含水率宜为 10% ~ 15%，但浇水过多会产生砌体走样或滑动现象。灰砂砖、粉煤灰砖不宜浇水过多，其含水率控制在 5% ~ 8% 为宜。

（二）砂浆准备

砌筑砂浆的配合比应适当提前由实验室试配确定，试配时一定要采用施工中实际使用的材料。配制时，各原材料应采用质量计量，水泥及外加剂配料的允许偏差为

±2%，砂、粉煤灰、石灰膏等配料的允许偏差为 ±5%。同时应注意各原材料的质量必须合格。

砌筑砂浆应采用机械搅拌，搅拌时间自投料完算起应符合下列规定：

①水泥砂浆和水泥混合砂浆不得少于 2min；

②水泥粉煤灰砂浆和掺用外加剂的砂浆不得少于 3min；

③掺用有机塑化剂的砂浆应为 3 ~ 5min。

砂浆拌制时，按规定在搅拌机旁挂设砂浆配合比标志牌，设置磅秤，并严格按相关规范要求控制各原材料的计量偏差、搅拌时间、砂浆稠度等技术指标。

（三）机具准备

砌筑前，必须将按施工组织设计所确定的垂直运输设备、搅拌机械设备等按时组织进场，并做好机械的安装工作，搭设搅拌棚，安设搅拌机，同时备好脚手工具、砌筑工具（如线锤、皮数杆、托线板、靠尺等）、磅秤、砂浆试模等。

（四）选定组砌形式

用普通黏土砖砌筑的砖墙，按其墙面组砌形式不同分为全顺、两平一侧、一顺一丁、三顺一丁、梅花丁等。

1. 全顺

各皮砖均顺砌，上、下皮垂直灰缝相互错开半砖长（120mm）。此法仅用于砌半砖厚（115mm）墙。

2. 两平一侧

两平一侧组砌形式的墙面又称为 18 墙，其组砌特点为平砌层上、下皮间错缝半砖，平砌层与侧砌层之间错缝 1/4 砖。此种砌法比较费工，效率低，但节省砖块，可以作为层数较小的建筑物的承重墙。

3. 一顺一丁

一顺一丁由一皮顺砖、一皮丁砖间隔相砌而成，上、下皮之竖向灰缝都错开 1/4 砖长，是一种常用的组砌方式。其特点是一皮顺砖（砖的长边与墙身长度方向平行的砖）与一皮丁砖（砖的长面与墙身长度方向垂直的砖）间隔相砌，每隔一皮砖，其丁顺相同，竖缝错开。这种砌法整体性好，多用于一砖墙。

4. 三顺一丁

这是最常见的组砌形式，由三皮顺砖、一皮丁砖组砌而成，上、下皮顺砖搭接半砖长。丁砖与顺砖搭接 1/4 砖长。因三皮顺砖内部纵向有通缝，故其整体性较差，且墙面也不易控制平直。但这种组砌方法因顺砖较多，故砌筑速度快。

5. 梅花丁

这种砌法又称为沙包式，其每皮中顺砖与丁砖间隔相砌，上、下皮砖的竖缝相互错开 1/4 砖长。这种砌法内外竖缝每皮都能错开，整体性较好，灰缝整齐，比较美观，但砌筑效率较低，多用于清水墙面。

另外，要注意在砖墙的转角处、交接处应根据错缝需要加砌配砖。如一砖厚墙一顺一丁转角处分皮砌法，其配砖为3/4砖（俗称七分头砖），位于墙外角。

二、施工工艺与方法

砖砌体施工通常包括抄平、放线、摆砖、立皮数杆、挂线、砌砖、勾缝和清理等工序。

（一）抄平

砌墙前应在基础防潮层或楼面上定出各层标高，并用M7.5水泥砂浆或C10细石混凝土找平，使各段砖墙底部标高符合设计要求。

（二）放线

抄平后应确定各段墙体砌筑的位置。根据轴线桩或龙门板上给定的轴线及图纸上标注的墙体尺寸，在基础顶面上用墨线弹出墙的轴线和宽度线，并定出门洞口位置线。二层以上墙的轴线可以用经纬仪或锤球引上。

（三）摆砖

摆砖是指在放线的基面上按选定的组砌方式用干砖试摆。摆砖的目的是核对所放的墨线在门窗洞口、附墙垛等处是否符合砖的模数，尽可能减少砍砖，并使砌体灰缝均匀、整齐，同时可提高砌筑效率。

（四）立皮数杆

皮数杆是指在其上画有每皮砖和砖缝厚度及门窗洞口、过梁、板、梁底、预埋件等标高位置的一种木制标杆。其作用是砌筑时控制砌体竖向尺寸的准确度，同时保证砌体的垂直度。

皮数杆一般立于房屋的四大角、内外墙交接处、楼梯间及洞口较多之处。砌体较长时，可每隔10 ~ 15m增设一根皮数杆。皮数杆固定时，应用水准仪抄平，并用钢尺量出楼层高度，定出楼层楼面标高，使皮数杆上所画室内地面标高与设计要求标高一致。

（五）挂线

为保证砌体垂直、平整，砌筑时必须挂通线。一般二四墙可单面挂线，三一七墙及三一七墙以上的墙则应双面挂线。

（六）砌砖

砌砖的操作方法有很多，常用的是“三一”砌砖法、挤浆法和满口灰法等。

①“三一”砌砖法：一块砖、一铲灰、一揉压并随手将挤出的砂浆刮去的砌筑方法。这种砌法的优点是灰缝容易饱满，黏结性好，墙面整洁。因此实心砖砌体宜采用“三一”砌砖法。

②挤浆法：用灰勺、大铲或铺灰器在墙顶上铺一段砂浆，然后双手拿砖或单手拿砖，

用砖挤入砂浆中一定厚度后把砖放平，达到下齐边、上齐线、横平竖直的要求的砌筑方法。这种砌法的优点是可以连续挤砌多块砖，减少烦琐的动作；平推平挤，可使灰缝饱满；施工效率高。应注意的是，操作时铺浆长度不得超过 750mm；气温超过 30℃时，铺浆长度不得超过 500mm。

③满口灰法：将砂浆满口刮满在砖面和砖棱上，随即砌筑的方法。其特点是砌筑质量好，但效率较低，仅适用于砌筑砖墙的特殊部位，如保温墙、烟筒等。

砌砖时，通常先在墙角以皮数杆进行盘角。盘角又称为立头角，是指在砌墙时先砌墙角，每次盘角不得超过 5 皮砖，然后从墙角处拉准线，再按准线砌中间的墙。砌筑过程中应三皮一吊、五皮一靠，以保证墙面横平竖直。

（七）勾缝、清理

清水墙砌完后要进行墙面修正及勾缝。墙面勾缝应横平竖直，深浅一致，搭接平整，不得有丢缝、开裂和黏结不牢等现象。砖墙勾缝宜采用凹缝或平缝，凹缝深度一般为 4 ~ 5mm。勾缝完毕后，应进行落地灰的清理。

三、技术与质量要求

烧结普通砖砌体的质量分合格和不合格两个等级。

当烧结普通砖砌体质量达到下列要求时为合格：主控项目应全部符合要求，一般项目应有 80%及以上的抽检符合要求，或偏差在允许范围以内。当达不到上述规定时，烧结普通砖砌体质量为不合格。

（一）烧结普通砖砌体的主控项目

①砖和砂浆的强度等级必须符合设计要求。

抽检数量：每一生产厂家的砖到现场后，烧结普通砖按 150000 块为一验收批，抽检数量为一组；对于砂浆试块，每一检验批且不超过 250m³ 砌体的各种类型及强度等级的砌筑砂浆，每台搅拌机应至少抽检一次。

检验方法：检查砖和砂浆试块的试验报告。

②砌体水平灰缝的砂浆饱满度不得小于 80%。

抽检数量：每一检验批抽查不应少于 5 处。

检验方法: 用百格网检查砖底面与砂浆的黏结痕迹面积，每处检测 3 块砖，取平均值。

③砖砌体的转角处和交接处应同时砌筑，严禁无可靠措施进行内外墙分砌施工。对不能同时砌筑而又必须留置的临时间断处应砌成斜槎，斜槎水平投影长度不应小于高度的 2/3。

抽检数量：每一检验批抽 20%的接槎，且不应少于 5 处。

检验方法：观察检查。

④非抗震设防及抗震设防裂度为 6 度、7 度地区的临时间断处当不能留斜槎时，除转角外，可留直槎，但必须做成凸槎。留直槎处应加设拉结钢筋，拉结钢筋的数量为每

120mm 墙厚放置 1Φ6 拉结钢筋，间距沿墙高不应超过 500mm；从留槎处算起，埋入长度每边均不应小于 500mm，对抗震设防烈度为 6 度、7 度的地区应不小于 1000mm，末端应有 90° 弯钩。

抽检数量：每一检验批抽 20% 的接槎，且不应少于 5 处。

检验方法：观察和尺量检查。

（二）烧结普通砖砌体的一般项目

①砖砌体组砌方法应正确，上下错缝，内外搭砌，砖柱不得采用包心砌法。

抽检数量：外墙每 20m 抽查一处，每处 3 ~ 5m，且不应少于 3 处；内墙按有代表性的自然间抽 10%，但不应少于 3 间。

检验方法：观察检查。

②砖砌体的灰缝应横平竖直，厚薄均匀。水平灰缝厚度一般规定为 10mm，不应小于 8mm，也不应大于 12mm。

抽检数量：每步脚手架施工的砌体，每 20m 抽查 1 处。

检验方法：用尺量 10 皮砖砌体高度折算。

（三）其他质量要求

在砖墙上留置施工洞口时，其侧边离交接处墙面的距离不应小于 500mm，洞口净宽度不应超过 1。临时施工洞口待工程施工完毕应做好补砌。

不得在下列墙体或部位设置脚手眼。

①过梁上部，与过梁成 60° 的三角形及过梁跨度 1/2 范围内。

②宽度不大于 800mm 的窗间墙。

③梁和梁垫下及其左右各 500mm 的范围内。

④门窗洞口两侧 200mm 范围内和墙体交接处 400mm 范围内。

⑤设计规定不允许设脚手眼的部位。

第二节　混凝土小型空心砌块砌体工程

砌块代替实心黏土砖作为墙体材料，是墙体改革的一个重要途径。普通混凝土小型空心砌块以水泥、砂、碎石或卵石、水等预制而成。普通混凝土小型空心砌块主要规格尺寸为 390mm × 190mm × 190mm，有两个方形孔，最小外壁厚度应不小于 30mm，最小肋厚应不小于 25mm，空心率应不小于 25%。由于砌块的规格、型号与砌块幅面尺寸的大小有关（即砌块幅面尺寸大，规格、型号就多，砌块幅面尺寸小，规格、型号就少），因此合理制定砌块的规格有助于促进砌块生产的发展，加快施工进度，保证工程质量。

一、施工准备

施工准备事项如下。

①砂浆宜选用专用的小砌块砌筑砂浆。

②砌块应保证有28d以上的龄期。混凝土空心砌块砌筑前无须浇水，当天气干燥时，可提前喷水湿润；轻骨料混凝土空心砌块宜提前2d以上浇水；加气混凝土砌块应适量浇水。砌块严禁雨天施工，砌块表面有浮水时也不得进行砌筑。

③砌筑前应根据砌块的尺寸和灰缝的厚度确定皮数和排数，对于加气混凝土砌块砌体，还应绘制砌块排列图，尽量采用规格砌块。多孔砖和空心砖墙砌筑前应试摆，在不够整砖处如无半砖规格，可用普通黏土砖补砌。

④小型空心砌块的主要规格尺寸为390mm×190mm×190mm，墙厚等于砌块的宽度，其立面砌筑形式只有全顺一种，上、下皮竖缝相互错开1/2砌块长，上、下皮砌块孔相互对准。

二、施工工艺与方法

（一）施工工艺

砌块施工的工艺流程为：铺灰→砌块就位校正→勾缝与灌竖缝→一镶砖。

1. 铺灰

砌块墙体所采用的砂浆应具有良好的和易性，其稠度以50～70mm为宜。铺灰应平整、饱满，每次铺灰长度一般不超过5m，炎热天气或寒冷天气铺灰长度应适当缩短。

2. 砌块就位

砌块就位应从外墙转角或定位标块处开始砌筑，砌块必须遵守“反砌”原则，即按照砌块底面朝上的原则砌筑。砌筑时严格按砌块排列图的顺序和错缝搭接的原则进行，内外墙同时砌筑，在相邻施工段之间留阶梯形斜槎。砌块就位时，应使夹具中心尽可能与墙体中心线在同一垂直线上，对准位置缓慢、平稳地落在砂浆层上，待砌块安放稳定后方可松开夹具。

3. 校正

砌块吊装就位后，用锤球或托线板检查墙体的垂直度，用皮数杆拉准线的方法检查其水平度。校正时可用撬棍轻微撬动砌块，以调整偏差。

4. 勾缝与灌竖缝

砌块经校正后随即进行勾缝，深度不超过7mm。此后砌块一般不准再有撬动，以防砂浆黏结力受损，如砌块发生位移应重砌。灌筑竖缝时可先用夹板在墙体内外夹住，然后在缝内灌注砂浆，由专人用竹片捣实后可松去夹具。超过30mm的垂直缝应用细石混凝土灌实，其强度等级不低于C20。

5. 镶砖

当竖缝间出现较大竖缝或过梁找平时应镶砖。镶砖砌体的竖缝和水平缝应控制为15 ~ 30mm。镶砖工作应在砌块校正后立即进行，镶砖时应注意使砖的竖缝浇灌密实。镶砌的最后一皮砖和安放有擦条、梁、楼板等构件下的砖层，均需用丁砖镶砌。丁砖必须用无裂缝的整砖。

（二）芯柱、小砌块砌筑方法

1. 芯柱

①芯柱构造。墙体的下列部位宜设置芯柱：

A. 在外墙转角、楼梯间四角的纵横墙交接处的三个孔洞，宜设置素混凝土芯柱；

B. 五层及五层以上的房屋，应在上述部位设检钢筋混凝土芯柱。

芯柱的构造要求如下：

A. 芯柱截面尺寸不宜小于 120mm × 120mm，宜用强度等级不低于 C20 的细石混凝土浇灌；

B. 钢筋混凝土芯柱每孔内插竖筋不应小于 1Φ10，底部应伸入室内地面下 500mm 或与基础圈梁锚固，顶部与屋盖圈梁锚固；

C. 在钢筋混凝土芯柱处，沿墙高每隔 600mm 应设 Φ4 钢筋网片拉结，每边伸入墙体不小于 600mm；

D. 芯柱应沿房屋的全高贯通，并与各层圈梁整体现浇。

芯柱竖向插筋应贯通墙身且与圈梁连接，插筋不应小于 1Φ12。芯柱应伸入室外地下 500mm 或锚入小于 500mm 基础圈梁内。

抗震设防地区的芯柱与墙体连接处，应设置 Φ4 钢筋网片拉结，钢筋网片每边伸入墙内不宜小于 1m，且沿墙高每隔 600mm 设置。

②芯柱施工。芯柱部位宜采用不封底的通孔小砌块，当采用半封底小砌块时，砌筑前必须打掉孔洞毛边。

在楼（地）面砌筑第一皮小砌块时，芯柱部位应用开口砌块（或 U 形砌块）砌出操作孔，操作孔侧面宜预留连通孔；必须清除芯柱孔洞内的杂物及削掉孔内凸出的砂浆，并用水冲洗干净；校正钢筋位置并绑扎或焊接固定后方可浇灌混凝土。

芯柱钢筋应与基础或基础梁中的预埋钢筋连接，上、下楼层的钢筋可在楼板面上搭接，搭接长度不应小于 40d（d 为钢筋直径）。

砌完一个楼层高度后，应连续浇灌芯柱混凝土。每浇灌 400 ~ 500mm 高度捣实一次，或边浇灌边捣实。第二次浇灌混凝土前，先注入适量水泥砂浆；严禁灌满一个楼层后仰捣实，宜采用插入式混凝土振动捣实；混凝土坍落度不应小于 50mm，砌筑砂浆强度达到 1.0MPa 以上方可浇灌芯柱混凝土。

2. 小砌块施工

普通混凝土小砌块不宜浇水；当天气干燥炎热时，可在砌块上稍加喷水润湿；轻集料混凝土小砌块施工前可洒水，但不宜过多。龄期不足28d及潮湿的小砌块不得进行砌筑。

在房屋四角或楼梯间转角处设立皮数杆，皮数杆间距不得超过15m。皮数杆上应画出各皮小砌块的高度及灰缝厚度。在皮数杆上相对小砌块上边线之间拉准线，小砌块依准线砌筑。

小砌块砌筑应从转角或定位处开始，内、外墙同时砌筑，纵、横墙交错搭接。外墙转角处应使小砌块隔皮露端面；T字交接处应使横墙小砌块隔皮露端面，纵墙在交接处改砌两块辅助规格小砌块（尺寸为290mm×190mm×190mm，一头开口），所有露端面用水泥砂浆抹平。

小砌块应对孔错缝搭砌。上、下皮小砌块竖向灰缝相正错开190mm。特殊情况下无法对孔砌筑时，普通混凝土小砌块错缝长度不应小于90mm，轻骨料混凝土小砌块错缝长度不应小于120mm；当不能满足此要求时，应在水平灰缝中设置2Φ4钢筋网片，钢筋网片每端均应超过该垂直灰缝，且长度不得小于300mm。

小砌块砌体临时间断处应砌成斜槎，斜槎长度不应小于斜槎高度的2/3（一般按一步脚手架高度控制）。如留斜槎有困难，除外墙转角处及抗震设防地区的砌体临时间断处不应留直槎外，可从砌体面伸出200mm砌成阴阳槎，并沿砌体高度方向每三皮砌块（600mm）设拉结筋或钢筋网片，接槎部位宜延至门窗洞口。

承重砌体严禁使用断裂小砌块或壁肋中有竖向凹形裂缝的小砌块砌筑，也不得采用小砌块与烧结普通砖等其他块体材料混合砌筑。

小砌块砌体内不宜设脚手眼，如必须设置，则可用辅助规格190mm×190mm×190mm的小砌块侧砌，将其孔洞作为脚手眼，砌体完工后用C15混凝土填实。

常温条件下，督通混凝土小砌块的日砌筑高度应控制在1.8m内，轻骨料混凝土小砌块的日砌筑高度应控制在2.4m以内。

砌体表面的平整度和垂直度，以及灰缝的厚度和砂浆饱满度应随时检查，及时校正偏差。砌完每一楼层后，应校核砌体的轴线尺寸和标高，允许范围内的轴线及标高偏差可在楼板面上校正。

三、质量要求

（一）基本规定

①龄期不足28d及潮湿的小砌块不得进行砌筑。

②应在房屋四角或楼梯间转角处设立皮数杆，皮数杆间距不宜超过15m。

③应尽量采用主规格小砌块，小砌块的强度等级应符合设计要求，并应清除小砌块表面污物和芯柱用小砌块孔洞底部的毛边。

④墙体转角处和纵横墙交接处应同时砌筑，纵、横墙交错搭接。外墙转角处严禁留直槎，墙体临时间断处应设在洞口边并砌成斜槎，斜槎长度不应小于高度。北承重隔墙不能与承重墙或柱同时砌筑时，应在连接处的承重墙或柱的水平灰缝中预埋2Φ6钢筋作为拉结筋，其间距沿墙或柱高不得大于400mm，埋入墙内与伸出墙外的每边长度均

不小于 600mm。

⑤小砌块应对孔上、下皮错缝搭砌，并且竖缝相互错开 1/2 砌块长。特殊情况下无法对孔砌筑时，普通混凝土小砌块的搭接长度不应小于 90mm，轻骨料混凝土小型砌块不应小于 120mm；当不能满足此要求时，应在灰缝中设置拉结钢筋或网片。

⑥承重墙体不得采用小砌块与黏土砖等其他块体材料混合砌筑。

⑦严禁使用断裂或有裂缝的砌块砌筑承重墙体。

（二）质量标准

①砌体灰缝应横平竖直，全部灰缝均应铺填砂浆；水平灰缝的砂浆饱满度不得低于 90%；竖缝的砂浆饱满度不得低于 80%；砌筑中不得出现瞎缝、透明缝；砌筑砂浆强度未达到设计要求的 70%时，不得拆除过梁底部的模板。

②砌体的水平灰缝厚度和竖直灰缝宽度应控制在 8 ~ 12mm，砌筑时的铺灰长度不得超过 800mm；严禁用水冲浆灌缝。

③当缺少辅助规格小砌块时，墙体通缝不应超过两皮砌块。

④清水墙面应随砌随勾缝，并要求光滑、密实、平整。

⑤拉结钢筋或网片必须放置于灰缝和芯柱内，不得漏放，其外露部分不得随意弯折。

⑥砂浆的强度等级和品种必须符合要求。砌筑砂浆必须搅拌均匀，随拌随用；盛入灰槽（盆）内的砂浆如有泌水现象，则应在砌筑前重新拌和。当用于普通混凝土小型砌块时，砂浆稠度宜为 50mm，用于轻骨料混凝土小砌块时，宜为 70mm。

⑦混凝土及砌筑砂浆用的水泥、水、骨料、外加剂等必须符合现行国家标准和有关规定。每一楼层或 250m³ 的砌体，每种强度等级的砂浆至少制作两组（每组 6 块）试块，每层楼每种强度等级的混凝土至少制作一组（每组 3 个）试块。

⑧需要移动已砌好的小型砌块或被撞动的小型砌块时，应重新铺浆砌筑。

⑨小型砌块用于框架填充墙时，应与框架中预埋的拉结筋连接。当填充墙砌至顶面最后一皮时，与上部结构的接触处宜用烧结普通砖斜砌楔紧。

⑩设计规定的洞口、管道、沟槽和预埋件等应在砌筑时预留或预埋，严禁在砌好的墙体上打凿。小型砌块墙体上不得预留水平沟槽。

⑪墙体分段施工时的分段位置宜设置在伸缩缝、沉降缝、防震缝、构造柱或门窗洞口处。砌体相邻工作段的高度差不得大于一个楼层或 4m，砌体每日砌筑高度宜控制在 1.4m 或一步脚手架高度范围内。

⑫若施工中需要在砌体中设置临时施工洞口，则其侧边离交接处的墙面不应小于 600mm，并在顶部设过梁，且填砌施工洞口的砌筑砂浆强度等级应提高一级。

第三节　填充墙砌体与配筋砌体工程

一、填充墙砌体工程

建筑物框架填充墙的砌筑常采用的块材有烧结空心砖、蒸压加气混凝土砌块、轻骨料混凝土小型砌块等，严禁使用实心黏土砖。当使用蒸压加气混凝土砌块、轻骨料混凝土小型砌块时，其产品龄期应超过28d。

（一）施工准备

1. 技术准备

填充墙砌筑前应根据建筑物的平面、立面图绘制砌块排列图。

2. 材料准备

主要材料包括空心砖（或蒸压加气混凝土砌块、轻骨料混凝土小型空心砌块等）、水泥、中砂、石灰膏（或生石灰、磨细生石灰）或电石膏、黏土膏、外加剂、钢筋等。

3. 主要机具

①机械设备：应备有砂浆搅拌机、筛砂机、淋灰机、塔式起重机或其他吊装机械、卷扬机或其他提升机械等。

②主要工具：加气混凝土砌块专用工具有铺灰铲、锯、钻、镂、平直架等，空心砖砌筑时还应备有无齿锯、开槽机（或凿子）。

（二）施工工艺与方法

1. 工艺流程

填充墙砌体施工工艺流程为：放线→立皮数杆排列空心砖→拉线→砂浆拌制→砌筑→勾缝质量验收。

①放线：空心砖墙砌筑前应在楼面上定出轴线位置，在柱上标出标高线。

②立皮数杆：在各转角处设立皮数杆，皮数杆间距不得超过15m。皮数杆上应注明门窗洞口、木砖、拉结筋、圈梁、过梁的尺寸标高。皮数杆应垂直、牢固，标高应一致。

③排列空心砖：第一皮砌筑时应试摆，应尽量采用主规格空心砖。按墙段实量尺寸和空心砖规格尺寸进行排列摆块，不足整块的可锯截成需要尺寸，但不得小于空心砖长度的1/3。

④拉线：在皮数杆上相对空心砖上边线之间拉准线，空心砖按准线砌筑。

⑤砂浆拌制：砂浆拌制应采用机械搅拌，搅拌加料顺序是先加砂、掺和料和水泥干

拌 1min，再加水湿拌，总的搅拌时间不得少于 4min。若加外加剂，则在湿拌 1min 后加入。

⑥砌筑。砌空心砖宜采用刮浆法。竖缝应先批砂浆再砌筑。当孔洞为垂直方向时，水平铺砂浆，应用套板盖住孔洞，以免砂浆掉入孔洞内。

空心砖墙应采用全顺侧砌，上、下皮竖缝相互错开 1/2 砖长。

空心砖墙中不够整砖的部分，宜用无齿锯加工制作非整砖块，不得用砍凿方法将砖打断。补砌时应使灰缝砂浆饱满。

空心砖与普通砖墙交接处应以普通砖墙引出不小于 240mm 长与空心砖墙相接，并与隔 2 皮空心砖高度在交接处的水平灰缝中设置 2Φ6 钢筋作为拉结筋，拉结钢筋在空心砖墙中的长度不小于空心砖长加 240mm。

空心砖墙的转角处应用烧结普通砖砌筑，砌筑长度两边不小于 240mm。

空心砖墙砌筑不得留斜槎或宜槎，中途停歇时应将墙顶砌平。在转角处、交接处，空心砖与普通砖应同时砌筑。

管线槽留置时，可采用弹线定位后用开槽机开槽，不得采用斩砖预留槽的方法。

⑦勾缝：在砌筑过程中，应采用“原浆随砌随收缝法”，先勾水平缝，后勾竖向缝。灰缝与空心砖面要平整密实，不得出现丢缝、瞎缝、开裂和黏结不牢等现象，以避免墙面渗水和开裂，便于墙面粉刷和装饰。

2. 施工要点

①填充墙采用烧结多孔砖、烧结空心砖进行砌筑时，材料应提前 2d 进行浇水湿润。当采用蒸压加气混凝土砌块砌筑时，应向砌筑面适当浇水。

②多孔砖应采用一顺一丁或梅花丁的组砌形式。多孔砖的孔洞应使垂直面受压，砌筑前应先进行干砖试摆。混凝土砌块一般采用一顺一丁的组砌形式。

③墙体的灰缝要求横平竖直，厚薄均匀，并应填满砂浆，竖缝不得出现透明缝、瞎缝。

④框架柱和梁施工完成后，应按设计要求砌筑内、外墙体，墙体应与框架柱进行锚固，锚固用的拉结筋的规格、数量、间距、长度应符合设计要求。填充墙拉结筋的设置方法主要有以下几种。

A. 在框架柱施工时预埋锚筋，锚筋的设置为沿柱高每 500mm 配置 2Φ6 钢筋；伸入墙内长度要求一二级框架宜沿墙全长布置，三四级框架不应小于墙长的 1/5，且不应小于 700mm；锚筋的位置必须准确。砌体施工时，将锚筋伸出并拉直砌在砌体的水平砌缝中，确保墙体与框架柱的连接。

B. 框架柱施工时，在规定留设锚筋位置处预留铁块或沿柱高设置 2Φ6 预埋钢筋，当进行墙体砌筑施工时按设计要求的锚筋间距将其凿出与锚筋焊接。

C. 先进行框架柱的施工，再进行墙体砌筑时，按设计规定的要求在需要留设锚筋的位置进行拉结锚筋的植筋。当填充墙长度大于 5m 时，墙顶部与梁应有拉结措施；墙高度超过 4m 时，应在墙高中部设置与柱连接的、通长的钢筋混凝土水平墙梁。

⑤当采用蒸压加气混凝土砌块、轻骨料混凝土小型砌块施工时，应在墙底部先砌筑烧结普通砖或多孔砖，或现浇混凝土坎台等，其高度不宜小于 200mm。

⑥对卫生间、浴室等潮湿房间，在砌体的底部应现浇宽度不小于 120mm、高度不小于 100mm 的混凝土导墙，待达到一定强度后再在上面砌筑砌体。

⑦门窗洞口的侧壁应用烧结普通砖镶框砌筑，并与砌块相互咬合。填充墙砌至接近梁底、板底时，应留一定的空隙，待填充墙砌筑完毕并应至少间隔 14d 后采用烧结普通砖侧砌，并用砂浆填塞密实，以提高砌体与框架间的拉结力。

（三）技术与质量要求

①砌筑砂浆、砖和砌块的强度等级应符合设计要求。

②填充墙砌体的灰缝应横平竖直，砂浆饱满，灰缝厚度和宽度应符合设计要求。空心砖、轻骨料混凝土小型砌块的砌体灰缝厚度或宽度应为 8 ~ 12mm。蒸压加气混凝土砌块砌体的水平灰缝厚度及竖向灰缝宽度分别宜为 15mm 和 20mm。空心砖砌体的水平灰缝砂浆饱满度不宜小于 80%，竖向灰缝要求填满砂浆，不得有透明缝、瞎缝。蒸压加气混凝土砌块和轻骨料混凝土小型砌块的水平和垂直灰缝砂浆饱满度不宜小于 80%。

二、配筋砌体工程

配筋砌体是指在砖、石、块体砌筑的砌体结构中加入钢筋混凝土（或混凝土砂浆）而形成的砌体。配筋砌体是网状配筋砌体柱、水平配筋砌体墙、砖砌体和钢筋混凝土面层或钢筋砂浆面层组合砌体柱（墙）、砖砌体和钢筋混凝土构造柱组合墙及配筋块砌体剪力墙的统称。

（一）施工准备

1. 技术准备

①根据设计施工图纸（已会审）及标准规范，编制配筋砌体的施工方案并经相关单位批准通过。

②根据现场条件，完成工程测量控制点的定位、移交、复核工作。

③编制工程材料、机具、劳动力的需求计划。

④完成进场材料的见证取样复检及砌筑砂浆、浇筑混凝土的试配工作。

⑤组织施工人员进行技术、质量、安全、环境交底。

2. 材料准备

①砌筑砂浆及浇筑混凝土。

砌筑砂浆和浇筑混凝土强度等级必须符合设计要求，浇筑混凝土强度等级不低于 C20。配筋砖或砌块砌体宜用水泥砂浆或混合砂浆。

②砖、砌块的品种、强度等级必须符合设计要求，并应规格一致，有出厂合格证及试验单。配筋砖砌体宜用烧结普通砖，配筋砌块砌体宜用混凝土小型空心砌块。

③钢筋必须具有出厂合格证，进场后要见证取样送检，合格后才能使用。

3. 机具准备

①机械设备：砂浆搅拌机、混凝土搅拌机、插入式振动器、垂直运输机械等。

②主要工具：瓦刀、手锤、钢凿、勾缝刀、灰板、筛子、铁锹、手推车等。

③检测工具：水准仪、经纬仪、钢卷尺、卷尺、锤线球、水平尺、皮数杆、磅秤、砂浆及混凝土试模等。

4. 作业条件

①办好基础工程验收手续。

②弹好轴线、墙身线，弹出门窗洞口位置线。

③按设计标高要求立好皮数杆，皮数杆的间距以 15 ~ 20m 为宜。

④砂浆、混凝土由实验室做好试配，准备好砂浆、混凝土试模，材料准备到位。

⑤施工现场安全防护已完成，并通过质检员的验收。

⑥脚手架应随砌随搭设，运输通道通畅，各类机具应准备就绪。

（二）施工工艺与方法

1. 配筋砖砌体施工

（1）工艺流程

配筋砖砌体施工工艺流程为：基础验收，墙体放线→见证取样，拌制砂浆（混凝土）→排砖撂底，墙体盘角→立杆挂线，砌墙→绑扎钢筋，浇筑混凝土→验收，养护。

（2）工艺方法

①组砌方法：砌体一般采用一顺一丁（满丁、满条）、梅花丁或三顺一丁的砌法。

②排砖撂底（干摆砖）：一般外墙第一层砖撂底时，两山墙排丁砖，前后檐纵墙排条砖。根据弹好的门窗洞口位置线，认真核对窗间墙、垛尺寸，其长度是否符合排砖模数。如不符合模数量，则可将门窗口的位置左右移动。若有“破活”，七分头或丁砖应排在窗口中间、附墙垛或其他不明显的部位。移动门窗口位置时，应注意使暖卫立管安装及门窗开启不受影响。另外，排砖时还要考虑在门窗口上边的砖墙合拢时不出现破活，因此排砖时必须做全盘考虑。前后檐墙排第一皮砖时，要考虑甩窗口后砌条砖，窗角上必须是七分头。

③选砖：砌墙应选择棱角整齐，无弯曲、裂纹，颜色均匀，规格基本一致的砖，且敲击时声音响亮。焙烧过火变色、变形的砖可用在基础及不影响外观的内墙上。

④盘角：砌砖前应先盘角，每次盘角不要超过五层，新盘的大角及时进行吊、靠，如有偏差要及时修正。盘角时要仔细对照皮数杆的技层和标高，控制好灰缝大小，使水平灰缝均匀一致。大角盘好后再复查一次，其平整度和垂直度完全符合要求后再挂线砌墙。

⑤挂线：砌筑一砖半墙必须双面挂线，如果长墙几个人均使用一根通线，则中间应设几个支线点，小线要拉紧，每层砖都要穿线看平，使水平缝均匀一致，平 n：通顺；砌一砖降混水墙时宜采用外手挂线，可照顾砖墙两面平整，为下道工序控制抹灰厚度奠

定基础。

⑥砌砖及放置水平钢筋：砌砖宜采用“三一”砌砖法，即满铺、满挤操作法。砌砖一定要跟线，即“上跟线，下跟棱，左右相邻要对平”。水平灰缝厚度和竖向灰缝宽度一般为10mm，但不应小于8mm，也不应大于12mm。皮数杆上要标明钢筋网片、箍筋或拉结筋的设置位置，并在该处钢筋进行隐蔽工程验收后方可进行上层砌砖，同时要保证水平灰缝内放置的钢筋网片、箍筋或拉结筋上下至少各有2mm厚的砂浆保护层，再按规定间距绑扎受力及分布钢筋。为保证墙面主缝垂直，不游丁走缝，当砌完一步架高时，宜每隔2m水平间距在丁砖立楞位置弹两道垂直立线，可以分段控制游丁走缝。

⑦木砖预留孔洞和墙体拉结筋：木砖预埋时应小头在外，大头在内，数量按洞口高度确定，即洞口高度在1.2m以内，每边放2块；高1.2 ~ 2m.每边放3块；高2 ~ 3m，每边放4块。预埋木砖的部位一般在洞口上边或下边四皮砖，中间均匀分布。木砖要提前做好防腐处理。钢门窗安装的预留孔、硬架支模、暖卫管道，均应按设计要求预留，不得事后剔凿。墙体拉结筋的位置、规格、数量、间距均应按设计要求留置，不应错放、漏放。

⑧安装过梁、梁垫：安装过梁、梁垫时，其标高、位置及型号必须准确，坐浆饱满。如坐浆厚度超过2mm，则要用细石混凝土铺垫。过梁安装时，两端支承点的长度应一致。

⑨砂浆（混凝土）面层施工：面层施工前，应清除面层底部的杂物，并浇水湿润砖砌体表面。砂浆面层施工从上而下分层涂抹，一般应两次涂抹，第一次主要是刮底，使受力钢筋与砖砌体有一定的保护层；第二次主要是抹面，使面层表面平整。混凝土面层施工应支设模板，每次支设高度宜为50 ~ 60mm，并分层浇筑，振捣密实，待混凝土强度达到设计强度30%以上才能拆除模板。

2. 配筋砌块砌体施工

（1）工艺流程

配筋砌块砌体施工工艺流程为：找平→放线→立皮数杆→排列砌块→拉线、砌筑、勾缝→芯柱施工等。

（2）工艺方法

①砌筑前应在基础面或楼面上定出各层的轴线位置和标高，并用1 ∶ 2水泥砂浆或C15细石混凝土找平。

②砌筑前应按砌块尺寸和灰缝厚度计算皮数和排数。砌筑一般采用“披灰挤浆法”，即先用瓦刀在砌块底面的周肋上满披灰浆，铺灰长度为2 ~ 3m，再在待砌的砌块端头满披头灰，然后双手搬运砌块，进行挤浆砌筑。

③砌筑时应尽量采用主规格砌块，用反砌法（底面朝上）砌筑，从转角或定位处开始向一侧进行。内、外墙同时砌筑，纵、横梁交错搭接。上、下皮砌块要求对孔，错缝搭砌，个别不能对孔时允许错孔砌筑，但搭接长度不应小于90mm。如无法保证搭接长度，则应在灰缝中设置构造筋或加网片拉结。

④砌体灰缝应横平竖直，砂浆严实。水平灰缝砂浆饱满度不得小于90%，竖直灰

缝不小于60%，不得用水冲浆灌缝。水平和垂直灰缝的宽度应为8 ~ 12mm。

⑤墙体临时间断处应砌成斜槎，斜槎长度应大于或等于斜槎的高度（一般按一步脚手架高度控制）；必须留直槎时应设 Φ4 的钢筋网片拉结或2Φ6 的拉结筋。

⑥预制梁、板安装时应坐浆垫平。墙上要预留的孔洞、管道、沟槽和预埋件，应在砌筑时预留或预埋，不得在砌好的墙体上凿洞。

⑦如需移动已砌好的砌块，则应清除原有砂浆，重铺新砂浆砌筑。

⑧在墙体下列部位，空心砌块应用混凝土填实：底层室内地面以下砌体；楼板支承处如无圈梁时，板下一皮砌块；次梁支承处等。

⑨对于5、6层房屋，常在四大角及外墙转角处用混凝土填实三个孔洞，以构成芯柱。砌完一个楼层高度后可连续分层浇灌，混凝土坍落度应不小于5mm，每浇灌400 ~ 500mm应捣实一次。

⑩砌块每日砌筑高度应控制在1.5m或一步脚手架高度；每砌完一楼层后，应校核墙体的轴线尺寸和标高。在允许范围内的轴线及标高的偏差，应在楼板面上予以纠正。

⑪钢门、窗安装前，先将弯成Y形或U形的钢筋埋入混凝土小型砌块墙体的灰缝中，每个门、窗洞的一侧设置两个，安装门窗时用电焊固定。木门窗安装时应事先在混凝土小砌块内预埋浸沥青的木砖，四周用C15细石混凝土填实，砌筑时将砌块侧砌在门窗洞的两侧。一般门洞用6块木砖，每个窗洞用4块木砖。

⑫在砌筑过程中应采用“原浆随砌随收缝法”，先勾水平缝，后勾竖向缝。灰缝与砌块面要平整、密实，不得出现丢缝、瞎缝、开裂和黏结不牢等现象，防止墙面渗水和开裂，便于墙面粉刷和装饰。

3. 钢筋混凝土构造柱施工

钢筋混凝土构造柱是从构造角度考虑设置的。结合建筑物的防震等级，可在建筑物的四角、内外墙交接处、较长的墙体及楼梯口、电梯间的四个角的位置设置构造柱。构造柱应与圈梁紧密连接，使建筑物形成一个空间骨架，从而提高结构的整体稳定性，增强建筑物的抗震能力。

（1）构造要求

①钢筋混凝土构造柱截面尺寸不应小于240mm × 180mm，纵向钢筋一般采用4Φ12，箍筋直径一般采用Φ6，其间距一般不宜大于250mm，且在柱上、下端宜适当加密。当抗震设防裂度为7度且多层房屋超过6层时，为8度且超过5层时或9度时，构造柱的纵向钢筋宜采用4Φ4，箍筋间距不应大于200mm。

②构造柱应沿墙高每隔500mm设置2Φ6的水平拉结钢筋，拉结钢筋两边伸入墙内不宜小于1m。当墙上门窗洞边的长度小于1m时，拉结钢筋伸到洞口为止。如果墙体为一砖半墙，则水平拉结钢筋应为3根。

③砖墙与构造柱交接处，砖墙应砌成马牙槎。从每个楼层开始，马牙槎应先退槎后进槎，以保证构造柱脚为大断面。进、退槎应大于60mm，每个马牙槎沿高度方向的尺寸不宜超过300mm（或5皮砖高度）。

④构造柱与圈梁连接处，其纵筋应穿过圈梁，以保证纵筋上下贯通，且应适当加密构造柱的箍筋，加密范围从圈梁上、下边算起且均不应小于层高的 1/6 或 450mm，箍筋间距不宜大于 100mm。

⑤构造柱的纵向钢筋应做成弯钩，接头可以采用绑扎。其搭接长度宜为 35 倍钢筋直径，搭接接头长度范围内箍筋间距不应大于 100mm。箍筋弯钩应为 135°，平直长度应为 10 倍钢筋直径。

（2）施工要点

①构造柱的施工顺序应为先砌墙后浇混凝土构造柱，具体施工工艺流程为绑扎钢筋→砌砖墙，放置拉结筋→支模板→浇筑混凝土→拆模。

②构造柱的模板可用木模板或组合钢模板。每层砖墙及其马牙槎砌好后，应立即支设模板，模板必须与所在墙的两侧严密贴紧，支撑牢靠，防止模板缝漏浆。构造柱的底部（圈梁面上）应留出 2 皮砖高的孔洞，以便清除模板内的杂物，清除后封闭。

③构造柱浇灌混凝土前，必须将马牙槎部位和模板浇水湿润，将模板内的落地灰、砖渣等杂物清理干净，并在结合面处注入适量与构造柱混凝土强度等级相同的水泥砂浆。

④构造柱的混凝土坍落度宜为 50 ~ 70mm，石子粒径不宜大于 20mm。混凝土随拌随用，拌和好的混凝土应在 1.5h 内浇灌完。

⑤构造柱的混凝土浇灌可以分段进行，每段高度不宜大于 2.0m。在施工条件允许并能确保混凝土浇灌密实时，也可每层浇灌一次。

⑥捣实构造柱混凝土时，宜用插入式混凝土振动器；应分层振捣，振动棒随振随拔，每次振捣的厚度不应超过振动棒长度的 1.25 倍。振动棒应避免直接碰触砖墙，严禁通过砖墙传振。钢筋混凝土保护层厚度宜为 20 ~ 30mm。构造柱与砖墙连接的马牙槎内的混凝土必须密实、饱满。在新、老混凝土接槎处，须先用水冲洗湿润，再铺 10 ~ 20mm 厚的水泥砂浆（用原混凝土配合比，去掉石子），方可继续浇筑混凝土。

⑦构造柱从基础到顶层必须垂直，轴线对准。逐层安装模板前，必须根据构造柱轴线随时校正竖向钢筋的位置和垂直度。

（三）技术与质量要求

配筋砌体质量分为合格和不合格两个等级。配筋砌体质量合格应符合如下要求：主控项目应全部符合规定；一般项目应有 80% 及 80% 以上的抽检处符合规定，或偏差值在允许偏差范围以内。

1. 配筋砌体主控项目

①钢筋的品种、规格和数量应符合设计要求。

检验方法：检查钢筋的合格证书、钢筋性能试验报告、隐蔽工程记录。

②构造柱、芯柱、组合砌体构件、配筋砌体剪力墙构件的混凝土或砂浆的强度等级应符合设计要求。

抽检数量：各类构件每一检验批砌体至少应做一组试块。

检验方法：检查混凝土或砂浆试块试验报告。

③构造柱与墙体的连接处应砌成马牙槎，马牙槎应先退后进，预留拉结钢筋的位置应正确，施工中不得任意弯折。

抽检数量：每一检验批抽 20%构造柱，且不少于 3 处。

检验方法：观察检查。

合格标准：钢筋竖向位移不应超过 100mm，每一马牙槎沿高度方向尺寸偏差不应超过 300mm；钢筋竖向位移和马牙槎尺寸偏差每一构造柱不应超过 2 处。

④对于配筋混凝土小型空心砌块砌体，芯柱混凝土应在装配式楼盖处贯通，不得削弱芯柱截面尺寸。

抽检数量：每一检验批抽 10%，且不应少于 5 处。

检验方法：观察检查。

2. 配筋砌体一般项目

①设置在砌体水平灰缝内的钢筋应居中置于灰缝中。水平灰缝厚度应大于钢筋有径 4mm 以上。砌体外露面砂浆保护层的厚度不应小于 15mm。

抽检数量：每一检验批抽检 3 个构件，每个构件检查 3 处。

检验方法：观察检查，辅以钢尺检测。

②设置在潮湿环境或有化学侵蚀性介质环境中的砌体灰缝内的钢筋应采取防腐措施。

抽检数量：每一检验批抽检 10%的钢筋。

检验方法：观察检查。

合格标准：防腐涂料无漏刷（喷浸），无起皮、脱落现象。

③网状配筋砌体中，钢筋网及放置间距应符合设计要求。

抽检数量：每一检验批抽 10%，且不应少于 5 处。

检验方法：检查钢筋网成品，钢筋网放置间距局部剔缝观察，或用探针刺入灰缝内检查，或用钢筋位置测定仪测定。

合格标准：钢筋网沿砌体高度位置超过设计规定一皮砖厚不得多于 1 处。

④对于组合砖砌体构件，竖向受力钢筋保护层应符合设计要求，至砖砌体表面距离不应小于 5mm；拉结筋两端应设弯钩，拉结筋及箍筋的位置应正确。

抽检数量：每一检验批抽检 10%，且不应少于 5 处。

检验方法：支模前观察与尺量检查。

合格标准：钢筋保护层符合设计要求；拉结筋位置及弯钩设置 80%及 80%以上符合要求，箍筋间距超过规定者每件不得多于 2 处，且每处不得超过一皮砖。

⑤配筋砌块砌体剪力墙中，采用搭接接头的受力钢筋搭接长度不应小于 35d（d 为钢筋直径），且不应小于 300mm。

抽检数量：每一检验批每类构件抽 20%（墙、柱、连梁），且不应少于 3 件。

检验方法：尺量检查。

第九章　钢筋混凝土工程施工

第一节　钢筋与模板工程

混凝土结构工程在建筑施工中占有重要的地位，它对整个工程的工期、成本、质量都有极大的影响。混凝土结构工程由钢筋工程、模板工程、混凝土工程3部分组成，在施工中三者之间要密切配合，才能确保工程质量和工期。

混凝土结构工程按施工方法可分为现浇钢筋混凝土工程和预制装配式混凝土工程。前者整体性好，抗震能力强，节约钢材，而且不需要大型的起重机械；但工期较长，成本高，易受气候条件影响。后者构件可在加工厂批量生产，它具有降低成本、机械化程度高、降低劳动强度、缩短工期的优点；但其耗钢量大，而且施工时需要大型起重设备。为了兼顾这两者的优点，在施工中这两种方式往往兼而有之。

近年来，混凝土结构工程的施工技术得到较大发展，随着新材料、新机械的不断涌现，推动了钢筋混凝土施工工艺的革命，混凝土结构工程将进一步朝着保证质量、加快进度和降低造价的方向发展。

一、钢筋工程

大多数的建筑工程都是钢筋混凝土结构，在这类结构中起支撑作用的是钢筋混凝土构件，而钢筋是钢筋混凝土结构中的主要材料。

（一）钢筋的分类及验收堆放

1. 钢筋的分类

钢筋混凝土结构中常用的钢材有钢筋和钢丝两类。

钢筋分为热轧钢筋和余热处理钢筋。热轧钢筋分为热轧光圆钢筋和热轧带肋钢筋。钢筋按直径大小分为：钢丝（直径 3 ～ 5mm）、细钢筋（直径 6 ～ 10mm）、中粗钢筋（直径 12 ～ 20mm）和粗钢筋（直径大于 20mm）。

钢丝有冷拔钢丝、碳素钢丝和刻痕钢丝。直径大于 12mm 粗钢筋一般轧成长度为 6 ～ 12m 一根；钢丝及直径为 6 ～ 12mm 细钢筋，一般卷成圆盘。

2. 钢筋的进场验收

钢筋运到工地时，应有出厂质量证明书或试验报告单，并按品种、批号及直径分批验收，每批质量热轧钢筋不超过 60t，钢绞线为 20t。验收内容包括钢筋标牌和外观检查，并按有关规定取样进行机械性能试验。钢筋的性能包括化学性能及力学性能（屈服点、抗拉强度、伸长率及冷弯指标）。

（1）外观检查

全数外观检查。检查内容包括钢筋是否平直、有无损伤，表面是否有裂纹、油污及锈蚀等，弯折过的钢筋不得敲直后作受力钢筋使用，钢筋表面不应有影响钢筋强度和锚固性能的锈蚀或污染。

（2）力学性能试验

从每批钢筋中任选两根，每根取两个试件分别进行拉伸试验（包括屈服点、抗拉强度和伸长率的测定）和冷弯试验。如有一项试验结果不符合规定，则应从同一批钢筋中另取双倍数量的试件重做各项试验。如果仍有一个试件不合格，则该批钢筋为不合格品，应不予验收或降级使用。

钢筋在加工使用中如发现焊接性能或机械性能不良，还应进行化学成分分析或其他专项检验，验收有害成分如硫（S）、磷（P）、砷（As）的含量是否超过规定范围。进场后钢筋在运输和储存时，不得损坏标志，并应根据品种、规格按批分别挂牌堆放，并标明数量。

3. 钢筋的堆放

钢筋运进施工现场后，须严格按批分等级、牌号、直径、长度挂牌分别堆放，并注明数量，不得混淆并应尽量堆入仓库或料棚内。条件不具备时，应选择地势较高、土质坚实、较为平坦的露天场地存放；在仓库或场地周围挖排水沟，以利于泄水；堆放时钢筋下面要加垫木，离地不宜少于 200mm，以防钢筋锈蚀和污染。

钢筋成品要分工程名称和构件名称，按号码顺序存放。同一项工程与同一构件的钢筋要存放在一起，按号挂牌排列，牌上注明构件名称、部位、钢筋类型、尺寸、钢号、直径、根数，不能将几项工程的钢筋混放在一起。同时不要和产生有害气体的车间靠近，以免污染和腐蚀钢筋。

（二）钢筋的配料

根据结构施工图，先绘出各种形状和规格的单根钢筋简图并加以编号，然后分别计算钢筋下料长度、根数及质量，填写配料单，申请加工。

1. 钢筋配料单的编制

①先熟悉图纸，把结构施工图中钢筋的品种、规格列成钢筋明细表，并读出钢筋设计尺寸。

②计算钢筋的直线下料长度。

③根据钢筋直线下料长度填写和编写钢筋配料单，汇总编制钢筋配料单。在配料单中，要反映出工程名称，钢筋编号，钢筋简图和尺寸，钢筋直径、数量、直线下料长度、质量等。

④填写钢筋料牌：根据钢筋配料单，为每一编号的钢筋制作一块料牌，作为钢筋加工依据。

2. 钢筋下料长度的计算原则及规定

（1）钢筋长度

结构施工图中所指钢筋长度是钢筋外缘之间的长度，即外包尺寸，这是施工中量度钢筋长度的基本依据。

（2）混凝土保护层厚度

混凝土保护层是指钢筋外缘至混凝土构件表面的距离，其作用是保护钢筋在混凝土结构中不受锈蚀。

混凝土的保护层厚度，一般用水泥砂浆垫块或塑料卡垫在钢筋与模板之间来控制。塑料卡分塑料垫块和塑料环圈两种。塑料垫块用于水平构件，塑料环圈用于垂直构件。

（3）弯曲量度差值

钢筋长度的度量方法是指外包尺寸，因此钢筋弯曲以后，存在一个量度差值，在计算下料长度时必须加以扣除。

（4）钢筋下料长度计算

钢筋的下料长度 = 各段外包尺寸之和 – 弯折量度差值 + 弯钩增加长度

即直钢筋下料长度 = 直构件长度 – 保护层厚度 + 弯钩增加长度

弯起钢筋 F 料长度 = 直段长度 + 斜段长度 – 弯折量度差值 + 弯钩增加长度

箍筋下料长度 = 直段长度 + 弯钩增加长度 – 弯折量度差值

或箍筋下料长度 = 箍筋周长 + 箍筋调整值

3. 钢筋下料计算注意及计算实例

①在设计图纸中，钢筋配置的细节问题没有注明时，一般按构造要求处理。

②配料计算时，要考虑钢筋的形状和尺寸，在满足设计要求的前提下，要有利于加工。

③配料时，还要考虑施工需要的附加钢筋。

4. 钢筋代换

在钢筋配料中，如遇到钢筋现有级别、钢号和直径与设计规定不符需代换时，应征得设计单位同意后，按等强度代换或等面积代换原则进行代换——代换后的钢筋强度或面积不低于代换前钢筋的强度或面积。

（三）钢筋的加工

钢筋的加工方法有冷拉、冷拔、调直、除锈、切断、弯曲成形等。

1. 钢筋的冷拉和冷拔

（1）钢筋的冷拉

钢筋冷拉是指在常温下将钢筋进行强力拉伸，使拉应力超过屈服强度产生塑性变形，达到提高强度和节约钢材的目的。

钢筋冷拉控制方法：控制冷拉率法和控制冷拉应力法。

（2）钢筋的冷拔

冷拔是使直径 6 ~ 8mm 的光圆钢筋通过特制的钨合金拔丝模孔进行强力拉伸与压缩，使钢筋产生塑性变形，以改变其物理力学性能。冷拔后的钢筋断面缩小，塑性降低，抗拉强度标准值可提高 50% ~ 90%。这种经冷拔加工的钢筋称为冷拔低碳钢丝。

2. 钢筋的除锈

钢筋除锈一般可以通过以下两种途径完成：

①大量钢筋除锈可通过钢筋冷拉或钢筋调直机在调直过程中完成。

②少量的钢筋局部除锈可采用电动除锈机或人工用钢丝刷、砂盘以及喷砂和酸洗等方法进行。

3. 钢筋的调直

钢筋调直宜采用机械方法，也可以采用冷拉。对局部曲折、弯曲或成盘的钢筋在使用前应加以调直，常用的方法是使用卷扬机拉直和调直机调直。

4. 钢筋切断

①切断前，应将同规格钢筋长短搭配、统筹安排，一般先切长料，后切短料，以减少短头和损耗。

②钢筋切断可用钢筋切断机或手动剪切器。

5. 钢筋弯曲成型

①钢筋弯曲的顺序是画线、试弯、弯曲成型。

②画线主要根据不同的弯曲角在钢筋上标出弯折的部位，以外包尺寸为依据，扣除弯曲量度差值。

③钢筋弯曲有人工弯曲和机械弯曲。

（四）钢筋连接

钢筋长度不够需要接长，即为钢筋连接。

连接方法：焊接连接、机械连接和绑扎连接。

连接原则：受力钢筋的接头宜设置在受力较小处，在同一根钢筋上宜少设接头；轴心受拉及小偏心受拉杆件（如桁架和拱的拉杆）的纵向不得采用绑扎搭接接头；受拉钢筋的直径 d > 28mm 及受压钢筋直径 d > 32mm 时，不宜采用绑扎搭接接头。

1. 钢筋焊接连接

（1）闪光对焊

钢筋闪光对焊是利用对焊机使两段钢筋接触，通过低压的强电流，待钢筋被加热到一定温度局部熔化变软，进行轴向加压顶锻，形成对焊接头。

闪光对焊广泛用于水平钢筋接长及预应力钢筋与螺丝端杆的焊接，热轧钢筋的接长宜优先使用闪光对焊，不可能时才用电弧焊。闪光对焊按工艺可分为：连续闪光焊、预热闪光焊、闪光—预热—闪光焊 3 种，对Ⅳ级钢筋有时在焊接后进行通电热处理。

①连续闪光焊：连续闪光焊一般用于焊接端部不平的直径在 22mm 以内的 HPB300、HRB335、RB400 和 RRB400 级钢筋和直径在 16mm 以内的 HRB500 级钢筋。工艺过程包括连续闪光和顶锻过程。

②预热闪光焊：适用于焊接直径为 16 ~ 32mm 的 HRB335、HRB400 和 RRB400 级钢筋及直径 12 ~ 28mm 的 HRB500 级钢筋，特别适用于直径为 25mm 以上且端面较平整的钢筋。

③闪光—预热—闪光焊：适用于焊接直径大于 25mm 且端面不够平整的钢筋。这是闪光对焊中最常用的一种方法。

对焊接头的机械性能检验应按钢筋品种和直径分批进行，每 100 个接头为一批，每批切取 6 个试件，其中 3 个做拉力试验，3 个做冷弯试验，试验结果应符合热轧钢筋的性能指标。做破坏性试验时，亦不应在焊缝处或热影响区内断裂。

（2）电弧焊

电弧焊是利用弧焊机使焊条与焊件之间产生高温电弧，使焊条和电弧燃烧范围内的焊件熔化，待其凝固后便形成焊缝或接头。电弧焊广泛用于钢筋接头和钢筋骨架焊接、装配式结构接头的焊接、钢筋与钢板的焊接及各种钢结构的焊接。钢筋电弧焊的接头形式有搭接焊（单面焊缝或双面焊缝）、帮条接头（单面焊缝或双面焊缝）、坡口接头（平焊或立焊）等。

采用帮条焊或搭接焊时，焊缝的长度不应小于帮条或搭接长度，焊缝高度 h ≥ 0.3d，且不得小于 4mm，焊缝宽度 b ≥ 0.7d，且不得小于 10mm。电弧焊一般要求焊缝表面平整，无裂纹，无较大凹陷、焊瘤，无明显咬边、气孔、夹渣等缺陷。在现场安装条件下，每层楼以 300 个同类型接头为一批。每一批选取 3 个接头进行拉伸试验，如有 1 个不合格，取双倍试件复验，再有 1 个不合格，则该批接头不合格。如对焊接质量有怀疑或发现异常情况，还可进行非破损检验。

（3）电渣压力焊

电渣压力焊是利用电流通过渣池产生的电阻热将钢筋端头熔化，待达到一定程度时施以压力使竖向（或斜向）钢筋接头焊接在一起的一种焊接方法。它所用的设备包括焊接电源、控制箱、焊接夹具、焊剂盒等。

（4）气压焊

气压焊是用氧－乙炔火焰使焊接接头加热至塑性状态，加压形成接头。这种方法具有设备简单、工效高、成本低等优点。钢筋气压焊设备由氧气瓶、乙炔瓶、烤枪、钢筋卡具、液压缸及液床泵等组成。

（5）电阻点焊

电阻点焊主要用于钢筋的交叉连接。其工作原理是：当钢筋交叉点焊时，接触点只有一点，且接触电阻较大，在接触的瞬间，电流产生的全部热量都集中在一点上，因而使金属受热而熔化，同时在电极加压下使焊点金属得到焊合。

2. 钢筋机械连接

钢筋机械连接包括挤压套筒连接、锥螺纹套筒连接等。

（1）挤压套筒连接

钢筋挤压套筒连接是将需要连接的变形钢筋插入特制的钢套筒内，利用液压驱动的挤压机进行径向或轴向挤压，使钢套筒产生塑性变形，使它紧紧咬住变形钢筋实现连接。

钢筋挤压套筒连接的施工操作工艺及注意事项：

①挤压操作人员必须是培训合格、持证上岗人员，不得随意改变挤压力、压模宽度、挤压道数或挤压顺序。

②挤压操作前，对钢筋端部的锈皮、油污等杂物应清理干净；对套筒作外观尺寸检查；对钢筋和套筒进行试套，对不同直径钢筋的套筒不得相互串用，在钢筋连接端应画出明显定位标记，以确保在挤压时和挤压后可按定位标记检查钢筋伸入套筒内的长度。

③挤压操作时应按标记检查钢筋插入套筒的深度，钢筋端头离套筒长度中点不宜超过 10mm 挤压时宜从套筒中央开始，并依次向两边挤压。

（2）锥螺纹套筒连接

锥螺纹套筒连接即把钢筋的连接端加工成锥形螺纹（简称“丝头”），通过锥螺纹连接套把两端带丝头的钢筋按规定的力矩值连接成一体的钢筋接头。

（五）钢筋绑扎和安装

1. 钢筋绑扎

钢筋绑扎程序是：画线→摆筋→穿箍→绑扎→安放垫块等。画线时应注意间距、数量，标明加密箍筋位置。板类摆筋顺序一般是先排主筋后排负筋；梁类一般是先摆纵筋。

2. 钢筋安装

安装钢筋时，受力钢筋的混凝土保护层厚度应符合设计要求，当设计无具体要求时，不应小于受力钢筋直径，并应符合规范的规定。钢筋安装完毕后，应检查下列方面：

①根据设计图纸检查钢筋的钢号、直径、形状、尺寸、根数、间距和锚固长度是否正确，特别是要注意检查负筋的位置。

②检查钢筋接头的位置及搭接长度是否符合规定。

③检查混凝土保护层是否符合要求。

④检查钢筋绑扎是否牢固，有无松动变形现象。

⑤钢筋表面不允许有油渍、漆污和颗粒状（片状）铁锈。

⑥安装钢筋的允许偏差不得大于规范规定。

二、模板工程

模板是使混凝土结构和构件按要求的几何尺寸形成的模型板。模板工程是钢筋混凝土工程的重要组成部分，特别是在现浇混凝土结构施工中占有主导地位，它决定了施工方法和施工机械的选择，直接影响工期和造价，故正确选择模板形式、材料及合理组织施工，对加快现浇钢筋混凝土结构施工和降低造价具有重要的作用。

模板系统包括模板、支架和紧固件3部分，是混凝土在现浇过程中保证正确的形状和尺寸以及在混凝土硬化过程中进行防护和养护的工具。

模板工程主要讲述木模板和组合钢模板的构造及制作安装施工。

（一）模板的种类和要求

1．模板的种类

①按材料划分，有木、竹、钢木、钢、塑料、铸铝合金、玻璃钢等模板。

②按工艺划分，有组合式模板、大模板、滑升模板、爬升模板、永久性模板以及飞模、模壳、隧道模等。

③按周转使用划分，有拆移式移动模板、整体式移动模板、滑动式模板和固定式胎模等。

2．模板的要求

①保证结构和构件各部分形状、尺寸和相互间的位置正确性。

②具有足够的强度、刚度和稳定性，能可靠地承受本身的自重及钢筋、新浇混凝土的质量和侧压力以及施工过程中所产生的其他荷载。

③构造简单，拆装方便，能多次周转使用，便于达到钢筋的绑扎与安装和混凝土的浇筑与养护等工艺的要求。

④模板接缝严密，不漏浆。

⑤支架安装在坚实的地基上并有足够的支撑面积，保证所浇筑的结构不致发生下沉。

（二）模板的组成

1．木模板的组成

为了节约木材，应尽量不用木模板，但有些工程或工程结构的某些部位由于工艺等需要，仍需要使用木模板。木模板一般是在木工车间或木工棚加工成基本组件（拼板），然后在现场进行拼装。拼板由板条用拼条钉成，拼条厚度一般为25 ~ 50mm，宽度不宜超过 200mm（工具式模板不超过 150mm），以保证在干缩时缝隙均匀，浇水后易干、密缝，受潮后不易翘曲。拼板的拼条根据受力情况可平放也可立放，拼条的间距取决于所浇混凝土的侧压力和板条厚度，为 400 ~ 500mm，拼板的拼缝视结构情况而定，分平缝、错口缝和企口穿条缝。木拼板的表面根据构件表面的装饰要求可以刨光或不刨光。

2. 组合钢模板的组成

组合钢模板是一种工具式的定型模板，由具有一定模数的若干类型的板块、角模、支撑和连接件组成，拼装灵活，可拼出多种尺寸和几何形状，通用性强，适应各类建筑物的梁、柱、板、墙、基础等构件的施工需要，也可拼成大模板、隧道模和台模等。

定型组合钢模板系列包括钢模板、连接件、支撑件 3 部分。钢模板包括平面钢模板和拐角钢模板；连接件有 U 形卡、L 形插销、钩头螺栓、对拉螺栓、紧固螺栓、扣件等；支撑件有圆钢管、薄壁矩形钢管、内卷边槽钢、单管伸缩支撑等。

（1）钢模板的规格和型号

钢模板包括平面模板、阳角模板、阴角模板和连接角模。钢模板的宽度以 50mm 进级，长度以 150mm 进级，其规格和型号已做到标准化、系列化。如型号为 P3015 的钢模板，P 表示平面模板，3015 表示宽 × 长 = 300mm × 1500mm. 又如型号为 Y1015 的钢模板，Y 表示阳角模板，1015 表示宽 × 长 = 100mm × 1500mm。

（2）连接件

① U 形卡：用于钢模板之间的连接与锁定，使钢模板拼装密合。U 形卡安装间距一般不大于 300mm，即每隔一孔卡插一个，安装方向一顺一倒相互交错。

② L 形插销：插入模板两端边框的插销孔内，用于增强钢模板纵向拼接的刚度和保证接头处板面平整。

③钩头螺栓：用于钢模板与内、外钢楞之间的连接固定，使之成为整体，安装间距一般不大于 600mm，长度应与采用的钢楞尺寸相适应。

④对拉螺栓：又称穿墙螺栓，用于连接墙壁两侧模板，保持墙壁厚度，承受混凝土侧压力及水平荷载，使模板不致变形。

⑤紧固螺栓：用于坚固钢模板内外钢楞，增强组合模板的整体刚度，长度与采用的钢楞尺寸相适应。

⑥扣件：用于将钢模板与钢楞坚固，与其他的配件一起将钢模板拼装成整体。按钢楞的不同形状尺寸，分别采用碟形扣件和“3”形扣件，其规格分为大、小两种。

（3）支撑件

支撑件包括钢楞、柱箍、梁卡具、圈梁卡、钢管架、斜撑、组合支柱、钢桁架、梁卡具等。

（三）现浇混凝土结构模板的构造

1. 木模板的构造

（1）基础模板

基础一般高度小、体积较大。其模板一般利用地基或基槽进行支撑。当土质良好时可以不用侧模，沿槽灌注。

（2）柱模板

柱子的断面尺寸不大但比较高。柱模板由内拼板夹在两块外拼板之内组成，也可用短横板代替外拼板钉在内拼板上。柱模板的构造和安装主要考虑保证垂直度及抵抗新浇混凝土的侧压力。

（3）墙模板

钢筋混凝土墙的模板是由相对的两片侧模和它的支撑系统组成。由于墙侧模较高，应设立楞和横杠来抵抗墙体混凝土的侧压力，两片侧模之间设撑木和螺杆与钢丝，以保证模板的几何尺寸。

（4）梁模板

梁的宽度不大而跨度大，而且梁下面是悬空的，因此，梁模板既要承受水平侧压力，又要承受垂直压力，保证在荷载作用下不至于发生过大变形。梁的模板由梁底模和两侧模以及支撑系统组成。梁的侧模板承受混凝土侧压力，底部用横带夹牢而内侧靠在底模上，横带应钉固在支柱横梁上，侧模上部靠斜撑固定。

（5）现浇楼板模板

楼板的特点是面积大而厚度比较薄，侧向压力小。楼板模板及其支架系统，主要承受钢筋、混凝土的自重及其施工荷载，保证模板不变形。

（6）楼梯模板

楼梯模板的构造与楼板模板相似，不同点是倾斜和做成踏步。安装时，在楼梯间的墙上按设计标高画出楼梯段、楼梯踏步及平台板、平台梁的位置，先立平台梁、平台板的模板，然后在楼梯基础侧板上钉托木，楼梯模板的斜楞钉在基础梁和平台梁侧板外的托木上。在斜楞上面铺钉楼梯底模。在楼梯段模板放线时要注意每层楼梯第一步和最后一个踏步的高度，常因疏忽了楼地面面层的厚度不同，而造成高低不同的现象，影响使用。

2. 定型钢模板的构造

定型钢模板的构造与木模板的构造大致相同，这里不再详述。

（四）模板的安装和拆除

1. 模板安装

安装模板前，应事先熟悉设计图样，掌握建筑物结构的形状尺寸，并根据现场条件，初步考虑好立模及支撑的程序，以及与钢筋绑扎、混凝土浇捣等工序的配合，尽量避免工种之间的相互干扰。

模板的安装包括放样、立模、支撑加固、吊正找平、尺寸校核、堵塞缝隙及清仓去污等工序。在安装过程中，应注意下列事项：

①模板竖立后，须切实校正位置和尺寸，垂直方向用锤球校对，水平长度用钢尺丈量两次以上，务必使模板的尺寸符合设计标准。

②模板各结合点与支撑必须坚固紧密、牢固可靠，尤其是采用振捣器捣固的结构部

位更应注意，以免在浇捣过程中发生裂缝、鼓肚等不良情况。但为了增加模板的周转次数，减少模板拆模损耗，模板结构的安装应力求简便，尽量少用网钉，多用螺栓、木楔、拉条等进行加固连接。

③凡属承重的梁板结构，跨度大于4m时，由于地基的沉陷和支撑结构的压缩变形，跨中应预留起拱高度。起拱高度由设计确定，如设计无规定时取全跨长度的1/1000 ~ 3/1000。

④为避免拆模时建筑物受到冲击或振动，安装模板时，支撑柱下端应设置硬木楔形垫块，所用支撑不得直接支撑于地面，应安装在坚实的桩基或垫板上，使撑木有足够的支撑面积，以免沉陷变形。

⑤模板安装完毕，最好立即浇筑混凝土，以防日晒雨淋导致模板变形。为保证混凝土表面光滑和便于拆卸，宜在模板表面涂抹肥皂水或润滑油。夏季或在气候干燥情况下，为防止模板干缩裂缝漏浆，在浇筑混凝土之前，需洒水养护。如发现模板因干燥产生裂缝，应事先用木条或油灰填塞衬补。

⑥安装墙、柱等模板时，应由地面起每隔2m留一道施工口，以便混凝土浇捣；墙、柱模板底部留设清理孔，以便在浇筑混凝土前将模板内的木屑、刨片、泥块等杂物清除干净；仔细检查各连接点及接头处的螺栓、拉条、楔木等有无松动滑脱现象。在浇筑混凝土过程中，木工、钢筋工、混凝土工、架子工等均应有专人“看仓”，以便发现问题随时加固修理。

2. 模板拆除

模板拆除的时间受新浇混凝土达到拆模强度要求的养护期限制。设计有规定时遵从设计规定；如无设计规定，应遵守施工规范的下列规定：

①不承重模板（如侧模）应在混凝土强度能保证其表面及棱角不因拆除模板而受损坏。

②承重模板的拆除日期，在混凝土强度达到表9-1规定的强度后方能拆除。

表9-1 底模拆除时的混凝土强度要求

构件类型	构件跨度	按设计的混凝土强度标准值的百分率/%
板	≤ 2	≥ 50
	> 2，≤ 8	≥ 75
	> 8	≥ 100
梁、拱壳	≤ 8	≥ 75
	> 8	≥ 100
悬臂结构	——	≥ 100

拆除模板时的注意事项：

①拆模时不能用力过猛，拆下来的模板要及时运走、整理、堆放以便再利用。

②拆模程序：后支的先拆，先支的后拆；先拆除非承重部分，后拆除承重部分；一般是谁安谁拆；重大复杂的模板拆除时，应事先制订拆除方案。

③拆除框架模板的顺序：首先是柱模板，然后是楼板底模板和梁侧模板，最后是梁底模板拆除跨度较大的梁下支柱时，应先从跨中开始，分别拆向两端。

④多层楼板模板支柱的拆除，应按下列要求进行：上层楼板正在浇筑混凝土时，下层楼板的模板支柱不得拆除，再下一层楼板的支柱仅可拆除一部分；跨度 4m 及 4m 以上的梁下均应保留支柱，其间距不得大于 3m。

⑤拆模时，应尽量避免混凝土表面或模板受到损坏，注意模板整块下落时伤人。

第二节 混凝土工程

混凝土工程在混凝土结构工程中占有重要地位，混凝土工程质量的好坏直接影响混凝土结构的承载力、耐久性与整体性。

一、混凝土的制备

混凝土的制备→混凝土的搅拌→混凝土运输→混凝土的浇筑与捣实→混凝土的养护→混凝土的质量检验→混凝土缺陷及其修整。

混凝土施工的工艺流程一般为：配料并搅拌→运输、泵送与布料→浇筑、捣实和表面抹压→养护。各个工序紧密联系又相互影响，任何施工工序的处理不当都会影响混凝土的最终质量。

混凝土施工前应对模板、钢筋按规定进行检查，并作好隐蔽工程记录，同时对材料、机具、道路、水电等进行专项检查，发现问题要及时进行处理。

（一）混凝土的施工配制强度

为保证混凝土的实际施工强度不低于设计强度标准值，混凝土的施工试配强度应比设计强度标准值提高一个数值，并应有 95% 的保证率。

（二）混凝土的制备要求

①应保证结构设计对混凝土强度等级的要求；

②应保证施工时对混凝土和易性的要求，并应符合合理使用材料、节约水泥的原则；

③对有抗冻、抗渗等要求的混凝土，应符合相关的专门规定。

（三）混凝土的施工配料

测定出施工现场砂、石骨料的含水率，并将混凝土实验室配合比换算成骨料在实际含水量情况下的施工配合比，即混凝土实验室配合比（W/C 不变，调节水量）→施工配合比。设实验室配合比为水泥：砂子：石子 = 1 ： x ： y，水灰比为 W/C，并测得砂、石含水率分别为 wx、wy，则施工配合比为：

水泥：砂子：石子 = 1 ： X（1 + wx） ： Y（i + wy）

配制混凝土配合比时，混凝土的最大水泥用量不宜大于 550kg/m³，且应保证混凝土的最大水灰比和最小水泥用量符合规范规定。

二、混凝土的搅拌

混凝土的搅拌就是将水、水泥和骨料进行均匀拌和及混合的过程。

（一）混凝土搅拌机的选用

施工现场除少量零星的塑性混凝土或低流动性混凝土仍可选用自落式搅拌机外，由于此类搅拌机对混凝土骨料的棱角有较大磨损，影响混凝土的质量，现已逐步被强制式搅拌机取代。干硬性混凝土和轻骨料混凝土，要选用强制式搅拌机搅拌。

选用搅拌机容量时不宜超载，如超过额定容量的 10%，就会影响混凝土的均匀性；反之，则会影响生产效率。我国规定混凝土搅拌机容量一般以出料容积（m^3）×1000 标定规格，常用规格有 250、350、500、750、1000 等。装料容积与出料容积之比为（0.55 ~ 0.72）：1，一般可取 0.66，此数值称为出料系数。

（二）搅拌制度的确定

搅拌制度是指进料容量、投料顺序和搅拌时间等的统称。搅拌制度直接影响混凝土搅拌质量和搅拌机的效率。

混凝土可采用人工搅拌和机械搅拌。

人工拌和一般用“三干三湿”法，即先将水泥加入砂中干拌两遍，再加入石子翻拌一遍，此后缓慢边拌边加水，反复湿拌 3 遍。

1. 进料容量

进料容量是指搅拌前各种材料的体积累积起来的容量，又称干料容重。进料容最为出料容量的 1.4 ~ 1.8 倍。

2. 投料顺序

投料顺序是指向搅拌机内装入原材料的顺序。常用一次投料法、二次投料法和水泥裹砂法。

一次投料法是将砂、石、水泥和水一起同时加入搅拌筒中进行搅拌。

二次投料法分预拌水泥砂浆法（先将水泥、砂和水加入搅拌筒内进行充分搅拌，成为均匀的水泥砂浆后，再加入石子搅拌成均匀的混凝土）和预拌水泥净浆法（先将水泥和水充分搅拌成均匀的水泥净浆后，再加上砂和石子搅拌成混凝土）。

水泥裹砂法主要采取两项工艺措施：一是对砂子表面湿度进行处理，控制在一定范围内；二是进行两次加水搅拌，第一次加水搅拌砂子、水泥和部分水，称为造壳搅拌，第二次加水及石子搅拌，部分水泥砂浆便均匀地分散在已经被造壳的砂子及石子周围。

3. 搅拌时间

搅拌时间是从全部材料投入搅拌筒起到开始卸料时止所经历的时间。混凝土搅拌的最短时间可以参见表 9-2 中的数据。

表 9-2　混凝土搅拌的最短时间

混凝土坍落度 /mm	搅拌机机型	搅拌机出料量 /L		
		< 25	250 ~ 500	> 500
≤ 4	强制式	60	90	120
> 40，且 < 10	强制式	60	60	90
≥ 100	强制式	60		

注：①混凝土搅拌时间指从全部材料装入搅拌筒中起，到开始卸料时止的时间段；

②当掺有外加剂与矿物拌和料时，搅拌时间应适当延长；

③采用自落式搅拌机时，搅拌时间宜延长 30s；

④当采用其他形式的搅拌设备时，搅拌的最短时间也可按设备说明书的规定或经试验确定。

三、混凝土运输

（一）混凝土运输要求

混凝土自搅拌机中卸出后，应及时运至浇筑地点，为保证混凝土的质量，对混凝土的运输要求是：

①混凝土在运输过程中要能保持良好的均匀性，不离析、不漏浆；

②保证混凝土具有设计配合比所规定的坍落度；

③使混凝土在初凝前浇入模板并捣实完毕；

④保证混凝土浇筑能连续进行。

（二）混凝土运输工具

混凝土运输分为地面运输、垂直运输和楼面运输 3 种。

地面运输：运距较远时可采用混凝土运输车和自卸汽车，工地范围内运输可采用小型机动翻斗车，近距离运输可采用双轮手推车。

垂直运输：采用塔式起重机、井架，也可采用混凝土泵。

楼面运输：采用塔式起重机、手推车。楼面运输应采取措施保证模板的钢筋位置，防止混凝土离析等。

（三）运输时间

搅拌完成的混凝土应以最少的转运次数和最短的时间，从搅拌地点运至浇筑地点，并在初凝前浇筑完毕。

混凝土运输、输送入模的过程应保证混凝土连续浇筑，从运输到输送入模的延续时间不宜超过表 9-3 的规定，且不应超过表 9-4 的规定。掺早强型减水剂、早强剂的混凝土，以及有特殊要求的混凝土，应根据设计及施工要求，通过试验确定允许时间。

表 9-3　运输到输送入模的延续时间

条件	气温	
	≤ 25℃	> 25℃
不掺外加剂 /min	90	60
掺外加剂 /min	150	120

表 9-4　运输、输送入模及其间歇总的时间限值

条件	气温	
	≤ 25℃	> 25℃
不掺外加剂 /min	180	150
掺外加剂 /min	240	210

（四）运输道路

运输道路要求平坦，车辆行驶平稳，运输线路要短、直，楼层上运输道路应用跳板铺垫，当有钢筋时应用马凳垫起跳板，跳板布置应与混凝土浇筑方向配合，一边浇筑一边拆迁。

四、混凝土浇筑

混凝土浇筑是将混凝土拌合料浇筑在符合设计要求的模板内，并加以捣实，使其具有优质的密实度。浇筑前应检查模板、支架、钢筋和预埋件的正确位置，并进行验收。

（一）浇筑要求

1. 防止离析

浇筑中，当混凝土自由倾落高度较大时，粗骨料在重力作用下下落速度比砂浆快，形成混凝土离析。为此，混凝土倾落自由高度不应超过 2m，在竖向结构中限制自由倾落高度不宜超过 3m；否则应用串筒、斜槽、溜槽等下料。当混凝土浇筑深度超过 8m 时，则应采用带节管的振动串筒，即在串筒上每隔 2 ～ 3 节装一台振动器。

2. 分层浇筑，分层捣实

混凝土应分层浇筑，上层混凝土应在下层混凝土初凝之前浇筑完毕，以保证混凝土的整体性。混凝土振捣应能使模板内各个部位混凝土密实、均匀，不应漏振、欠振、过振。

3. 正确留置施工缝

施工缝是新浇混凝土与已凝固或已硬化混凝土的结合面，它是结构的薄弱环节。为保证结构的整体性，混凝土一般应连续浇筑，确因技术或组织上的原因不能连续浇筑，且停歇时间有可能超过混凝土的初凝时间的，则应预先确定在适当的位置留置施工缝。

施工缝宜留在剪力较小且便于施工的位置。受力复杂的结构构件或有防水抗渗要求的结构构件，施工缝留设位置应经设计单位确认。

水平施工缝的留设位置应符合下列规定：

①柱、墙施工缝可留设在基础、楼层结构顶面，柱施工缝与结构上表面的距离宜为0 ~ 100mm，墙施工缝与结构上表面的距离宜为0 ~ 300mm。

②柱、墙施工缝也可留设在楼层结构底面，施工缝与结构下表面的距离宜为0 ~ 50mm；当板下有梁托时，可留设在梁托下0 ~ 20mm。

③高度较大的柱、墙、梁以及厚度较大的基础，可根据施工需要在其中部留设水平施工缝当因施工缝留设改变受力状态而需要调整构件配筋时，应经设计单位确认。

④特殊结构部位留设水平施工缝应经设计单位确认。

竖向施工缝和后浇带的留设位置应符合下列规定：

①有主次梁的楼板施工缝应留设在次梁跨度中间1/3范围内。

②单向板施工缝应留设在与跨度方向平行的任何位置。

③楼梯梯段施工缝宜设置在梯段板跨度端部1/3范围内。

④圆墙的施工缝宜设置在门洞口过梁跨中1/3范围内，也可留设在纵横墙交接处。

⑤后浇带留设位置应符合设计要求。

⑥特殊结构部位留设竖向施工缝应经设计单位确认。

在施工缝隙处继续浇筑混凝土时，应待已浇筑的混凝土达到1.2N/mm² 强度后，清除施工缝表面水泥薄膜和松动石子或软弱混凝土层，经湿润、冲洗干净，再抹水泥浆或与混凝土成分相同的水泥砂浆一层，然后继续浇筑混凝土，细致捣实，使新旧混凝土结合紧密。

4. “后浇带”的设置

在现浇钢筋混凝土过程中，后浇带是为克服由于温度收缩而可能产生有害裂缝而设置的临时施工缝。该缝需根据设计要求保留一段时间后再浇筑混凝土，将整个结构连成整体。后浇带的保留时间应根据设计确定，若设计无要求时，一般应至少保留28d以上。后浇带内的钢筋应完好保存。

后浇带在浇筑混凝土前，必须将整个混凝土表面按照施工缝的要求进行处理。填充后浇带混凝土可采用微膨胀或无收缩水泥，也可采用普通水泥加入相应的外加剂拌制，但必须要求混凝土的强度等级比原结构强度等级提高一级，并保持至少15d的湿润养护。

（二）混凝土的捣实

混凝土浇入模板后，由于内部骨料之间的摩擦力、水泥净浆的黏结力、拌合物与模板之间的摩擦力，使混凝土处于不稳定和不平衡状态，其内部是疏松的。而混凝土的强度、抗冻性、抗渗性以及耐久性等一系列性质，都与混凝土的密实度有关，因此，必须采用适当的方法在混凝土初凝之前对其进行捣实，以保证其密实度。

混凝土密实成型分为人工捣实、机械振捣密实成型、离心法旋实成型和自流浇筑成型。

1. 人工捣实

人工捣实是用捣锤或插钎等工具的冲击力来使混凝土密实成型，此法效率低、效果差。

2. 机械振捣密实成型

机械振捣密实成型是将振动器的振力传给混凝土，使之发生强迫振动而密实成型，此法效率高、质量好。混凝土的机械振捣按工作方式可分为内部振动器、表面振动器、外部振动器和振动台等。

因振捣机械的高频振动，水泥浆的凝胶结构受到破坏，从而降低了水泥浆的黏结力和骨架之间的摩擦力，提高了混凝土拌合物的流动性，使之能很好地填满模板内部，并获得较高的密实度。

内部振动器：又称为插入式振动器，其操作要点是直上直下，快插慢拔，插点要均布，上下要抽动，层层要扣搭。它多用于振实梁、柱、墙、厚板和大体积混凝土等厚大结构。

外部振动器：又称为附着式振动器，它通过螺栓或夹钳等固定在模板外部，是通过模板将

振动传给混凝土拌合物，因而模板应有足够的刚度。它适用于振动断面小且钢筋密的构件。

表面振动器：又称为平板振动器，是将附着式振动器固定在一块底板上而成。它适用于振实楼板、地面、板形构件和薄壳构件。

振动台：混凝土制品中的固定生产设备，用于振动小型预制构件。

3. 离心法旋实成型

离心法旋实成型是将装有混凝土的模板放在离心机上，使模板以一定速度绕自身的纵轴线旋转，模板内部的混凝土由于离心作用而远离纵轴，均匀分布于模板内壁，并将混凝土中的部分水分挤出，使混凝土密实。此法一般用于管道、电杆桩等具有圆形空腔构件的制作。

4. 自流浇筑成型

自流浇筑成型是在混凝土拌合物中掺入高效减水剂，使其坍落度增加，以自流浇筑成型。此法是一种有发展前途的浇筑工艺。

五、混凝土的养护和拆模

（一）混凝土的养护

混凝土浇捣后，之所以能逐渐凝结硬化，主要是因为水泥水化作用的结果，而水化作用需要适当的湿度和温度，即混凝土的养护——使混凝土具有一定的温度和湿度而逐渐硬化。混凝土的养护分为自然养护和人工养护。

1. 自然养护

自然养护就是在常温（平均气温不低于5℃）下，用浇水或保水方法使混凝土在规定的时期内有适当的温湿条件进行硬化。其做法是混凝土浇筑完的12h内对混凝土加以覆盖和浇水。混凝土浇水养护的时间，对采用硅酸盐水泥或矿渣硅酸盐水泥拌制的混凝

土，不得少于 7d；对掺用缓凝剂或有抗渗要求的混凝土，不得少于 14d；浇水次数应能保持混凝土处于湿润状态，混凝土的养护用水应与拌制用水相同。对不易浇水养护的高耸结构、大面积混凝土或缺水地区，可在已凝结的混凝土表面喷涂塑性溶液，等溶液挥发后形成塑性膜，使混凝土与空气隔绝，阻止水分蒸发，以保证水化作用正常进行。

2. 人工养护

人工养护就是人工控制混凝土的温度和湿度，使混凝土强度增加，如蒸汽养护、热水养护、太阳能养护等。

（二）混凝土的拆模

对于现浇结构，拆模日期取决于模板所处的部位、气温条件、结构特征和混凝土硬化速度等。对于不承重模板，一般应在混凝土强度能保证其表面及棱角不因拆除模板而受损坏时，方可拆除。

对于预制构件拆除模板，应在混凝土强度能保证构件不变形、棱角完整、无裂缝产生的情况下进行。底模的拆除则应视构件的跨度而定——当跨度小于等于 4m 时，混凝土的强度不低于设计强度等级的 50%；当跨度大于 4m 时，应不低于 70%。

六、混凝土的质量检查

（一）混凝土在拌制和浇筑过程中的质量检查

①检查拌制混凝土所用原材料的品种、规格和用量，每一工作班至少检查两次。

②检查混凝土在浇筑地点的坍落度、维勃稠度，每一工作班至少两次；当采用预拌混凝土时，应在商定的交货地点进行坍落度、维勃稠度检查。

③在每一工作班内，当混凝土配合比由于外界影响有变动时，应及时检查调整。

④混凝土的拌制时间应随时检查，要满足规定的最短搅拌时间的要求。

（二）检查混凝土厂家提供的技术资料

①水泥品种、强度等级及每立方米混凝土中水泥的用量。

②骨料的种类及最大粒径。

③外加剂、拌合料的品种和掺量。

④混凝土强度等级和坍落度。

⑤混凝土配合比和标准试件强度。

⑥对轻骨料混凝土还应检查其密度等级。

（三）混凝土质量的试验检查

用于检查结构构件混凝土质量的试件，应在混凝土的浇筑地点随机抽取制作，试件的留置应符合下列规定：

①每拌制 100 盘且不超过 100^3 的同配合比混凝土，取样不得少于 1 次。

②每工作班拌制的同配合比的混凝土不足 100 盘时，取样不得少于 2 次。

③对现浇混凝土结构，每一现浇楼层同配合比的混凝土取样不得少于1次；同一单位工程每一验收项目中同配合比的混凝土取样不得少于1次。

混凝土取样时，均应做成标准试件（即边长为150mm标准尺寸的立方体试件），每组3个试件应在同盘混凝土中取样制作，并在标准条件下［温度（20±3）℃，相对湿度为90%以上］养护至28d龄期，按标准试验方法测得混凝土立方体抗压强度。取3个试件强度的平均值作为该组试件的混凝土强度代表值；或者当3个试件强度中的最大值或最小值之一与中间值之差超过中间值的15%时，取中间值作为该组试件的混凝土强度的代表值；当3个试件强度中的最大值和最小值与中间值之差均超过中间值的15%时，该组试件不应作为强度评定的依据。

（四）现浇混凝土结构的允许偏差检查

现浇混凝土结构的允许偏差应符合规范规定，当有专门规定时，还应符合相应的规定要求。

七、混凝土缺陷的修整

当混凝土拆模之后，混凝土表面如果出现缺陷（如床木面、蜂窝状、露筋、空洞、缝隙及夹层、缺棱掉角等），就应该找出原因，防止以后再发生类似事情，并应根据具体情况进行修整。

①面积较小且数量不多的蜂窝、麻面或露石的混凝土表面。这主要是由于在浇筑混凝土前，模板不够湿润，吸收了混凝土中的大量水分，或由于振捣不够仔细。其修整方法一般是先用钢丝刷或加压水冲洗基层，再用1 ∶ 2.1 ~ 1 ∶ 2.5的水泥砂浆填满、抹平并加强养护。

②面积较大的蜂窝、露石或露筋。蜂窝可能是由于材料配比不当，搅拌不匀或振捣不密实所致。露筋主要是由于浇筑、振捣不均，垫块移动或作为保护层的混凝土没有捣实所致。所以，对较大面积的蜂窝、露石、露筋应将全部深度凿去薄弱的混凝土和个别突出的骨料颗粒，然后用钢丝刷或加压水洗刷表面，再用细骨料混凝土（比原强度等级提高一级）填塞，并仔细捣实。

③对于影响结构性能的缺陷（如孔洞和大蜂窝），必须会同设计单位和有关单位研究处理。

第三节　预应力混凝土工程

预应力混凝土是在受使用荷载作用前，对受拉区混凝土预先施加压力的混凝土构件。它可以改善混凝土构件受拉区的受力性能，提高高强度钢材的合理利用。它与普通混凝土相比，除能提高构件的抗裂强度和刚度外，还具有构件截面小、自重轻、刚度大、抗裂度高、耐久性好、省材料等优点。

预应力混凝土按施加预加应力的方式，可以分为先张法和后张法两类。

先张法是先张拉钢筋，后浇筑混凝土，预应力靠钢筋与混凝土之间的黏结力传递给混凝土。

后张法是先浇筑混凝土并预留孔道，待混凝土达到一定强度后张拉钢筋，预应力靠锚具传递给混凝土。

为了达到较高的预应力值，宜优先采用高标号混凝土。当采用冷拉 HRB335、HRB400 级钢筋和冷轧带肋钢筋作预应力钢筋时，其混凝土强度不宜低于 C30；当采用消除应力钢丝、钢绞线、热处理钢筋作预应力钢筋时，其混凝土强度等级不宜低于 C40。

一、先张法施工

（一）概述

先张法一般用于预制构件厂生产定型的中小型构件，如楼板、屋面板、檀条及吊车梁等。

先张法生产时，可采用台座法和机组流水法。

采用台座法时，预应力筋张拉、锚固，混凝土浇筑、振捣和养护及预应力筋放张等全部施工过程都在台座上完成；预应力筋放松前，台座承受全部预应力筋的拉力。

采用机组流水法时，构件连同钢模通过固定的机组，按流水方式完成（张拉、锚固、混凝土浇筑和养护）每一生产过程；预应力筋放松前，其拉力由钢模承受。

（二）施工工艺

1. 台座

台座由台面、横梁和承力结构等组成，是先张法生产的主要设备。台座应有足够的强度刚度和稳定性。

台座按构件形式分为墩式台座和槽式台座。这里主要介绍墩式台座。

墩式台座由台墩、台面与横梁等组成。台墩和台面共同承受拉力。墩式台座用以生产各种形式的中小型构件。

台面：预应力构件成型的胎模，要求地基坚实平整，它是在厚 150mm 夯实碎石垫层上浇筑 60 ~ 80mm 厚 C20 混凝土面层，原浆压实抹光而成。台面要求坚硬、平整、光滑，沿其纵向有 3%的排水坡度。

横梁：以墩座牛腿为支撑点安装上，是锚固夹具临时固定预应力筋的支撑点，也是张拉机械张拉预应力筋的支座。横梁常采用型钢或钢筋混凝土制作。

夹具：是先张法构件施工时保持预应力筋拉力，并将其固定在张拉台座（或设备）上的临时性锚固装置。根据施工特点，夹具一般分为张拉夹具和锚固夹具。

2. 预应力筋张拉

先张法预应力筋的张拉有单根张拉和成组张拉两种。

张拉应力：预应力筋的张拉控制应力应符合设计要求。施工中预应力筋需要超张拉（即在施工过程中张拉应力值超过规范规定的控制应力）时，可比设计要求提高3%～5%，但其最大张拉控制应力不得超过规定。

张拉程序：可按0→105%控制应力或0→103%控制应力进行。

3. 混凝土的浇筑与养护

钢筋张拉完毕，侧模安装好后，即浇筑混凝土，并且必须一次性浇筑完毕，不允许留设施工缝。对叠层混凝土构件，生产时应待下层构件强度达到5mPa后，才可浇筑上层构件混凝土并应有隔离措施。混凝土的养护温度一般不得超过20℃。

4. 预应力筋放张

预应力构件强度符合设计要求后应进行放张。当设计无具体要求时，至少应达到设计强度等级的75%时才可放张。

预应力筋放张顺序应符合设计要求，当设计未规定时，可按下列要求进行：

①承受轴心预应力构件的所有预应力筋应同时放张。

②承受偏心预压力构件，应先同时放张预压力较小区域的预应力筋，再同时放张预压力较大区域的预应力筋。

③长线台座生产的预应力筋构件，剪断钢丝宜从台座中部开始。

④叠层生产的预应力构件，宜按自上而下的顺序进行放松板类构件放松时，从两边逐渐向中心进行。

二、后张法施工

后张法施工由于直接在钢筋混凝土构件上进行预应力筋的张拉，所以不需要固定台座设备，不受地点限制。它既适用于预制构件生产，又适用于现场施工大型预应力构件，而且后张法又是预制构件拼装的手段。后张法施工适用于单根粗钢筋、钢筋束、钢绞线等。

（一）混凝土构件成型

准备工作→安装底模→安装钢筋骨架→埋管→支模→浇筑混凝土→混凝土的养护、拆模和抽管（抽管后就形成预留的孔道）。

①后张法预留孔道的方法有：钢管抽心法、胶管抽心法和预埋波纹管法；孔道分为直线孔道、曲线孔道和折线孔道。

②抽管的顺序：宜先上后下进行。

③抽管方法可以是人工或卷扬机抽管。抽管时必须速度均匀，边抽边转，并与孔道保持在一条直线上。抽管后应及时检查孔道情况，并做好孔道的清理工作，以防穿筋时发生困难。

（二）预应力筋的制作、安装和张拉

1. 张拉锚具

张拉锚具是后张法结构或构件中为保持预应力筋拉力并将其传递到混凝土上的永久性锚固装置。常用的锚具有螺钉端杆锚具、帮条锚具、墩头锚具、钢制锥形锚具、夹片式锚具等。

螺钉端杆锚具适用于锚固直径不大于 36mm 的冷拉 HRB335 级、HRB400 级钢筋，也可作先张法夹具使用，由螺钉端杆、螺母及垫板组成。

帮条锚具可作为冷拉 HRB335 级、HRB400 级钢筋固定端锚具用。

墩头锚具适用于锚固钢丝束。

2. 张拉机具

预应力筋用张拉设备由液压千斤顶、高压油泵和外接油管组成。按机型不同，液压千斤顶可分为拉杆式千斤顶、穿心式千斤顶、锥锚式千斤顶和台座式千斤顶等。

拉杆式千斤顶主要用于张拉带螺钉端杆锚具的 HRB335 级 JIRB400 级钢筋。

穿心式千斤顶适用于张拉带 JM 型锚具的钢筋束或钢绞线束。YC60 型千斤顶是用途最广的一种穿心式千斤顶。

锥锚式千斤顶是具有张拉、顶锚和退楔功能的三作用千斤顶。它仅用于带钢制锥形锚具的钢丝束。

3. 预应力筋的制作与安装

单根粗钢筋预应力筋的制作，包括预应力筋的下料、对焊、冷拉等工序。预应力筋的下料长度应由计算确定，计算时要考虑结构构件的孔道长度、锚具厚度、千斤顶长度、焊接接头或锻头的预留量、冷拉伸长值、弹性回缩值等影响。预应力钢筋束在冷拉后进行，为减少钢绞线的结构变形和应力松弛的损失，在下料前需经预拉。

钢丝束的制作比较复杂，随锚具形式不同，制作方法也有差异，但一般需经过调直、下料、编束和安装锚具等工序。

钢丝束、粗钢筋、钢筋束的安装需按照图纸下料要求进行穿筋，穿筋过程中注意清孔并保持孔的通畅，并注意调整两端留出的长短，要保证张拉时锚具的工作长度。

4. 预应力筋张拉

①张拉时对混凝土构件强度的要求：后张法施工进行预应力筋张拉时，要求混凝土强度应符合设计要求或不得低于设计强度的 75%。

②张拉顺序和制度：对多根预应力筋应分批、对称进行张拉。分批张拉时，由于后批张拉混凝土易产生弹性压缩，从而引起前批张拉预应力筋的应力降低，因此应增加前批预应力筋的应力。对称张拉是为了避免张拉构件截面呈现过大偏心受压状态。对平卧叠浇的预应力混凝土构件应自上而下逐层张拉。

③预应力筋张拉程序：主要根据构件类型、张锚体系、松弛损失取值等因素来确定，可按 0→105%控制应力持荷 2min 或 0→103%控制应力进行。

④应力筋的张拉方法：对于曲线预应力筋和长度大于24m的直线预应力筋，应采用两端同时张拉的方法长度等于或小于24m的直线预应力筋，可一端张拉，但张拉端宜分别设置在构件两端。

对预埋波纹管孔道曲线预应力筋和长度大于30m的直线预应力筋，宜在两端张拉长度；等于或小于30m的直线预应力筋可在一端张拉。

安装张拉设备时，对于直线预应力筋，应使张拉力的作用线与孔道中心线重合；对于曲线预应力筋，应使张拉力的作用线与孔道中心线末端的切线方向重合。

⑤张拉安全事项：在张拉构件的两端应设置保护装置，如用麻袋、草包装土筑成土墙，以防止螺帽滑脱、钢筋断裂飞出伤人；在张拉操作中，预应力筋的两端严禁站人，操作人员应在侧面工作。

5．孔道灌浆

预应力筋张拉后，应尽快用灰浆泵将水泥浆压灌到预应力孔道中去。灌浆用水泥浆应有足够的黏结力，且应有较大的流动性、较小的干缩性和泌水性。

灌浆前，用压力水冲洗和湿润孔道；灌浆顺序应先下后上，以免上层孔道漏浆把下层孔道堵塞；灌浆工作应缓慢均匀连续进行，不得中断。

三、无黏结预应力混凝土施工

无黏结预应力混凝土施工是利用无黏结钢筋（在预应力筋表面已刷涂料并包上外包层）与周围混凝土不黏结的特性，把预先组装好的无黏结预应力筋与非预应力筋一起按设计要求铺放在模板内，然后浇筑混凝土；待混凝土强度达到设计强度的75%后，张拉和锚固无黏结预应力筋对结构产生预应力。它无须预留管道与灌浆。

（一）无黏结预应力筋的制作

把高强度钢丝组成的钢丝束或扭结成的钢绞线，通过专门设备以防腐润滑材料作涂料层，由聚乙烯塑料作护套即可制成一种新型无黏结预应力筋。

无黏结预应力筋的外包层材料应采用聚乙烯或聚丙烯。无黏结预应力筋涂料层应采用防腐油脂。

（二）无黏结预应力筋施工工艺

施工工艺流程：无黏结预应力筋的铺设→就位固定→张拉端固定→张拉与锚周。

（三）后张法（无黏结）施工质量

1．无黏结预应力筋的铺设要求

①无黏结预应力筋的定位应牢固，浇筑混凝土时不应出现移位和变形。

②端部的预埋锚垫板应垂直于预应力筋。

③内埋式、固定式端垫板不应重叠，锚具与垫板应夹紧。

④无黏结预应力筋成束布置时应能保证混凝土密实并能裹住预应力筋。

⑤无黏结预应力筋的护套应完整，局部破损处应采用防水胶带缠绕紧密。

2. 锚具封闭保护的要求

①应采取防止锚具腐蚀和免受机械损伤的有效措施。

②凸出式锚固端锚具的保护层厚度不应小于 50mm。

③外露预应力筋的保护层厚度，处于正常环境时不应小于 20mm，处于易受腐蚀的环境时不应小于 50mm。

参考文献

[1] 肖义涛，林超，张彦平 . 建筑施工技术与工程管理 [M]. 北京：中华工商联合出版社，2022.07.

[2] 赵军生 . 建筑工程施工与管理实践 [M]. 天津：天津科学技术出版社，2022.06.

[3] 林环周 . 建筑工程施工成本与质量管理 [M]. 长春：吉林科学技术出版社，2022.08.

[4] 张瑞，毛同雷，姜华 . 建筑给排水工程设计与施工管理研究 [M]. 长春：吉林科学技术出版社，2022.08.

[5] 朱江，王纪宝，詹然 . 建筑工程管理与施工技术研究 [M]. 长春：吉林科学技术出版社，2022.11.

[6] 于飞，闫伟，亓领超 . 建筑工程施工管理与技术 [M]. 长春：吉林科学技术出版社，2022.09.

[7] 张统华 . 建筑工程施工管理研究 [M]. 长春：吉林科学技术出版社，2022.08.

[8] 檀建成，刘东娜，杨平 . 建筑工程施工组织与管理 [M]. 北京：清华大学出版社，2022.10.

[9] 刘海龙，尹克俭，韩阳 . 建筑施工技术与工程管理 [M]. 长春：吉林人民出版社，2022.09.

[10] 史华主 . 建筑工程施工技术与项目管理 [M]. 武汉：华中科技大学出版社，2022.10.

[11] 薛驹，徐刚 . 建筑施工技术与工程项目管理 [M]. 长春：吉林科学技术出版社，2022.09.

[12] 毛同雷，孟庆华，郭宏杰 . 建筑工程绿色施工技术与安全管理 [M]. 长春：吉林科学技术出版社，2022.04.

[13] 李志兴 . 建筑工程施工项目风险管理 [M]. 北京：北京工业大学出版社，2021.10.

[14] 王辉，王迎接 . 建筑工程施工质量验收与资料管理 [M]. 北京：中国建筑工业出版社，2021.09.

[15] 赵伟坤，周永泽，于鑫 . 建筑工程施工技术与造价管理 [M]. 天津：天津科学技术出版社，2021.05.

[16] 殷勇，钟焘，曾虹 . 建筑工程质量与安全管理 [M]. 西安：西安交通大学出版社，2021.04.

[17] 王君，陈敏，黄维华 . 现代建筑施工与造价 [M]. 长春：吉林科学技术出版社，2021.03.

[18] 刘臣光 . 建筑施工安全技术与管理研究 [M]. 北京：新华出版社，2021.03.
[19] 柳志强 . 建筑施工技术与管理经验 [M]. 长春：吉林科学技术出版社，2021.12.
[20] 高云 . 建筑工程项目招投标与合同管理 [M]. 石家庄：河北科学技术出版社，2021.01.
[21] 杜涛 . 绿色建筑技术与施工管理研究 [M]. 西安：西北工业大学出版社，2021.04.
[22] 王光炎，吴迪 . 建筑工程概论 第 2 版 [M]. 北京：北京理工大学出版社，2021.01.
[23] 杨转运，张银会 . 建筑施工技术 [M]. 北京：北京理工大学出版社，2021.11.
[24] 陈晋中 . 建筑施工技术 第 2 版 [M]. 北京：北京理工大学出版社，2021.10.
[25] 蒲娟，徐畅，刘雪敏 . 建筑工程施工与项目管理分析探索 [M]. 长春：吉林科学技术出版社，2020.06.
[26] 贾淑瑛，代连水，史宏茹 . 建筑工程施工与管理 [M]. 长春：吉林科学技术出版社，2020.09.
[27] 夏书强 . 建筑施工与工程管理技术 [M]. 长春：北方妇女儿童出版社，2020.05.
[28] 张景盼，张恒亮，王芳 . 建筑工程施工技术及现场施工管理 [M]. 哈尔滨：哈尔滨地图出版社，2020.07.
[29] 蔡鲁祥，王岚 . 建筑装饰工程施工组织与管理 [M]. 北京：中国轻工业出版社，2020.07.
[30] 路明 . 建筑工程施工技术及应用研究 [M]. 天津：天津科学技术出版社，2020.07.
[31] 苏健，陈昌平 . 建筑施工技术 [M]. 南京：东南大学出版社，2020.11.
[32] 李玉萍 . 建筑工程施工与管理 [M]. 长春：吉林科学技术出版社，2019.08.
[33] 姚晓峰，王旭峰，俞昊天 . 建筑工程施工管理 [M]. 长春：吉林科学技术出版社，2019.
[34] 刘玉 . 建筑工程施工技术与项目管理研究 [M]. 咸阳：西北农林科技大学出版社，2019.07.